新工科·普通高等教育电气工程/自动化系列教材
广东省精品资源共享课程教材

自 动 控 制 原 理

第 5 版

孙炳达　编　著
王中生　主　审

U0241098

机 械 工 业 出 版 社

本书是应用型相关专业"自动控制原理"(经典控制)课程的教材或参考书。

本书涵盖了"经典控制"内容,重点对线性定常系统的时域分析法、频率特性分析法和非线性系统的描述函数分析法做了全面的阐述,对根轨迹分析法、离散系统分析方法和非线性系统相平面分析方法的主要内容及应用做了简要介绍。

本书以应用为重点,三基(基本概念、基本原理和基本分析方法)为主线,具有内容全面、重点突出、层次分明、定义准确、概念清晰、论述简明及通俗易懂的特色。

本书可作为电气工程类、自动化类各专业的本科和非控制工程类学科硕士研究生的教材。本书主要章节(未带*号)的内容也适合机电类、信息类及计算机应用类专业或高职高专院校、成人教育及广播电视大学的相近专业学生学习,还可供有关从事控制工程应用的技术人员参考。

本书配有电子课件(PPT)。欢迎选用本书作教材的教师登录www.cmpedu.com 网站注册后下载。

图书在版编目(CIP)数据

自动控制原理 / 孙炳达编著. —5 版 . —北京:机械工业出版社,2021.12(2025.1 重印)

新工科·普通高等教育电气工程.自动化系列教材

广东省精品资源共享课程教材

ISBN 978-7-111-69921-7

Ⅰ. ①自… Ⅱ. ①孙… Ⅲ. ①自动控制理论-高等学校-教材

Ⅳ. ①TM13

中国版本图书馆 CIP 数据核字(2021)第 261273 号

机械工业出版社(北京市百万庄大街 22 号 邮政编码 100037)

策划编辑:王玉鑫   责任编辑:王玉鑫 王 荣

责任校对:郑 婕 张 薇   封面设计:张 静

责任印制:郜 敏

北京富资园科技发展有限公司印刷

2025 年 1 月第 5 版第 8 次印刷

184mm×260mm · 17 印张 · 420 千字

标准书号:ISBN 978-7-111-69921-7

定价:49.80 元

电话服务   网络服务

客服电话:010-88361066   机 工 官 网:www.cmpbook.com

          010-88379833   机 工 官 博:weibo.com/cmp1952

          010-68326294   金 书 网:www.golden-book.com

封底无防伪标均为盗版   机工教育服务网:www.cmpedu.com

前　言

本书自 2000 年出版第 1 版以来，在全国普通高等院校中一直被广泛采用，得到了广大教师、学生的充分肯定。为了更好地适应教学和学习的需要，再一次对本书进行修订。

全书共九章，前六章为线性定常连续控制系统的内容，第七章为非线性控制系统的内容，第八章为线性定常离散系统的内容，第九章为计算机辅助分析与实验。

本书中，第一、二、三、五、六章的内容（未带 * 号）为重点，其他章节的内容，对于非自动化类专业的学生，可少讲或选讲。对于高职高专或成人继续教育类的学生，可只学未带 * 号章节中的一些内容。

孙炳达负责全书修订及编写工作。广东工业大学自动化学院龙德、张祺、李明，广东技术师范大学自动化学院陈贞丰、顾家骞、罗国娟、曾庆猛、康慧等参与了修订内容的讨论。广东技术师范大学王中生教授任主审。

谢莉萍、王明诚和梁志坤为本书前几版的出版做出了很大的贡献，本次修订得到了广东工业大学、广东技术师范大学教务处及自动化学院的支持和鼓励，参考或吸收了部分同类教材（或参考书）内容。在此，向上述相关老师、单位表示衷心的感谢！

为了方便教师教学，本书配有电子课件（PPT），凡选用本书作为教材的教师，可登录机械工业出版社教育服务网（www.cmpedu.com）注册后下载。

由于编者水平有限，书中可能会有不足或疏漏之处，殷切期望读者及同行给予批评指正。

编　者

目　　录

前　言

第一章　自动控制系统的基本概念⋯⋯⋯　1

第一节　自动控制系统的基本结构⋯⋯⋯　1

第二节　闭环控制系统的基本组成⋯⋯⋯　5

第三节　自动控制系统的分类⋯⋯⋯　7

第四节　对控制系统的基本要求⋯⋯⋯　8

习题⋯⋯⋯⋯⋯⋯⋯⋯⋯⋯⋯　9

第二章　控制系统的数学模型⋯⋯⋯　12

第一节　动态微分方程的编写⋯⋯⋯　12

*第二节　非线性数学模型的线性化⋯　18

第三节　传递函数⋯⋯⋯⋯⋯⋯　22

第四节　结构图及其等效变换⋯⋯⋯　28

*第五节　信号流图及梅森公式⋯⋯⋯　37

第六节　控制系统的传递函数⋯⋯⋯　40

习题⋯⋯⋯⋯⋯⋯⋯⋯⋯⋯⋯　47

第三章　控制系统的时域分析法⋯⋯⋯　50

第一节　典型输入信号和时域性能指标⋯⋯⋯　50

第二节　一阶系统分析⋯⋯⋯⋯⋯　53

第三节　二阶系统分析⋯⋯⋯⋯⋯　57

第四节　高阶系统分析⋯⋯⋯⋯⋯　67

第五节　稳定性分析及代数判据⋯⋯⋯　71

第六节　稳态误差分析及计算⋯⋯⋯　76

习题⋯⋯⋯⋯⋯⋯⋯⋯⋯⋯⋯　87

*第四章　控制系统的根轨迹分析法⋯　91

第一节　系统根轨迹的基本概念⋯⋯⋯　91

第二节　绘制根轨迹的基本条件和基本规则⋯⋯⋯　92

第三节　系统根轨迹的绘制⋯⋯⋯　97

第四节　参量根轨迹⋯⋯⋯⋯⋯　99

第五节　系统性能的根轨迹分析⋯⋯⋯　100

习题⋯⋯⋯⋯⋯⋯⋯⋯⋯⋯⋯　106

第五章　控制系统的频率特性分析法⋯⋯⋯　108

第一节　频率特性的基本概念⋯⋯⋯　108

第二节　频率特性的表示方法⋯⋯⋯　111

第三节　典型环节的频率特性⋯⋯⋯　112

第四节　系统开环频率特性绘制⋯⋯⋯　122

第五节　最小相位系统与伯德定理⋯⋯⋯　127

第六节　用频率法分析系统稳定性⋯⋯⋯　129

第七节　用频率法分析系统稳态性能⋯⋯⋯　138

第八节　用开环频率特性分析系统动态性能⋯⋯⋯　140

*第九节　用闭环频率特性分析系统性能⋯⋯⋯　146

第十节　传递函数的实验求取⋯⋯⋯　149

习题⋯⋯⋯⋯⋯⋯⋯⋯⋯⋯⋯　151

第六章　控制系统设计与校正⋯⋯⋯　155

第一节　概述⋯⋯⋯⋯⋯⋯⋯　155

第二节　串联超前校正⋯⋯⋯⋯⋯　156

第三节　串联滞后校正⋯⋯⋯⋯⋯　160

第四节　串联滞后-超前校正⋯⋯⋯　163

第五节　PID校正装置及其原理⋯⋯⋯　168

*第六节　并联校正⋯⋯⋯⋯⋯　172

第七节　控制工程系统的"模型"（最佳）设计⋯⋯⋯　176

习题⋯⋯⋯⋯⋯⋯⋯⋯⋯⋯⋯　183

第七章　非线性控制系统分析⋯⋯⋯　184

第一节　非线性控制系统概述⋯⋯⋯　184

第二节　非线性特性⋯⋯⋯⋯⋯　185

第三节　描述函数及其计算⋯⋯⋯　187

第四节　描述函数分析非线性系统 ········ 189
第五节　改善非线性系统性能的方法 ······ 196
*第六节　相平面分析法 ················· 200
*第七节　线性系统的相平面分析 ········ 203
*第八节　非线性系统的相平面分析 ······ 207
习题 ································· 212

*第八章　线性离散控制系统的分析
　　　　与综合 ················· 214

第一节　离散控制系统概述 ················ 214
第二节　连续信号的采样与复现 ········· 215
*第三节　Z 变换及 Z 反变换 ·············· 219
第四节　线性离散系统的数学模型 ······· 224
第五节　离散控制系统的稳定性分析 ······ 228
第六节　离散控制系统的稳态误差
　　　　分析 ················· 231
第七节　离散控制系统的动态
　　　　性能分析 ············· 234
第八节　数字控制器的模拟化设计 ········ 239
第九节　数字控制器的离散化设计 ········ 242

第十节　数字 PID 调节器及其
　　　　参数选择 ············· 245
习题 ································· 247

*第九章　控制原理计算机辅助分析
　　　　及仿真实验 ··········· 249

第一节　MATLAB 启动与操作 ············· 249
第二节　MATLAB 中数学模型的输入 ······ 250
第三节　线性系统仿真与性能分析 ········ 252
*第四节　非线性控制系统仿真 ··········· 255
第五节　离散控制系统仿真 ··············· 256
第六节　Simulink 绘图仿真 ············· 257
习题 ································· 261

附录 ····································· 263

附录 A　常用函数拉普拉斯变换表 ········ 263
附录 B　拉普拉斯变换的主要定理 ········ 264
附录 C　常用 Z 变换表 ················· 265

参考文献 ································· 266

第一章

自动控制系统的基本概念

在工程应用和科学研究中，自动控制技术起着极其重要的作用，不仅在工业、农业、军事、医学、航空航天、交通运输及日常生活等领域广泛应用，而且不断地进入商业、金融、经济及社会管理等应用领域。

控制理论是自动控制技术的基础理论，专门研究有关自动控制系统中的基本概念、基本原理和基本的控制方法。控制理论通常分为经典控制理论和现代控制理论两大部分。经典控制理论又常称为自动控制原理，它主要是介绍和讨论单输入-单输出线性定常系统的控制问题。经典控制理论已有许多成功的应用，而且今后仍将继续发挥其理论指导的作用。现代控制理论主要介绍和研究复杂系统、多输入-多输出系统的优化控制问题。本书仅涉及经典控制理论内容。

目前，控制理论不仅是电气工程、信息工程及自动化类学科的一门主干技术基础课程，也是经济管理、人文社会等相关学科的一门基础课程，因此它是一门跨学科的技术基础综合性课程。

第一节　自动控制系统的基本结构

一、概述

自动控制就是在没有人直接参与的情况下，利用控制装置使某种设备、工作机械或生产过程的某些物理量或工作状态能自动地按照预定的规律或数值运行或变化。通常，控制装置称为**控制器**；被控制的设备或工作机械称为**被控对象**；被控对象内要求实现自动控制的物理量称为**被控量**或系统的**输出量**。

自动控制系统是由控制器(含测量元件)和被控对象组成的整体，或者说是由相互关联的一些元部件，按照一定的结构和方式组成的具有自动控制功能的有机整体。在控制系统中，把影响系统输出量的外界输入量称为**系统的输入量**。系统的输入量通常指两种：**给定输入量**和**扰动输入量**。给定输入量又常称为参考输入量，它决定系统输出量的要求值或某种变化规律；扰动输入量又常称为干扰输入量，它是系统不希望但又客观存在的外部输入量，例如电源电压的波动、环境温度的变化、电动机拖动负载的变化等，都是实际系统中存在的扰动输入量。扰动输入量影响给定输入量对系统输出量的控制。

二、基本结构及控制原理

自动控制系统的种类繁多、形式多样、任务不一，但根据控制的基本结构，可分为开环控制、闭环控制和复合控制。

1. 开环控制

开环控制是指系统输出端与输入端之间不存在反馈回路，或者说系统的输出量不对系统的控制产生任何作用的控制结构。

图1-1所示的直流电动机开环调速系统是开环控制的一个例子。电动机拖动生产机械或其他部件运转，生产机械是被控对象，转速 n 是系统的输出量。电压 u_g 是系统的给定输入量。当改变电位器滑动端的位置时，相应地改变了给定输入量和电动机电枢两端的电压。由于电动机具有恒定的励磁电流，因此随着电枢电压不同，电动机便以不同的转速带动生产机械运转，对应电位器滑动端的一个固定位置。换句话说，一个固定的给定输入量，生产机械就以一个相对应的转速期望值运转，从而达到了控制目的。

可以看出，上述控制系统的输出端与输入端之间没有反馈回路。系统只是根据给定输入量 u_g 进行控制，而输出量 n 在整个过程中对控制作用都没有影响。由定义可知，它属于开环控制系统。开环控制系统的职能框图可用图1-2表示。

图1-1　直流电动机开环调速系统　　　　　　图1-2　开环控制系统职能框图

值得注意的是，当出现外部扰动输入或内部扰动作用时，若没有人的直接干预，开环控制系统的输出量将不能按照给定输入量所对应的期望值或状态运行。例如在图1-1中，当输入量 u_g 不变时，若功率放大器的供电电压突然下降或电动机负载突然上升，电动机的转速即系统的输出量都会下降。输出量的下降使它偏离了给定输入量 u_g 对应的期望值。这时，若要维持原输出值，操作人员就必须重新调整电位器滑动端位置，增加给定输入电压值。

2. 闭环控制

闭环控制是指系统输出端与输入端之间存在反馈回路，或者说系统的输出量直接或间接地参与了系统的控制作用。

图1-3所示的直流电动机调速系统是闭环控制的一个例子。实际上，它是在开环调速系统的基础上引入一台测速发电机（TG）。测速发电机检测系统输出量即转速 n，并把它转换成与给定输入量 u_g 相同的物理量即反馈电压 u_f。反馈电压 u_f 与给定输入量 u_g 相比较后产生一偏差电压 $\Delta u = u_g - u_f$，再经

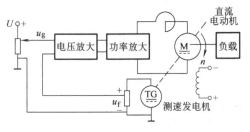

图1-3　直流电动机闭环调速系统

过放大器放大后去控制直流电动机的转速。当电位器滑动端处在某一位置时，电动机就以一个相对应的转速期望值带动生产机械运转。当出现外部或内部扰动时，例如功率放大器的输出电压下降，或者电动机的拖动负载突然增加，电动机的转速就会下降；电动机转速的变化会被测速发电机检测出来，相应地使反馈电压 u_f 的值下降；这时，反馈电压与给定输入电压比较后使偏差电压 Δu 增大，经放大器放大后，电动机电枢电压增加使转速回升，从而减小或消除了由于系统外部或内部的各种扰动所造成的转速的偏差。

从上述分析看出，**闭环控制**实际上是**根据负反馈原理，按偏差量进行控制的**。系统中无论是内部还是外部扰动引起输出量偏离期望值而产生偏差时，就会有相应的控制作用产生去消除偏差，使输出量重新恢复到期望值。因此，闭环控制也称为反馈控制或偏差控制。闭环控制系统框图如图 1-4 所示。

闭环控制系统广泛地应用于各工业部门。图 1-5 所示的发电机励磁控制系统是闭环控制的又一实例。

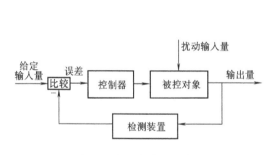

图 1-4 闭环控制系统框图

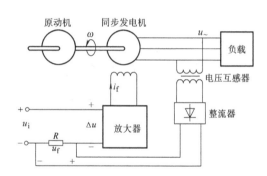

图 1-5 发电机励磁控制系统

图 1-5 中，三相交流同步发电机由原动机带动做恒速旋转，并向负载供给电力。系统的被控对象是发电机，系统的输出量是发电机端电压 $u_\sim$。电压 u_i 是系统的给定输入量。电压互感器检测发电机端电压 $u_\sim$，经整流后获得与发电机端电压 $u_\sim$ 成比例的直流反馈电压 u_f。输入电压 u_i 与反馈电压 u_f 相减后产生偏差电压 Δu，Δu 经放大器放大来控制发电机的励磁电流。通过改变发电机的励磁电流来控制发电机端电压，使发电机端电压在系统受到各种干扰时，例如负载波动，都能使它维持在输入电压 u_i 对应的期望值上。

3. 复合控制

复合控制是开环和闭环控制相结合的一种控制方式。实际上，它是在闭环控制基础上再引入一条由给定输入信号或扰动作用所构成的顺馈通路。顺馈通路相当于开环控制。复合控制通常有两种典型结构，分别称为按输入信号补偿结构和按扰动作用补偿结构，如图 1-6 所示。

按输入信号补偿的复合控制系统，其补偿装置提供了一个顺馈控制信号，此信号与原控制信号一起对被控对象进行控制以提高系统跟踪输入信号的能力（精度）。按扰动作用补偿的复合控制系统，其补偿装置利用干扰信号产生控制作用以补偿或抵消干扰信号对被控量的影响，增强系统的抗干扰能力。两种补偿的原理及设计方法详见第三章。

复合控制在数控机床、雷达跟踪、船舰舵控等很多系统中获得应用。图 1-7 所示为温度复合控制系统的原理图。控制的任务是，要求热水供水池出口端的水温保持在恒定的给定

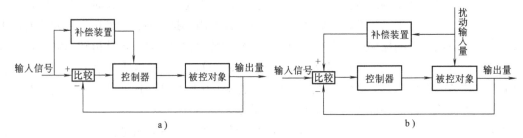

图1-6　复合控制结构框图

a) 按输入信号补偿结构　b) 按扰动作用补偿结构

值。冷水流量的波动，会直接影响到水温的波动，它是系统的扰动量。

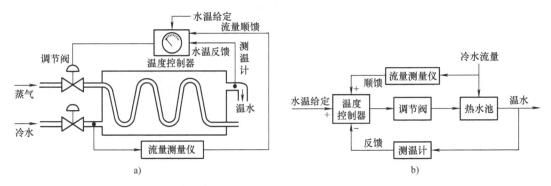

图1-7　温度复合控制系统

a) 系统结构图　b) 系统框图

当冷水流量恒定时，系统不断地检测热水池出口端的水温并作为反馈量，与给定值比较后产生控制信号去调节蒸气阀门的开口，确保出口端水温达到给定值且保持恒定。一旦冷水流量发生变化，经流量测量仪检测后转换为一个顺馈信号直接进入控制器，便能及时调整蒸气阀门的开口，消除或减少因流量的波动而引起的水温波动。

三、结构比较

总的来说，**开环控制**较简单，使用的元器件最少，成本也较低，系统调试较容易，但控制性能较差，尤其抗干扰能力不强，只适用于性能要求不高的被控对象。**闭环控制**使用的元器件较多，而且系统调试也较麻烦，但控制性能好，尤其抗干扰能力较强。实际上，控制工程中的绝大多数系统，都是采用闭环控制结构的。而且，多变量控制的复杂系统，基本的控制方法及原理也是基于闭环控制的。图1-8所示为大型火力发电厂的控制

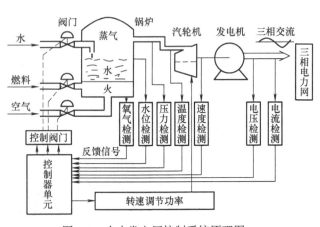

图1-8　火力发电厂控制系统原理图

4

系统原理图，系统中包含有电流、电压、转速、压力等多个物理量的检测和反馈。若要达到更高性能的要求，可采用**复合控制**或其他**新型的**控制方法。

第二节 闭环控制系统的基本组成

根据被控对象和使用的元部件不同，闭环控制系统有各种不同的形式，但是就其职能来看，一般均由以下的基本环节组成。

（1）**被控对象** 是指要进行控制的设备或过程。

（2）**测量装置** 对系统输出量进行测量。因为测量元件的精度直接影响系统精度，所以应尽可能采用精度高的测量元件和合理的测量电路。

（3）**给定环节** 产生系统给定输入信号。给定环节的精度对系统的控制精度会有较大影响，因此应采用高精度元件构成给定环节。

（4）**比较环节** 对系统输出量与输入量进行比较，产生偏差信号，起信号的综合作用。在大多数控制系统中，比较环节常常是和测量环节或其线路结合在一起的，并不单独存在。

（5）**放大环节** 对偏差信号进行放大并进行能量形式的转换，使之适合于控制执行机构工作的信号。

（6）**执行机构** 直接作用于被控对象，对被控对象进行拖动的装置或机构。

（7）**校正装置** 用于改善系统的性能。校正装置可以加在由偏差信号至输出信号之间的通道内，这种校正方式称为**串联校正**；校正装置也可以加在某一局部反馈通道内，这种校正方式称为**反馈校正**或**并联校正**。某些情况下，可以同时应用串联校正及并联校正以进一步提高控制系统的性能。

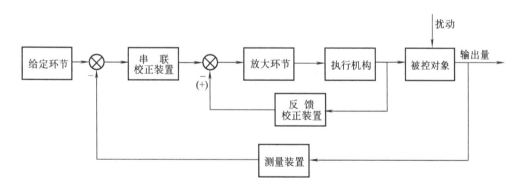

图 1-9　闭环控制系统框图

由上述基本环节组成的闭环控制系统框图如图 1-9 所示。图中，系统的基本部件用框表示，信号的传输方向用箭头表示；信号的综合用"⊗"表示，"＋"表示两信号相加，即**正反馈**，正反馈只能在系统中的某局部环节间使用，"－"表示两信号相减，即**负反馈**。信号从输入端沿箭头方向到达系统输出端的传输通道，称为**前向通路**或**正向通道**。系统输出量经由测量装置反馈到系统输入端的传输通道，称为**主反馈通路**或**主反馈通道**，而其他的反馈通道，称为**副反馈**或**局部反馈通道**。只有一个反馈通道的系统，称为**单回路系统**，有两个以上反馈通道的系统，称为**多回路系统**。

例1-1 根据图1-10所示的电动机速度控制系统工作原理图,完成:

(1)将 a、b 与 c、d 用线连接成负反馈方式。

(2)画出系统框图。

解 (1)负反馈连接方式应为:a、d 相接,b、c 相接。因为放大器输入端的电压应为给定电压与反馈电压两者之差,产生偏差电压,从而构成负反馈,产生控制作用,根据基尔霍夫电压定律,应 a、d 相接,b、c 相接。

(2)首先,系统中的每个部件各用一方框表示,各方框内写入该部件的名称;然后,根据系统信号的流向,方框间用带箭头的线段连接。图1-10所示系统的工作原理框图如图1-11所示。

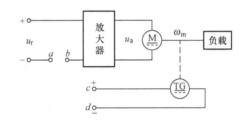

图1-10 电动机速度控制系统工作原理图

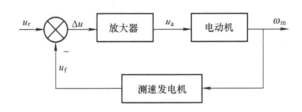

图1-11 电动机速度控制系统的工作框图

例1-2 图1-12为工业炉温自动控制系统的工作原理图。分析系统的工作原理,指出被控对象、被控量和给定量,画出系统框图。

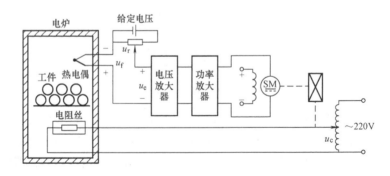

图1-12 工业炉温自动控制系统工作原理图

解 电炉采用的是电加热的方式。电热器产生的热量与调压器输出电压 u_c 的二次方成正比,u_c 增加,炉温就上升,反之,炉温就下降,u_c 的高低与调压器滑动触点的位置有关,而该滑动触点由可逆转的直流电动机驱动。

电炉的实际温度用热电偶测量，测量电压经放大后的输出电压为 u_f。u_f 作为系统的反馈电压与给定电压 u_r 进行比较，得出偏差电压 u_e，经电压放大器、功率放大器放大后，作为电动机的电枢电压驱动电动机转动。

当炉温等于某个给定电压相对应的期望温度值(T)时，反馈电压 u_f 等于给定电压 u_r。此时，偏差电压 $u_e = u_r - u_f = 0$，电动机的电枢电压也为0，可逆电动机不转动，调压器的滑动触点停留在某个合适的位置上，使 u_c 保持在相对应的电压值上。这时，电炉散失的热量正好等于从加热器吸取的热量，形成稳定的热平衡状态，炉温就保持在与给定电压 u_r 对应的期望温度值(T)上。

当炉温由于某种原因突然下降(例如炉门打开造成的热量流失)时，则反馈电压 u_f 也会跟着下降，由于给定电压 u_r 不变，此时偏差电压不为0，电动机的电枢电压也不为0，电动机的转动带动滑动触点上移，使电压 u_c 上升，使炉温回升，直至炉温的实际值等于期望温度值(T)为止。

系统中，电炉是被控对象，炉温是被控量(又称系统输出量)，给定量(又称系统输入量)是由给定电位器设定的电压 u_r(表征炉温的期望值)。

系统中的每个部件各用一个方框表示，各方框内写入该部件的名称，根据系统信号的流向，方框间用带箭头的线段连接。工业炉温自动控制系统框图如图1-13所示。

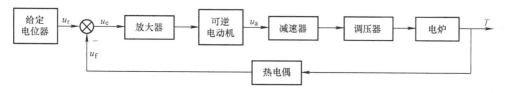

图1-13　工业炉温自动控制系统框图

第三节　自动控制系统的分类

控制系统的分类方法不少。但是，通常人们很难确切地对自动控制系统进行分类，一是因为同一系统按不同的分类方法，其属性不同；二是由于控制技术发展很快，各式各样的新系统不断产生和发展。这里仅介绍常见的3种分类方法。

一、按使用的数学模型分类

1. 线性系统和非线性系统

(1) 线性系统　系统输入量与输出量之间的关系可用线性微分方程或线性差分方程描述的系统。若方程的系数与时间 t 无关即为定常数，则该系统又称为**线性定常系统**。若方程的系数随时间 t 变化而变化，则称该系统为**线性时变系统**。

线性系统有两个重要特性：**叠加性和齐次性**。

1) 叠加性　当系统同时存在几个输入量作用时，其输出量等于各输入量单独作用时所产生的输出量之和。

2）齐次性 当系统的输入量增大或缩小时，系统输出量也按同一倍数增大或缩小。齐次性又称为均匀性。

（2）非线性系统 系统输入量与输出量之间的关系可用非线性微分方程或非线性差分方程描述的系统。

应**注意**，在自动控制系统中，即使只含有一个非线性环节，这一系统也是属于非线性的；目前对于非线性系统的理论研究远不如线性系统那样完整和完善；严格来说，任何物理系统的特性，都是非线性的，但在一定的条件下若可以将某些非线性特性线性化，近似地用线性微分方程去描述，这样就可以按照线性系统来处理。

2. 连续系统和离散系统

（1）连续系统 若系统中各元部件的输入量和输出量均为时间 t 的连续函数时，称该系统为连续系统。连续系统的运动规律可用微分方程描述，系统中各部分信号都是模拟量。

（2）离散系统 系统中某一处或几处的信号是以脉冲系列或数码的形式传递的系统，称为离散系统。离散系统的运动规律可用差分方程描述。计算机控制系统就是典型的离散系统。

二、按给定输入信号特征分类

（1）**恒值系统** 给定输入量为恒值，要求系统在任何扰动作用下，系统输出量能以一定精度接近给定期望值的系统，称为恒值系统。例如，生产过程中的温度、压力、流量、液位、电动机转速等自动控制系统属于恒值系统。

（2）**随动系统** 给定输入量是未知的时间函数，要求系统输出量跟随输入量变化的系统，称为随动系统。例如，雷达天线跟踪系统、卫星跟踪系统、自动火炮自动控制系统等都属于随动系统。

（3）**程序控制系统** 给定输入量是按照已知的时间函数变化的系统，称为程序控制系统。例如，程序控制车床，热处理炉温度的升温、保温、降温过程等都是按照预先设定的规律进行控制的，它们都属于程序控制系统。

三、按系统的功能分类

按系统功能的不同分类，又有众多不同的系统，例如速度控制系统、温度控制系统、位置控制系统、压力控制系统等。

第四节 对控制系统的基本要求

在分析和设计系统时，需要有评价系统的标准，这个标准通常用性能指标来表示。不同的被控对象，不同的控制任务，对性能的要求往往有所不同。但是，总体来说，对任何控制系统的基本要求，集中体现在系统性能的"稳定性""动态性能"和"稳态性能"三个方面，或简称为"稳""快""准"。

一、稳定性

控制系统稳定性的定义有多种表达，较通常的表达是，一个处于静止或某一平衡工作状态的系统，在受到任何输入（给定信号或扰动）作用时，系统的输出会离开静止状态或偏离原来的平衡位置，当作用消除后，若系统能回到原来的静止状态或平衡位置，则称系统是稳定的，否则称系统是不稳定的。

对于线性定常系统，也可表达为：在阶跃信号作用下，若系统输出有一个确定值相对应，则称系统是稳定的；若系统输出值越来越大，则称系统是不稳定的，如图 1-14 所示。

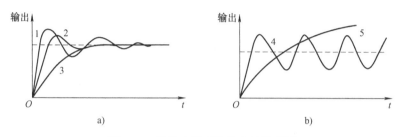

图 1-14 线性定常系统稳定性示意图

a）稳定系统 b）不稳定系统

稳定性是系统能否工作的前提条件，也是对系统最起码的要求。要想使系统能正常工作，系统必须是稳定的，而且往往要求有一定的**稳定裕量**。

二、动态性能

稳定的控制系统，当受到阶跃输入信号作用后，由于系统内部机械部件的质量和惯性的作用，内部电路中存在的电容、电感等储能元件使系统的输出要经历一个过程才能达到某一稳定值。系统输出随时间 t 变化的这一过程称为系统的**响应过程**。响应过程常常又以**调节时间** T_s（或称过渡过程时间）为界，分为**动态过程**（又称**暂态过程**）和**稳态过程**（又称**静态过程**），如图 1-15 所示。动态性能就是反映系统在动态过程中，跟踪输入或抑制干扰的能力。**动态性能好**的系统，表现为动态过程具有较好的平稳性、调节时间短且振荡次数少。

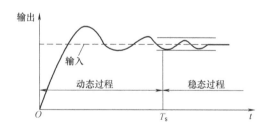

图 1-15 稳定系统的典型阶跃响应

三、稳态性能

系统在过渡过程结束后，其输出量的状态值，一般用**稳态误差**来描述。稳态误差的大小反映了系统控制的精度。稳态误差值越小的系统，说明系统的控制精度越高，稳态特性越好。

值得注意的是，对于同一个系统体现稳定性、动态性能和稳态性能的稳（定）、快（速）、准(确)这三个要求是互相制约的。提高响应的快速性，可能会引起系统的强烈振动；改善系统相对稳定性，则又可能会使控制过程时间延长，反应迟缓以及精度变差；提高系统的稳态精度，则可能会引起动态性能(平稳性及过渡过程时间)变坏。分析和解决这些矛盾，将是本书讨论的重要内容。

习　题

1-1　闭环控制系统主要由哪三大部分组成？为什么都要采用负反馈？

1-2　控制系统若不能满足性能指标，应采取什么方法？

1-3　系统性能包含哪几类？具体有哪些？

1-4　举例说说日常生活中遇到(或看见)过什么样的系统，说出其名称。

1-5　有一水位控制装置如图 1-16 所示。试分析它的控制原理，指出它是开环控制系统还是闭环控制系统。说出它的被控量、输入量及扰动输入量是什么？绘制出其系统框图。

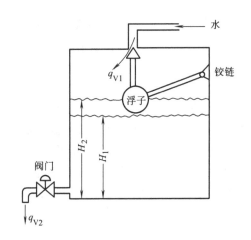

图 1-16　题 1-5 图

q_{V1}—输入流量　q_{V2}—输出流量　H_1—实际水位　H_2—期望水位

1-6　图 1-17 所示为由蒸气加热的水温控制系统。简述系统的工作原理，说出系统的给定输入量、扰动输入量和输出量，绘制系统的原理框图。

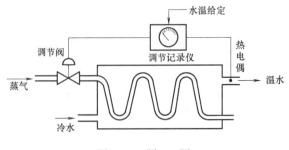

图 1-17　题 1-6 图

1-7　图 1-18 所示为由晶闸管直流调压器组成的电炉温度控制系统。简述系统的工作原理，说出系统的给定输入量、扰动输入量和输出量，绘制系统的原理框图。

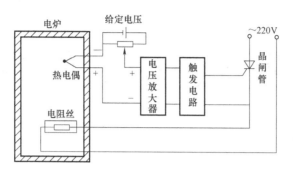

图 1-18　题 1-7 图

第二章

控制系统的数学模型

为了从理论上对自动控制系统进行分析研究，必须首先建立描述控制系统的数学模型。

在经典控制理论中，线性连续定常系统的数学模型是描述系统的输出量与输入量(含给定输入和扰动输入)之间关系的数学表达式或图形。数学模型有多种形式，例如微分方程、传递函数、动态结构图、信号流程图和频率特性等。不同形式的数学模型，在一定条件下可以相互转换。同一个系统，可用不同形式的数学模型去描述。

控制系统的数学模型关系到系统分析研究结果的准确性，因此建立系统数学模型的准确性，具有特别的重要意义。

通常有两种方法建立系统的数学模型，一是机理分析法，即根据系统中信号(又称变量)所遵循的物理或化学规律(例如电学、力学、电磁学、热学等的基本定律)，在忽略一些次要因素的情况下，进行理论分析和推导；二是实验方法，即使用某种仪器进行实验，根据实验所获取的信息或数据，求出系统输入量与输出量间的关系。

一般而言，对于较简单的控制系统，多用机理分析法。由于机理分析法是最基本的常用方法，本章着重讨论。对于较复杂的控制系统，多用实验方法。实验方法有多种，其中的一种方法将在第五章第十节介绍。

第一节　动态微分方程的编写

微分方程是描述控制系统在动态过程中的特征、特性、性能等信息的表达式，是最基本的一种数学模型。建立控制系统的微分方程，目的在于通过该方程确定系统输出量与输入量之间的动态过程关系，从而为分析研究系统的性能，或在一定条件下求取其他形式的数学模型打下基础。

用机理分析法建立系统的微分方程时，由于工程上的系统往往比较复杂，组成系统的环节(又常称为元部件)较多，难于直接求出系统的输出量与输入量之间的关系式，因此常要先把系统划分为若干个环节，并分别求出每个环节的微分方程，然后综合各环节的微分方程，便可求得整个系统的微分方程，最后还需将方程化成标准形式。下面结合具体示例先讨论求取环节微分方程的方法。

一、建立环节的微分方程

在了解环节的组成和清楚工作原理后，按下面的方法、步骤列写：

（1）**确定环节的输入量和输出量**

（2）**列写方程组**　根据环节中的变量（即信号）所遵循的物理或化学规律，列出相关的一些方程，列方程时，在工程允许的条件下，应忽略一些次要因素，以简化相关方程。

（3）**消去中间变量**　第 2 步中列出的相关方程，除含有环节的输入量和输出量外，还会含有其他的变量（即信号），这些变量称为是中间变量。可用代入法，从方程组中把这些中间变量一一消去，最后便可得到描述该环节的输出量与输入量之间的微分方程。

（4）**整理**　通常，把与输入量和输出量有关的各项分别列写在等号的两边，各导数项按降阶排列。有时，还将方程中的某些系数，化成具有一定物理意义的表示形式。

下面通过举例，说明用机理分析法建立部件微分方程的方法和步骤。

例 2-1　求图 2-1 所示 *RLC* 电路的微分方程。

解　图 2-1 是由电阻、电感、电容组成的一个四端网络。由电路的相关知识可知，在突加直流电压的作用下，电路中会产生动态电流，在元件的两端会产生电压降，电压降的大小遵循欧姆定律，电压间的关系遵循基尔霍夫定律。

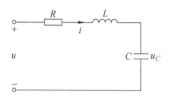

图 2-1　*RLC* 电路原理图

（1）取 u 为输入量，电容两端的电压 u_C 为输出量。

（2）列写方程组。根据基尔霍夫电压定律有

$$u = Ri + L\frac{\mathrm{d}i}{\mathrm{d}t} + u_C \tag{2-1}$$

电容两端电压与流过的电流之间关系为

$$i = C\frac{\mathrm{d}u_C}{\mathrm{d}t} \tag{2-2}$$

（3）消去中间变量 i。在式(2-1)和式(2-2)组成的方程组中，有 u、u_C 和 i 3 个变量（即信号），而 3 个变量中，电压 u、u_C 分别是输入量和输出量，电流 i 是中间变量。

将式(2-2)代入式(2-1)，消去中间变量 i，可得

$$u = RC\frac{\mathrm{d}u_C}{\mathrm{d}t} + LC\frac{\mathrm{d}^2 u_C}{\mathrm{d}t^2} + u_C \tag{2-3}$$

（4）整理。与输入量 u 有关的项列写在等号的右边，与输出量 u_C 有关的项列写在等号的左边，导数项按降阶排列，式(2-3)可写为

$$LC\frac{\mathrm{d}^2 u_C}{\mathrm{d}t^2} + RC\frac{\mathrm{d}u_C}{\mathrm{d}t} + u_C = u \tag{2-4}$$

式(2-4)即为描述图 2-1 所示 *RLC* 电路环节，当 u 为输入量，电容两端电压 u_C 为输出量时的数学模型，是一个**二阶线性常系数微分方程**。

例 2-2　建立图 2-2 所示运算放大器的微分方程。

解　（1）u_i 为输入量，u_o 为输出量。

（2）根据运算放大器的原理，列出相关方程

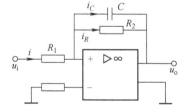

图 2-2　例 2-2 运算放大器

$$i = i_R + i_C \tag{2-5}$$

$$i = \frac{u_i}{R_1} \tag{2-6}$$

$$i_R = \frac{u_o}{R_2} \tag{2-7}$$

$$i_C = C\frac{\mathrm{d}u_o}{\mathrm{d}t} \tag{2-8}$$

（3）消去中间变量。用代入法，解上面方程组，消去中间变量 i、i_C 和 i_R，并整理后有

$$R_2 C\frac{\mathrm{d}u_o}{\mathrm{d}t} + u_o = \frac{R_2}{R_1}u_i \tag{2-9}$$

式（2-9）即为描述图 2-2 所示电路环节，当 u_i 为输入量，u_o 为输出量时的数学模型，是一个**一阶线性常系数微分方程**。

例 2-3 图 2-3 所示为一个弹簧阻尼减振部件。图中质量为 m 的物体受到外力 F 的作用，产生位移 y，求该部件以外力 F 为输入量，y 为输出量的微分方程。

解 （1）外力 F 为输入量，y 为输出量。

（2）根据牛顿运动定律，物体受到外力 F 的作用时，在克服弹簧阻力 F_s 及阻尼器的黏性摩擦阻力 F_f 后产生位移 y，而且应满足如下方程

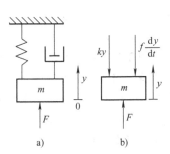

图 2-3 弹簧阻尼减振部件
a）原理图 b）受力图

$$F - F_s - F_f = ma \tag{2-10}$$

$$F_s = ky \tag{2-11}$$

$$F_f = f\frac{\mathrm{d}y}{\mathrm{d}t} \tag{2-12}$$

$$a = \frac{\mathrm{d}^2 y}{\mathrm{d}t^2} \tag{2-13}$$

式中，a 为物体运动的加速度；k 为弹簧系数；f 为阻尼器的阻尼系数。

（3）消去中间变量。将式（2-11）~式（2-13）代入式（2-10），消去中间变量 F_s、F_f、a，有

$$m\frac{\mathrm{d}^2 y}{\mathrm{d}t^2} + f\frac{\mathrm{d}y}{\mathrm{d}t} + ky = F \tag{2-14}$$

式（2-14）即为描述弹簧阻尼减振部件的微分方程，是一个**二阶线性常系数微分方程**。

例 2-4 试求图 2-4 所示他励直流电动机的微分方程。

他励直流电动机是拖动控制系统中常用的执行部件或受控对象，由电机拖动的相关知识可知，改变电枢电压的大小，便可改变电动机转速的高低。

解 （1）确定输入量和输出量。取电枢电压 u_d 为输入量，电动机转速 n 为输出量。

（2）列写微分方程组。由基尔霍夫定律，列写电枢回路方程

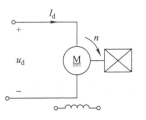

图 2-4 他励直流电动机的物理模型

$$u_d = e_d + R_d i_d + L_d\frac{\mathrm{d}i_d}{\mathrm{d}t} \tag{2-15}$$

$$e_d = C_e n \tag{2-16}$$

式中，e_d 为反电动势；C_e 为电动势常数，单位为 $\mathrm{V/(r \cdot min^{-1})}$；$R_d$ 为电枢回路电阻；L_d

为电枢回路电感；i_d 为电枢电流。

由电机拖动的相关知识可知，当电动机空载时，机械运动方程为

$$M = \frac{GD^2}{375} \frac{dn}{dt} \tag{2-17}$$

$$M = C_m i_d \tag{2-18}$$

式中，M 为电动机的转矩，单位为 N·m；GD^2 为电动机的飞轮矩，单位为 N·m²；C_m 为电动机转矩系数，单位为 N·m/A。

（3）消去中间变量。上面 4 个方程中，e_d、i_d、M 为中间变量，用代入法解联立方程组可消去这些中间变量。

将式(2-18)代入式(2-17)有

$$i_d = \frac{GD^2}{375 C_m} \frac{dn}{dt} \tag{2-19}$$

对式(2-19)两边取微分有

$$\frac{di_d}{dt} = \frac{GD^2}{375 C_m} \frac{d^2 n}{dt^2} \tag{2-20}$$

将式(2-16)、式(2-19)和式(2-20)代入式(2-15)，得到描述他励直流电动机的微分方程为

$$\frac{L_d}{R_d} \frac{GD^2}{375} \frac{R_d}{C_m C_e} \frac{d^2 n}{dt^2} + \frac{GD^2}{375} \frac{R_d}{C_m C_e} \frac{dn}{dt} + n = \frac{u_d}{C_e} \tag{2-21}$$

令电磁时间常数

$$T_d = \frac{L_d}{R_d}$$

机电时间常数

$$T_m = \frac{GD^2}{375} \frac{R_d}{C_m C_e}$$

则式(2-21)又可写成

$$T_d T_m \frac{d^2 n}{dt^2} + T_m \frac{dn}{dt} + n = \frac{u_d}{C_e} \tag{2-22}$$

式(2-22)就是描述他励直流电动机，取电枢电压为输入量，电动机转速为输出量的微分方程，是一个**二阶线性常系数微分方程**。

二、建立系统的微分方程

编写系统微分方程的方法与编写环节微分方程的方法相似。

1）确定系统的输入量和输出量。

2）从系统的输入端开始，将系统划分为若干个环节，按编写环节微分方程的方法求出各环节的微分方程。

3）消去中间变量。环节的微分方程组中，除了系统的输入量和输出量外，其他的变量（信号）都是中间变量。可用代入法，从方程组中把这些中间变量一一消去，最后得到描述该系统的输入量和输出量之间的微分方程。

4）整理。把含有系统输入量的各项和输出量的各项分别列写在等号的两边，并且按降阶排列，得到了系统的微分方程。

现以图2-5所示的闭环直流调速系统为例，说明用机理分析法建立系统微分方程的一般方法和步骤。

例2-5　图2-5所示为单闭环直流电动机调速系统原理图，求系统的微分方程。

解　直流调速系统的工作原理在第一章中已经介绍过，现按图2-5所示的原理图求该系统的微分方程。

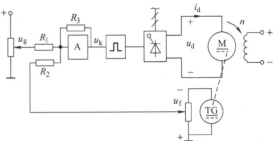

图2-5　闭环直流电动机调速系统原理图

（1）确定系统的输入量和输出量。系统输入量为控制电压u_g，输出量为电动机转速n。

（2）编写各环节的微分方程。根据系统结构，从系统的输入端开始划分为比较环节、电压放大环节、功率放大环节、直流电动机环节和反馈环节等5个环节，如图2-6所示。

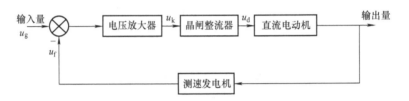

图2-6　直流电动机调速系统的框图

1）比较和电压放大环节。比较环节和电压放大环节，往往合在一起作为一个环节。该环节的输入量为给定电压u_g和速度反馈电压u_f，输出量为放大器的输出电压u_k。由电路原理有

$$u_k = k_1(u_g - u_f) \tag{2-23}$$

式中，k_1为电压放大系数，$k_1 = \dfrac{R_3}{R_1}$。

2）功率放大环节。功率放大环节常由触发电路与晶闸管整流电路组成。它也可以近似为一个比例（功率）放大环节。其输入量为u_k，输出量为晶闸管整流电压u_d，二者关系为

$$u_d = k_s u_k \tag{2-24}$$

式中，k_s为功率放大系数。

3）直流电动机环节。由式(2-22)可知，电枢电压和电动机转速之间的关系为

$$T_d T_m \frac{d^2 n}{dt^2} + T_m \frac{dn}{dt} + n = \frac{u_d}{C_e} \tag{2-25}$$

式中，$T_d = \dfrac{L_s + L_d}{R_s + R_d}$，其中$L_s$、$R_s$分别为晶闸管整流回路的电感和电阻。

4）反馈环节。测速发电机的输入量是电动机转速n，输出量是反馈电压u_f，二者关系为

$$u_f = an \tag{2-26}$$

式中，a为速度反馈系数。

（3）消去中间变量。联立求解上面4个方程，用代入法消去中间变量u_k、u_d、u_f，可

得描述图 2-5 所示直流电动机调速系统控制量与被控制量之间的微分方程为

$$T_d T_m \frac{d^2 n}{dt^2} + T_m \frac{dn}{dt} + n = \frac{(u_g - an)k_1 k_s}{C_e} \qquad (2\text{-}27)$$

（4）整理。把系统输出量的各项归在一起，并按降价排列

$$\frac{T_d T_m}{1 + \dfrac{k_1 k_s a}{C_e}} \frac{d^2 n}{dt^2} + \frac{T_m}{1 + \dfrac{k_1 k_s a}{C_e}} \frac{dn}{dt} + n = \frac{k_1 k_s}{C_e \left(1 + \dfrac{k_1 k_s a}{C_e}\right)} u_g \qquad (2\text{-}28)$$

令 $K = k_1 k_s / C_e$，并称为前向通道的放大系数，$K_k = k_1 k_s a / C_e$，并称为系统的开环放大系数，则式（2-28）又可表示为

$$\frac{T_d T_m}{1 + K_k} \frac{d^2 n}{dt^2} + \frac{T_m}{1 + K_k} \frac{dn}{dt} + n = \frac{K}{1 + K_k} u_g \qquad (2\text{-}29)$$

式（2-29）就是描述图 2-5 所示单闭环直流电动机调速系统的微分方程，是一个**二阶线性常系数微分方程**。

（5）微分方程的算子方程式。由高等数学的相关知识可知，常系数的线性微分方程，可用算子符号 p 代替微分方程中的微分符号 $\dfrac{d}{dt}$，微分方程的这种表示方式称为**算子方程式**。

单闭环直流电动机调速系统的微分方程式（2-29）用算子方程式表示为

$$\frac{T_d T_m}{1 + K_k} p^2 n + \frac{T_m}{1 + K_k} pn + n = \frac{K}{1 + K_k} u_g \qquad (2\text{-}30)$$

三、负载效应与系统（或环节）的相似性

在建立系统或环节微分方程时，有两个问题值得注意：一是负载效应；二是系统（或环节）的相似性。下面分别进行讨论。

1. 负载效应

负载效应就是后一环节的存在，影响前一个环节的输出。

上面提到，在建立系统微分方程时，往往是先把系统划分为若干环节。要注意的是，在具体划分环节时，要考虑环节间的负载效应，否则会影响到系统数学模型的准确性。下面以例说明。

图 2-7 所示为由 R、C 组成的两个回路的四端网络电路。

设输入量为电压 u_i，输出量为电压 u_o，并设第一个回路的电流为 i_1，第二个回路电流为 i_2。由基尔霍夫定律，可列出如下方程

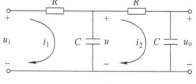

图 2-7　二级 RC 电路

$$u_i - Ri_1 - \frac{1}{C} \int (i_1 - i_2) dt = 0 \qquad (2\text{-}31)$$

$$\frac{1}{C} \int (i_1 - i_2) dt - Ri_2 - \frac{1}{C} \int i_2 dt = 0 \qquad (2\text{-}32)$$

$$\frac{1}{C} \int i_2 dt = u_o \qquad (2\text{-}33)$$

求解上述方程组，用代入法消去中间变量 i_1、i_2，可得描述该电路的微分方程为

$$(RC)^2 \frac{\mathrm{d}^2 u_\mathrm{o}}{\mathrm{d}t^2} + 3RC \frac{\mathrm{d}u_\mathrm{o}}{\mathrm{d}t} + u_\mathrm{o} = u_\mathrm{i} \qquad (2\text{-}34)$$

若把它划分为两个 RC 电路环节串联，如图 2-8 所示，第一个环节的输入量为 u_i，输出量为 u，u 也是第二个环节的输入量。则由基尔霍夫定律可得，第一个环节的微分方程为

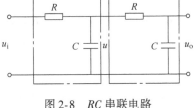

图 2-8 RC 串联电路

$$RC \frac{\mathrm{d}u}{\mathrm{d}t} + u = u_\mathrm{i} \qquad (2\text{-}35)$$

第二个环节的微分方程

$$RC \frac{\mathrm{d}u_\mathrm{o}}{\mathrm{d}t} + u_\mathrm{o} = u \qquad (2\text{-}36)$$

将式(2-36) 代入式(2-35)，则输入量为 u_i、输出量为 u_o 的整个电路的微分方程为

$$(RC)^2 \frac{\mathrm{d}^2 u_\mathrm{o}}{\mathrm{d}t^2} + 2RC \frac{\mathrm{d}u_\mathrm{o}}{\mathrm{d}t} + u_\mathrm{o} = u_\mathrm{i} \qquad (2\text{-}37)$$

比较式(2-34) 和式(2-37) 可以看出，两个方程的参数有不同。显然，描述图 2-7 所示电路的数学模型，式(2-34) 是准确的。而式(2-37) 没有考虑到第二个 RC 环节的输入阻抗小，会使第一个环节的输出电压 u 变小，即没有考虑到负载效应，因此得到的数学模型表达式的准确性要差。

因此，在列写系统微分方程时，一定要考虑相邻两个串联环节间的负载效应。只有当后一环节的输入阻抗很大，对前一环节的输出影响可忽略时，才可划分为两个环节串联，否则应视为一个环节。

有时为了克服两个环节间的负载效应，也可以在两个环节之间插入一个电压跟随器，从而把有负载效应的两个环节视为串联。

2. 相似性

由式(2-4)、式(2-14)、式(2-22) 和式(2-29) 可见，虽然图 2-1、图 2-3 ~ 图 2-5 为 4 种完全不同的物理部件或系统，但描述它们的微分方程的形式却是相同的，都是二阶线性微分方程，只是参数不同而已。把具有相同数学模型形式的不同物理部件或系统，称为相似环节或系统。在相似环节或系统中，占据相应位置的物理量称为相似量。

系统或环节的相似性具有重要意义，一方面为分析研究不同的物理系统或环节提供了统一的理论方法，另一方面可用一个易于构建的部件或系统，例如用 R、L、C 组建的电路，去分析研究与其相似但难以构建的较复杂的物理系统。

* 第二节 非线性数学模型的线性化

对线性系统尤其是线性定常系统的分析研究，现已相当成熟。然而在实际的控制系统中，严格来说，构成系统的元部件，都具有不同程度的非线性特性，因此描述环节的数学模型都是非线性微分方程，整个系统属于非线性控制系统。由于对三阶以上的非线性微分方程，在数学上求解麻烦且解与初始条件有关，给系统的理论分析研究造成较大的困难。

实际上，大部分非线性元部件的特性，在一定的条件下可以近似地转化为线性特性，或

者说可用常系数线性微分方程去描述。虽然这是一种近似的方法，但工程上往往是允许的，这给系统的理论分析和研究带来极大的方便。非线性微分方程近似地转化为线性微分方程的方法，称为**非线性微分方程的线性化**。

线性化的常用方法有三种。第一种是忽略非线性特性，认为特性是线性的，例如 R、L 和 C 及其组成的电路，由于其输出量与输入量间的非线性关系很弱，常常直接把它们视为线性元部件。第二种是局部线性化方法。有些非线性元部件，其输出量与输入量间的关系在较大的范围内具有线性特性，当输出量与输入量关系限制在线性特性范围内时，就把它们视为线性元部件。例如，直流放大器在未达饱和特性前，认为放大器的输出与输入成正比。第三种是小偏差线性化方法，又称偏微量方法，下面介绍这种方法的原理和具体的处理过程。

小偏差线性化方法，从数学处理的角度看，就是将一个非线性函数 $y = f(x)$，在其工作点（x_0，y_0）附近展开成泰勒级数，然后忽略二次以上的高次项，便可得到线性化方程，用来代替原来的非线性方程。下面分两种情况介绍和讨论。

一、具有一个自变量的非线性函数

设描述环节或系统的非线性函数为 $y = f(x)$，x 为输入量，y 为输出量。工作点为 $x = x_0$，$y = y_0$，即 $y_0 = f(x_0)$。

在工作点 $y_0 = f(x_0)$ 附近，对 $y = f(x)$ 展开成泰勒级数，有

$$y = f(x_0) + \left(\frac{\mathrm{d}f(x)}{\mathrm{d}x}\right)_{x_0}(x - x_0) + \frac{1}{2!}\left(\frac{\mathrm{d}^2 f(x)}{\mathrm{d}x^2}\right)_{x_0}(x - x_0)^2 + \cdots$$

忽略二次以上的高次项，上式近似为

$$y = f(x_0) + \left(\frac{\mathrm{d}f(x)}{\mathrm{d}x}\right)_{x_0}(x - x_0)$$

即

$$y - y_0 = k(x - x_0) \tag{2-38}$$

式中，$k = \left(\dfrac{\mathrm{d}f(x)}{\mathrm{d}x}\right)_{x_0}$。

式（2-38）也可以写成

$$\Delta y = k\Delta x \tag{2-39}$$

为了书写方便，通常将偏差符号"Δ"省略，则式（2-39）简写为

$$y = kx \tag{2-40}$$

式（2-40）就是非线性函数 $y = f(x)$ 的线性化方程。

注意，式（2-40）中的 x 和 y，实际上表示的是一个增量值（偏差量）。下面举例说明小偏差线性化方法的具体处理过程。

例2-6 晶闸管三相桥式全控整流电路如图2-9a所示。试求触发脉冲的移相角 α 与整流电压 U_d 之间的线性化方程。

解 由电力电子技术的知识可知，晶闸管三相桥式全控整流电路的输入量为触发脉冲的移相角 α，输出量为整流电压 U_d，输入量与输出量的整流特性曲线如图2-9b所示，两者关系式为

$$E_\mathrm{d} \approx 2.34 u_2 \cos\alpha = E_\mathrm{d0}\cos\alpha \tag{2-41}$$

式中，u_2 为变压器二次绕组的相电压有效值；E_d0 为 $\alpha = 0°$ 时的整流电压值。

可见两者之间具有明显的非线特性。

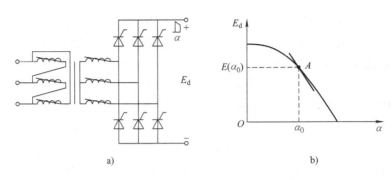

图 2-9　晶闸管三相桥式全控整流电路

a）结构　b）输入-输出特性曲线

设正常工作点为 A 点，对应的移相角为 α_0，输出电压为 $E_d(\alpha_0)$，即 $x_0 = \alpha_0$，$y_0 = E_{d0}\cos\alpha_0$。

当触发脉冲的移相角在小范围内变化时，在工作点 A 处附近对式（2-41）展开成泰勒级数，并忽略二次以上的高次项后，有

$$E_d = E_{d0}\cos\alpha_0 + \left(\frac{\mathrm{d}E_d}{\mathrm{d}\alpha}\right)_{\alpha_0}(\alpha - \alpha_0)$$

或

$$E_d - E_{d0}\cos\alpha_0 = \left(\frac{\mathrm{d}E_d}{\mathrm{d}\alpha}\right)_{\alpha_0}(\alpha - \alpha_0)$$

即

$$\Delta E_d = \left(\frac{\mathrm{d}E_d}{\mathrm{d}\alpha}\right)_{\alpha_0}\Delta\alpha \tag{2-42}$$

为了书写方便，通常将偏差符号"Δ"省略，则式（2-42）简写为

$$E_d = k\alpha \tag{2-43}$$

式中，$k = \left(\dfrac{\mathrm{d}E_d}{\mathrm{d}\alpha}\right)_{\alpha = \alpha_0} = -E_{d0}\sin\alpha_0$。

式（2-43）就是晶闸管三相桥式全控整流电路，输入量为移相角 α，输出量为整流电压 E_d 时的小偏差线性化后的线性方程，式中的负号可不考虑。

二、具有两个自变量的非线性函数

对于具有两个自变量的非线性方程，设输入量为 x_1 和 x_2，输出量为 y，系统的工作点为 $y_0 = f(x_{10}, x_{20})$。将函数在工作点附近展开成泰勒级数，有

$$y = f(x_{10}, x_{20}) + \left[\left(\frac{\partial f}{\partial x_1}\right)_{x_{10}}(x_1 - x_{10}) + \left(\frac{\partial f}{\partial x_2}\right)_{x_{20}}(x_2 - x_{20})\right] +$$

$$\frac{1}{2!}\left[\left(\frac{\partial^2 f}{\partial x_1^2}\right)_{x_{10}}(x_1 - x_{10})^2 + 2\left(\frac{\partial^2 f}{\partial x_1 \partial x_2}\right)_{x_{20}, x_{10}}(x_1 - x_{10})(x_2 - x_{20}) + \left(\frac{\partial^2 f}{\partial x_1^2}\right)_{x_{20}}(x_2 - x_{20})^2\right] + \cdots$$

式中偏导数在 $x_1 = x_{10}$、$x_2 = x_{20}$ 上求取。忽略二次以上的各项后，有

$$y = f(x_{10}, x_{20}) + \left[\left(\frac{\partial f}{\partial x_1}\right)_{x_{10}}(x_1 - x_{10}) + \left(\frac{\partial f}{\partial x_2}\right)_{x_{20}}(x_2 - x_{20})\right]$$

即

$$y - y_0 = k_1(x_1 - x_{10}) + k_2(x_2 - x_{20})$$

$$\Delta y = k_1\Delta x_1 + k_2\Delta x_2$$

上式可简写成

$$y = k_1 x_1 + k_2 x_2 \tag{2-44}$$

式中，$k_1 = \left(\dfrac{\partial f}{\partial x_1} \right)_{x_1 = x_{10}}$；$k_2 = \left(\dfrac{\partial f}{\partial x_2} \right)_{x_2 = x_{20}}$。

式（2-44）就是两个自变量的非线性方程经小偏差线性化后的线性方程。

例 2-7　两相交流伺服电动机重量轻、惯性小和起动特性好，是自动控制系统中常用的执行部件，其结构图如图 2-10a 所示。和普通直流电动机一样，有定子和转子两部分。但定子有两个绕组，空间上互成为 90°，其中一个为励磁绕组，由恒定交流电压供电；另一个为控制绕组，施加控制电压。控制电压与励磁电压频率相同但幅值可变，且与励磁电压有 90°的相位差。两相交流伺服电动机的机械特性如图 2-10b

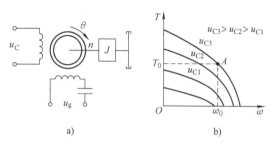

图 2-10　两相交流伺服电动机
a）物理结构　b）输入-输出机械特性

所示。试用小偏差线性化方法，求转矩 T 与控制电压 u 及角速度 ω 之间近似的线性关系。

解　设两相交流伺服电动机的输入量为控制电压 u，输出量为角速度 ω。从机械特性可知，转矩 T 与控制电压 u 及角速度 ω 之间有明显的非线性关系

$$T = f(u, \omega) \tag{2-45}$$

设工作点为 A 点，对应的转矩为 T_0，角速度为 ω_0，控制电压 u_0，非线性方程为 $T_0 = f(u_0, \omega_0)$。在工作点 A 附近展开成泰勒级数，并忽略二次以上的各项后，可得

$$T = T(u_0, \omega_0) + \left(\frac{\partial T}{\partial u} \right)_{u_0} \Delta u + \left(\frac{\partial T}{\partial \omega} \right)_{\omega_0} \Delta \omega$$

或写成

$$\Delta T = k_u \Delta u + k_\omega \Delta \omega \tag{2-46}$$

式中，$\Delta T = T - T(u_0, \omega_0)$；$k_u = \left(\dfrac{\partial T}{\partial u} \right)_{u_0}$，$k_\omega = \left(\dfrac{\partial T}{\partial \omega} \right)_{\omega_0}$。

为了书写方便，将偏差符号"Δ"省略，则式（2-46）可简写成

$$T = k_u u + k_\omega \omega \tag{2-47}$$

由电机拖动的相关知识可知，当电动机带动黏性摩擦力矩负载运动时，运动方程为

$$T = J \frac{d\omega}{dt} + B\omega \tag{2-48}$$

式中，J 为转动惯量；B 为比例系数。

将式（2-47）代入式（2-48），有

$$J \frac{d\omega}{dt} + (B - k_\omega)\omega = k_u u \tag{2-49}$$

式（2-49）就是两相交流伺服电动机小偏差线性化后的转矩 T 与控制电压 u 及角速度 ω 之间的线性方程。

应用小偏差线性化方法时，应注意如下几点：

1）小偏差线性化方法只适用于输入量变化较小的情况，若输入量变化较大，得到的线性化方程误差较大。

2）小偏差线性化方法只适用于非线性特性是连续的，因为只有连续的特性才能满足展

开成泰勒级数的条件。

3）线性化后的方程参数与工作点有关，工作点不同，参数值不同，所以线性化前，必须确定元部件或系统的工作点。

4）特别指出，对于具有不连续特性的非线性元部件，或者说不适用于小偏差线性化方法的非线性元部件，又常称为**本质非线性元部件**。与此相对应，具有连续特性的非线性元部件，或者说能用小偏差线性化方法的非线性元部件，称为**非本质非线性元部件**。本质非线性元部件和系统的处理及分析方法将在第七章非线性系统分析中专门介绍和讨论。

第三节 传 递 函 数

在经典控制理论中，传递函数是一种重要的数学模型。

一、传递函数的定义

在初始条件为零时，线性定常系统（或环节）输出量的拉普拉斯变换式与输入量的拉普拉斯变换式之比，称为线性定常系统（或环节）的**传递函数**，常用 $G(s)$ 或 $\Phi(s)$ 等符号表示，即

$$G(s) = \frac{Y(s)}{R(s)}$$

式中，$Y(s)$、$R(s)$ 分别为输出量 $y(t)$、输入量 $r(t)$ 的拉普拉斯变换式。

若已知线性定常系统（或环节）的微分方程为

$$a_n \frac{\mathrm{d}^n y(t)}{\mathrm{d}t^n} + a_{n-1} \frac{\mathrm{d}^{n-1} y(t)}{\mathrm{d}t^{n-1}} + \cdots + a_1 \frac{\mathrm{d}y(t)}{\mathrm{d}t} + a_0 y(t)$$
$$= b_m \frac{\mathrm{d}^m r(t)}{\mathrm{d}t^m} + b_{m-1} \frac{\mathrm{d}^{m-1} r(t)}{\mathrm{d}^{m-1}t} + \cdots + b_1 \frac{\mathrm{d}r(t)}{\mathrm{d}t} + b_0 r(t) \qquad (2\text{-}50)$$

式中，$y(t)$ 为输出量；$r(t)$ 为输入量；n、m 为阶数，实际系统 $n \geqslant m$。

设初始条件为零，对式（2-50）两边进行拉普拉斯变换，并提取出输入 $R(s)$、输出 $Y(s)$ 的公因子，有

$$(a_n s^n + a_{n-1} s^{n-1} + \cdots + a_1 s + a_0) Y(s) = (b_m s^m + b_{m-1} s^{m-1} + \cdots + b_1 s + b_0) R(s)$$

由传递函数定义，可得

$$G(s) = \frac{Y(s)}{R(s)} = \frac{b_m s^m + b_{m-1} s^{m-1} + \cdots + b_1 s + b_0}{a_n s^n + a_{n-1} s^{n-1} + \cdots + a_1 s + a_0} \qquad n \geqslant m \qquad (2\text{-}51)$$

图 2-11 传递函数的结构图

传递函数与输入、输出之间的关系也可用图2-11表示。

输出量也可以表示为

$$Y(s) = R(s) G(s)$$

例 2-8 图 2-12 为集成元件和 R、C 组成的运算放大器，求其传递函数。

解 对于 R、L、C 组成的电路或运算放大器，用算

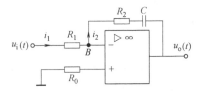

图 2-12 比例积分器

子阻抗方法求传递函数较方便。该电路输入支路和反馈支路的算子阻抗分别为

$$Z_1(s) = R_1, \qquad Z_2(s) = R_2 + \frac{1}{Cs}$$

由模拟电路可知，理想运算放大器的输入阻抗为无穷大，可视为"虚断"，故有 $i_1 = i_2$；同时，B 点可视为"虚地"，有 $u_B = 0$，所以

$$\frac{U_i(s)}{Z_1(s)} = -\frac{U_o(s)}{Z_2(s)}$$

故有

$$G(s) = \frac{U_o(s)}{U_i(s)} = -\frac{Z_2(s)}{Z_1(s)} = -\frac{R_2Cs + 1}{R_1Cs} = -\frac{\tau s + 1}{Ts}$$

式中，$\tau = R_2C$；$T = R_1C$。

注意，传递函数是一种数学模型，往往不赋予正、负号，所以上式中的负号常省略；传递函数有无量纲由其输入量和输出量决定。由于运算放大器的输入量和输出量都是电压，所以上式的传递函数是无量纲的。

例2-9　求例2-4他励直流电动机的传递函数。

解　以电枢电压 u_d 为输入量、转速 n 为输出量的微分方程已由式(2-22) 给出

$$T_dT_m\frac{d^2n}{dt^2} + T_m\frac{dn}{dt} + n = \frac{u_d}{C_e}$$

在初始条件为零时，对上式进行拉普拉斯变换

$$(T_dT_ms^2 + T_ms + 1)N(s) = \frac{U_d(s)}{C_e}$$

式中，$N(s)$、$U_d(s)$ 分别为 $n(t)$、$u_d(t)$ 的拉普拉斯变换式。

由此可求得他励直流电动机的传递函数为

$$G(s) = \frac{N(s)}{U_d(s)} = \frac{1}{C_e(T_dT_ms^2 + T_ms + 1)}$$

例2-10　图2-13 是单闭环直流电动机调速系统原理图，求系统的传递函数。

解　根据式(2-29) 求出该系统的微分方程为

$$\frac{T_dT_m}{1 + K_k}\frac{d^2n}{dt^2} + \frac{T_m}{1 + K_k}\frac{dn}{dt} + n = \frac{K}{1 + K_k}u_g$$

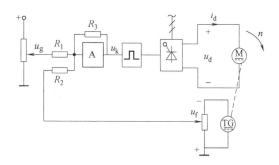

图2-13　单闭环直流电动机调速系统原理图

在初始状态为零的条件下，对上式两边取拉普拉斯变换有

$$\frac{T_dT_m}{1 + K_k}s^2n(s) + \frac{T_m}{1 + K_k}sn(s) + n(s) = \frac{K}{1 + K_k}u_g(s)$$

或

$$\left(\frac{T_dT_m}{1 + K_k}s^2 + \frac{T_m}{1 + K_k}s + 1\right)n(s) = \frac{K}{1 + K_k}u_g(s)$$

由传递函数定义，系统输入量为控制电压 u_g、输出量为电动机转速 n 时，系统的传递函数为

$$\Phi(s) = \frac{n(s)}{u_g(s)} = \frac{K}{T_dT_ms^2 + T_ms + (1 + K_k)}$$

二、传递函数的主要特点

1）传递函数只适用于单输入－单输出线性定常系统。

2）传递函数包含了系统（或环节）的全部信息，与系统的固有特性即系统的结构、参数有关，而与输入量的幅值或形式无关。

3）如同微分方程一样，不同的物理部件或系统，可以有相同的传递函数描述，或者说，同一形式的传递函数可以表示物理属性完全不同的部件或系统。

4）传递函数的分母多项式称为特征多项式，令特征多项式等于零，该方程称为系统的特征方程，特征方程的根称为特征根，也常称为系统的极点。

三、传递函数的表示形式

传递函数有下述 3 种表示形式，分别应用于后续各章节对控制系统不同的分析和设计方法中。

1. 有理分式形式

式（2-51）即为有理分式形式，分子、分母均为 s 的多项式，重写如下

$$G(s) = \frac{b_m s^m + b_{m-1} s^{m-1} + \cdots + b_1 s + b_0}{a_n s^n + a_{n-1} s^{n-1} + \cdots + a_1 s + a_0} = \frac{\sum\limits_{j=0}^{m} b_j s^j}{\sum\limits_{i=0}^{n} a_i s^i}$$

2. 零、极点形式

将式（2-51）中 a_n、b_m 系数提出后，分子和分母再分解因式，即可得到传递函数的零、极点形式

$$G(s) = K_g \frac{(s + z_1)(s + z_2) \cdots (s + z_m)}{(s + p_1)(s + p_2) \cdots (s + p_n)} = K_g \frac{\prod\limits_{j=1}^{m}(s + z_j)}{\prod\limits_{i=1}^{n}(s + p_i)} \tag{2-52}$$

式中，$-z_j$（$j = 1, 2, \cdots, m$）为传递函数的零点；$-p_i$（$i = 1, 2, \cdots, n$）为传递函数的极点；$K_g = \dfrac{b_m}{a_n}$ 为零、极点形式时传递函数的传递系数，又常称为根轨迹的传递系数或根轨迹的增益。

3. 时间常数形式

将式（2-51）中 a_0、b_0 系数提出后，分子和分母再分解因式，或将式（2-52）中分子的 $z_1, z_2, \cdots, z_m$ 提出到各括号外，再将分母的 $p_1, p_2, \cdots, p_n$ 提出到括号外，即得传递函数的时间常数形式

$$G(s) = K \frac{(\tau_1 s + 1)(\tau_2 s + 1) \cdots (\tau_m s + 1)}{(T_1 s + 1)(T_2 s + 1) \cdots (T_n s + 1)} = K \frac{\prod\limits_{j=1}^{m}(\tau_j s + 1)}{\prod\limits_{i=1}^{n}(T_i s + 1)} \tag{2-53}$$

式中，$\tau_j(j=1,2,\cdots,m)$ 为分子各因子的时间常数；$T_i(i=1,2,\cdots,n)$ 为分母各因子的时间常数；$K = b_0/a_0$ 为时间常数形式时，通常称为增益或放大系数。后两种形式的传递函数，各参数之间的关系为

$$\tau_j = \frac{1}{z_j}, T_i = \frac{1}{p_i}, K = K_g \frac{\displaystyle\prod_{j=1}^{m} z_j}{\displaystyle\prod_{i=1}^{n} p_i}$$

传递函数具有共轭复数零、极点时，传递函数表达式式(2-52) 和式(2-53) 可改写为

$$G(s) = \frac{K_g}{s^v} \frac{\displaystyle\prod_{j=1}^{m_1}(s+z_j)\prod_{l=1}^{m_2}(s^2+2\xi_l\omega_l s+\omega_l^2)}{\displaystyle\prod_{i=1}^{n_1}(s+p_i)\prod_{k=1}^{n_2}(s^2+2\xi_k\omega_k s+\omega_k^2)} \tag{2-54}$$

$$G(s) = \frac{K}{s^v} \frac{\displaystyle\prod_{j=1}^{m_1}(\tau_j s+1)\prod_{l=1}^{m_2}(\tau_l^2 s^2+2\xi_l\tau_l s+1)}{\displaystyle\prod_{i=1}^{n_1}(T_i s+1)\prod_{k=1}^{n_2}(T_k^2 s^2+2\xi_k T_k s+1)} \tag{2-55}$$

式中，$m_1 + m_2 = m$；$v + n_1 + n_2 = n$。

例 2-11 已知系统的传递函数

$$G(s) = \frac{4s+1}{12s^2+10s+2}$$

求对应的零、极点形式和时间常数形式。

解 零、极点形式为

$$G(s) = \frac{4s+1}{12s^2+10s+2} = \frac{4\left(s+\dfrac{1}{4}\right)}{12\left(s^2+\dfrac{5}{6}s+\dfrac{1}{6}\right)} = \frac{1}{3}\frac{\left(s+\dfrac{1}{4}\right)}{\left(s+\dfrac{1}{3}\right)\left(s+\dfrac{1}{2}\right)}$$

时间常数形式为

$$G(s) = \frac{4s+1}{12s^2+10s+2} = \frac{4s+1}{2(6s^2+5s+1)} = 0.5\frac{4s+1}{(2s+1)(3s+1)}$$

四、典型环节及其传递函数

实际系统都是由**环节**或**部件**组成的，所含的环节越多，系统就越复杂。虽然环节或部件会具有不同的物理结构和作用机理，但从数学模型角度看，无论系统多么庞大、复杂，最多也只能由 6 种基本的传递函数组成，这 6 种基本的传递函数对应的环节称为**典型环节**。

1. 比例环节

比例环节又称为放大环节或无惯性环节，其输出量与输入量成正比关系。比例环节在时域中的表达式为

$$y(t) = Kr(t)$$

式中，K 为比例系数。

传递函数为

$$G(s) = \frac{Y(s)}{R(s)} = K$$

由集成元件和电阻构成的如图 2-14 所示的放大器，就是典型的比例环节。常见的分压器、直（交）流测速发电机、杠杆、无间隙的传动齿轮组等，均可视为比例环节。

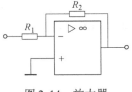

图 2-14　放大器

2. 惯性环节

惯性环节的输出量与输入量的关系为

$$T \frac{\mathrm{d}y(t)}{\mathrm{d}t} + y(t) = r(t)$$

传递函数为

$$G(s) = \frac{Y(s)}{R(s)} = \frac{1}{Ts + 1} \qquad (2\text{-}56)$$

式中，T 为时间常数。

惯性环节的输出量不能立即跟随输入量变化，而是存在着惯性，时间常数 T 越大则惯性越大。

惯性环节的实例是比较常见的，图 2-15 就是典型的惯性环节。电炉、发电机的励磁回路等都可视为惯性环节。

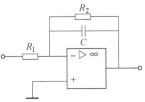

图 2-15　集成电路构成的
惯性环节

3. 积分环节

积分环节的输出量与输入量之间的关系为

$$y(t) = \int r(t) \, \mathrm{d}t$$

传递函数为

$$G(s) = \frac{Y(s)}{R(s)} = \frac{1}{s} \qquad (2\text{-}57)$$

当积分环节的输入端加入一阶跃信号时，其输出随时间直线上升，当输入变为零时，积分作用停止，输出维持不变，具有记忆功能。图 2-16 就是典型积分环节的部件。

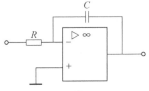

图 2-16　集成积分器

4. 振荡环节

振荡环节的输出量与输入量之间的关系为

$$T^2 \frac{\mathrm{d}^2 y(t)}{\mathrm{d}t} + 2\zeta T \frac{\mathrm{d}y(t)}{\mathrm{d}t} + y(t) = r(t)$$

传递函数为

$$G(s) = \frac{Y(s)}{R(s)} = \frac{1}{T^2 s^2 + 2\zeta T s + 1}$$

式中，T 为时间常数；ζ 为阻尼系数。

振荡环节传递函数也可改写为

$$G(s) = \frac{\omega_n^2}{s^2 + 2\zeta \omega_n s + \omega_n^2} \qquad (2\text{-}58)$$

式中，ω_n 为无阻尼自然振荡频率，$\omega_n = \dfrac{1}{T}$。

本章第一节中的弹簧阻尼部件、他励直流电动机和 RLC 串联网络等都是振荡环节的实例。

5. 微分环节

微分环节有 3 种：理想微分环节、一阶微分环节和二阶微分环节。相应的微分方程为

$$y(t) = \frac{\mathrm{d}r(t)}{\mathrm{d}t} \quad t \geqslant 0$$

$$y(t) = \left[\tau \frac{\mathrm{d}r(t)}{\mathrm{d}t} + r(t) \right] \quad t \geqslant 0$$

$$y(t) = \left[\tau^2 \frac{\mathrm{d}^2 r(t)}{\mathrm{d}t^2} + 2\zeta\tau \frac{\mathrm{d}r(t)}{\mathrm{d}t} + r(t) \right] \quad (0 < \zeta < 1) \quad t \geqslant 0$$

传递函数为

理想微分环节 $\hspace{4cm} G(s) = s$ $\hspace{4cm}$ (2-59)

一阶微分环节 $\hspace{4cm} G(s) = \tau s + 1$ $\hspace{3cm}$ (2-60)

二阶微分环节 $\hspace{2.5cm} G(s) = \tau^2 s^2 + 2\zeta\tau s + 1 \quad (0 < \zeta < 1)$ $\hspace{1.5cm}$ (2-61)

由于微分环节的输出量与输入量的各阶微分有关，因此它能预示输入信号的变化趋势，使控制过程具有预见性。

在实际系统中，由于惯性的存在，难以实现理想微分环节，例如图 2-17a 中，只有当 $\tau = RC \ll 1$ 时，才近似为微分环节，图 2-17b 为由 RC 元件组成近似的一阶微分环节，图 2-17c 是由集成元件和 RC 网络组成的有源一阶微分环节。

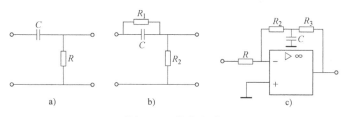

图 2-17 微分电路

6. 延迟环节

延迟环节又称为滞后环节。延迟环节的输出量经过一个延迟时间 τ 后，完全复现输入信号，方程表示为

$$y(t) = r(t - \tau)$$

式中，τ 为延迟时间。

当输入为单位阶跃时，延迟环节的输出如图 2-18b 所示。

根据拉普拉斯变换的延迟定理，可得延迟环节的传递函数为

$$G(s) = \frac{Y(s)}{R(s)} = \mathrm{e}^{-\tau s} \tag{2-62}$$

生产实际中的液压、气动、传送带输送过程、管道输送过程、机械传动系统等都有不同程度的延迟现象，其典型部件如图 2-19 所示。

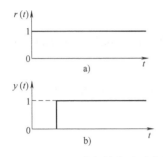

图 2-18　延迟环节的单位阶跃响应

a）阶跃输入　b）阶跃响应

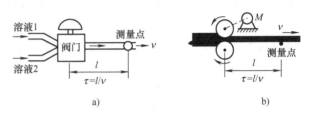

图 2-19　延迟环节典型部件

a）混合液检测　b）带钢厚度检测

当延迟部件的时间较小时，可近似为惯性部件。

$$e^{-\tau s} = \frac{1}{e^{\tau s}} = \frac{1}{1 + \tau s + \frac{\tau^2}{2!}s^2 + \frac{\tau^3}{3!}s^3 + \cdots} \approx \frac{1}{1 + \tau s} \tag{2-63}$$

第四节　结构图及其等效变换

结构图是动态结构图的简称，将系统中各部件的功能、相互关系及信号传递用图形表示，所以它是图形化的数学模型，在系统分析、研究和设计中被广泛采用。

一、结构图的组成要素及绘制方法

1. 组成要素

系统结构图由 4 种基本图形组成，如图 2-20 所示。

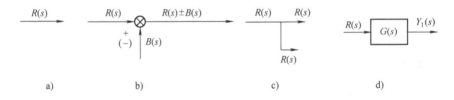

图 2-20　构成结构图四要素

a）信号线　b）比较点　c）引出点　d）函数框图

（1）**信号线**　带有箭头的有向直线，表示系统中信号的传递方向。通常在信号线的上方或下方标注该信号的拉普拉斯变换式，如图 2-20a 所示。

（2）**比较点**　又称综合点或相加点，表示两个或两个以上信号进行加（或减）的运算。要注意的是，进行比较的信号必须具有相同的量纲；运算的符号必须在其旁边标明，如图 2-20b 所示。

（3）**引出点**　又称分支点，表示信号由该处引出，如图 2-20c 所示。要注意的是，从同一位置引出的所有信号，其数值和性质完全相同。

（4）**函数框图**　表示系统中的环节（或部件），如图 2-20d 所示。方框内写入该环节的

传递函数。进入的信号线表示该环节的输入信号，离开的信号线表示该环节的输出信号，且有

$$Y(s) = R(s)G(s)$$

2. 绘制方法

控制系统一般都由多个环节组成。在绘制系统结构图时，首先根据系统的工作原理和结构，从输入端开始把系统划分成多个环节，并求出各环节的传递函数，然后绘制出各环节的函数框图，最后根据信号的流通方向，将各环节的函数框图连接起来，便得到系统的结构图。

下面举例说明绘制系统结构图的方法。

例 2-12　图 2-21 所示为发电机励磁控制系统。该系统的输入量为励磁输入电压 u_i，输出量为发电机输出的机端电压 $u_\sim$，试绘制该系统的结构图。

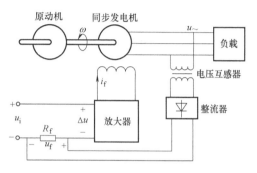

图 2-21　发电机励磁控制系统

解　发电机励磁控制系统的基本工作原理在第一章第一节中介绍过。

考虑负载效应后，可认为系统是由 5 个环节组成：比较环节、放大环节、励磁回路环节、发电机电枢环节和反馈环节。分别求出这些环节的微分方程，并在零初始条件下进行拉普拉斯变换，求出各环节的传递函数。

（1）比较环节　　　$\Delta U(s) = U_i(s) - U_f(s)$

（2）放大环节　　$U_c(s) = K_p \Delta U(s) \quad \Rightarrow \dfrac{U_c(s)}{\Delta U(s)} = K_p$

（3）励磁回路环节　　$I_f(s) = \dfrac{1/R_f}{1 + T_f s} U_c(s) \quad \Rightarrow \dfrac{I_f(s)}{U_c(s)} = \dfrac{1/R_f}{1 + T_f s}$

式中，U_c 为励磁电压；K_p 为放大系数；L_f 为励磁回路电感；T_f 为励磁回路时间常数，$T_f = \dfrac{L_f}{R_f}$。

（4）发电机电枢环节　设发电机发出的电压 u_g 与励磁电流 i_f 之间为比例关系 K_g，发电机所带负载阻抗为 Z_1，负载电流为 i_1，机端电压为 $u_\sim$，则有

$$U_g(s) = K_g I_f(s) \qquad\qquad \Rightarrow \dfrac{U_g(s)}{I_f(s)} = K_g$$

$$U_\sim(s) = U_g - Z_1 I_1(s)$$

（5）反馈环节　$U_f(s) = K_f U_\sim(s) \qquad\qquad \Rightarrow \dfrac{U_f(s)}{U_\sim(s)} = K_f$

式中，K_f 为电压检测环节的比例系数。

绘制出发电机励磁控制系统各环节的框图，如图 2-22 所示。

用信号线按信号流向将上述 5 个环节的函数框图依次连接起来，便得到图 2-21 所示的发电机励磁控制系统的结构图，如图 2-23 所示。

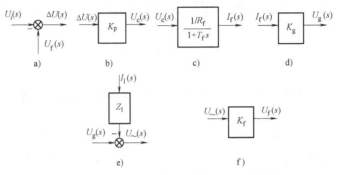

图 2-22　发电机励磁控制系统各环节的框图

a) 比较环节　b) 放大环节　c) 励磁回路环节　d)、e) 发电机电枢环节　f) 反馈环节

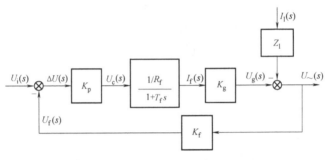

图 2-23　发电机励磁控制系统结构图

例 2-13　绘制图 2-24 所示的直流电动机调速系统的结构图。

解　由本章第一节知，根据系统结构，从系统的输入端开始将系统划分为比较和电压放大环节、功率放大环节、直流电动机环节和反馈环节。各环节的方程及拉普拉斯变换式如下。

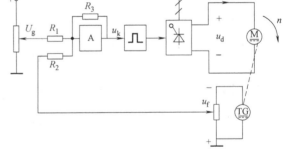

图 2-24　直流电动机调速系统结构图

（1）比较和电压放大环节

$$u_k = K_1(u_g - u_f)$$

$$U_k(s) = K_1[U_g(s) - U_f(s)] \qquad \Rightarrow \frac{U_k(s)}{U_g(s) - U_f(s)} = K_1$$

（2）功率放大环节

$$u_d = K_s u_k$$

$$U_d(s) = K_s U_k(s) \qquad \Rightarrow \frac{U_d(s)}{U_k(s)} = K_s$$

（3）直流电动机环节

$$T_d T_m \frac{d^2 n}{dt^2} + T_m \frac{dn}{dt} + n = \frac{u_d}{C_e}$$

$$(T_d T_m s^2 + T_m s + 1) n(s) = \frac{1}{C_e} U_d(s) \qquad \Rightarrow \frac{n(s)}{U_d(s)} = \frac{1}{C_e(T_d T_m s^2 + T_m s + 1)}$$

（4）反馈环节

$$u_f = K_f n$$

$$U_f(s) = K_f n(s) \qquad \Rightarrow \frac{U_f(s)}{n(s)} = K_f$$

绘制出直流电动机调速系统各环节的结构图，如图 2-25 所示。

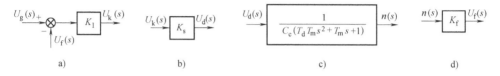

图 2-25 直流电动机调速系统各环节的结构图

a）比较和电压放大环节 b）功率放大环节 c）直流电动机环节 d）反馈环节

用信号线将上述各个环节的函数框图依次连接起来，便得到系统的结构图，如图 2-26 所示。

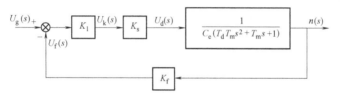

图 2-26 直流电动机调速系统的结构图

例 2-14 汽车主悬架支承系统物理力学模型如图 2-27 所示。图中，m_1 为车身质量，m_2 为簧下质量，f 为悬挂阻尼系数，k_2 为轮胎刚度，F 为悬挂动力装置的输出力，x_1 为车身位移，x_2 为悬挂位移。通过悬挂动力装置的输出力 F，使汽车在任何路面行驶时车身平稳、振动小、衰减快。绘制汽车支承系统的结构图。

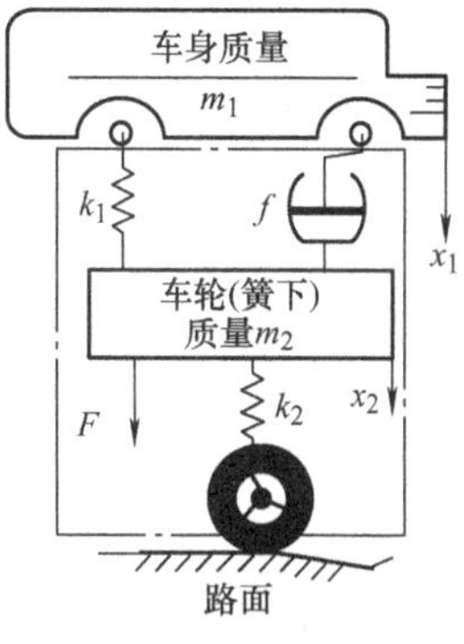

图 2-27 汽车主悬架支承系统

解 由牛顿定律有

$$F(t) - k_2 x_2 - f(\dot{x}_2 - \dot{x}_1) - k_1(x_2 - x_1) = m_2 \ddot{x}_2 \qquad (2\text{-}64)$$

$$m_1 \ddot{x}_1 + f(\dot{x}_1 - \dot{x}_2) + k_1(x_1 - x_2) = 0 \qquad (2\text{-}65)$$

令初值为零，对式（2-64）和式（2-65）进行拉普拉斯变换

$$F(s) - k_2 X_2(s) - fs[X_2(s) - X_1(s)] - k_1[X_2(s) - X_1(s)] = m_2 s^2 X_2(s) \qquad (2\text{-}66)$$

$$m_1 s^2 X_1(s) + fs[X_1(s) - X_2(s)] + k_1[X_1(s) - X_2(s)] = 0 \qquad (2\text{-}67)$$

由式（2-66）有

$$\{F(s) - (fs + k_1)[X_2(s) - X_1(s)]\} \frac{1}{m_2 s^2 + k_2} = X_2(s) \qquad (2\text{-}68)$$

由式（2-67）有

$$m_1 s^2 X_1(s) = (fs + k_1)[X_2(s) - X_1(s)]$$

即

$$X_1(s) = \frac{fs + k_1}{m_1 s^2}[X_2(s) - X_1(s)] \qquad (2\text{-}69)$$

根据式(2-68)可画出结构图，如图 2-28a 所示。根据式(2-69)可画出结构图如图 2-28b 所示。连接相同信号，便得到系统的结构图，如图 2-28c 所示。

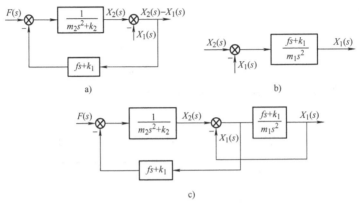

a)

b)

c)

图 2-28 汽车主悬架支承系统结构图

强调指出：同一个系统，划分的环节不同，结构图也会不同。也就是说，对于一个系统，结构图并不是唯一的。但对同一个系统绘出的不同结构图中，系统输入信号与输出信号之间的传递关系，即系统的传递函数，一定是相同的。

二、结构图的等效变换

根据系统原理图绘制出的结构图往往比较复杂，不利于对系统的分析研究，因此需要对系统结构图进行化简。化简的方法是对系统进行等效变换。化简所遵循的原则是，变换前后其输入-输出变量间的传递关系必须保持不变。结构图等效变换的基本法则主要有 8 种，下面分别介绍。

1. 环节的串联等效

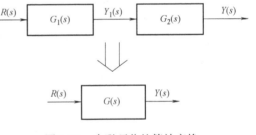

两个以上的环节串联的特点是，前一个环节的输出信号为后一个环节的输入信号。图 2-29 为串联环节的等效变换。

对于每一个环节方框，有

$$G_1(s) = \frac{Y_1(s)}{R(s)}, \quad G_2(s) = \frac{Y(s)}{Y_1(s)}$$

则两个环节串联后有

图 2-29 串联环节的等效变换

$$G(s) = \frac{Y_1(s)}{R(s)} \frac{Y(s)}{Y_1(s)} = G_1(s) G_2(s) = \frac{Y(s)}{R(s)} \tag{2-70}$$

由此可见，两个环节串联可等效为一个环节，等效环节的传递函数为两个环节传递函数的乘积。

此结论可推广到 n 个环节串联连接的情况，其等效传递函数即为 n 个环节传递函数的乘积。

$$G(s) = G_1(s) G_2(s) \cdots G_n(s) = \prod_{i=1}^{n} G_i(s) \tag{2-71}$$

2. 环节的并联等效

并联环节的等效变换如图 2-30 所示。其连接特点是各环节的输入信号相同，输出信号相加（或相减）。

由图 2-30，可列出如下方程

$$Y(s) = Y_1(s) \pm Y_2(s)$$
$$= G_1(s)R(s) \pm G_2(s)R(s)$$
$$= [G_1(s) \pm G_2(s)]R(s)$$
$$= G(s)R(s)$$

由此，有

$$G(s) = \frac{Y(s)}{R(s)} = G_1(s) \pm G_2(s) \qquad (2\text{-}72)$$

两个环节并联的等效传递函数为两个环节传递函数的代数和。此结论可推广到 n 个环节并联连接的情况，其等效传递函数即为

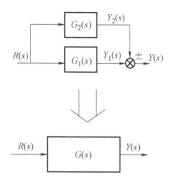

图 2-30 并联环节的等效变换

$$G(s) = \frac{Y(s)}{R(s)} = G_1(s) \pm G_2(s) \pm \cdots \pm G_n(s) = \sum_{i=1}^{n} G_i(s) \qquad (2\text{-}73)$$

3. 环节的反馈等效

设系统的前向通道传递函数为 $G_1(s)$，反馈回路的传递函数为 $H(s)$，如图 2-31 所示。综合点旁的" $-$ "号为负反馈，表示输入信号与反馈信号相减；" $+$ "号为正反馈，表示输入信号与反馈信号相加。

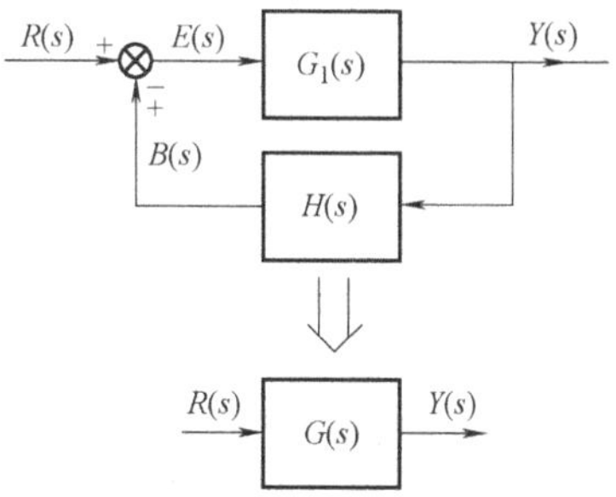

由图 2-31 可列出如下方程

$$E(s) = R(s) \mp B(s), \quad Y(s) = G_1(s)E(s), \quad B(s) = H(s)Y(s)$$

消去中间变量 $E(s)$ 和 $B(s)$，得

$$G(s) = \frac{Y(s)}{R(s)} = \frac{G_1(s)}{1 \pm G_1(s)H(s)} \qquad (2\text{-}74)$$

图 2-31 反馈连接的等效变换

其中，" $+$ "号对应负反馈连接，" $-$ "号对应正反馈连接。

4. 比较点的移动等效

图 2-32 表示了比较点从环节之前移动到环节之后的情况。比较点移动前，输入-输出间的关系为

$$Y(s) = R_1(s)G(s) + R_2(s)G(s)$$

当比较点移动到环节之后时，可看出输出信号 $Y(s)$ 与比较点移动前的 $Y(s)$ 是相同的。

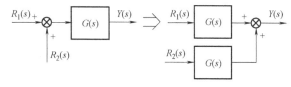

图 2-32 比较点从环节之前移动到环节之后的等效变换

图 2-33 表示了比较点从环节之后移动到环节之前的情况。容易证明它们是等效的。

5. 引出点的移动等效

图 2-34 和图 2-35 分别表示了引出点从环节之前移动到环节之后和从环节之后移动到环节之前的情况。容易证明，它们都是等效的。

33

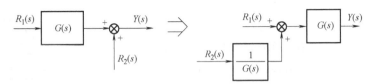

图 2-33 比较点从环节之后移动到环节之前的等效变换

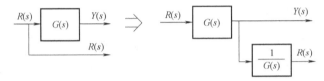

图 2-34 引出点从环节之前移动到环节之后的等效变换

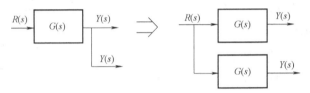

图 2-35 引出点从环节之后移动到环节之前的等效变换

6. 引出点之间、比较点之间的位置互换等效

图 2-36a 表示两个引出点位置互换等效，图 2-36b 表示两个比较点位置互换等效。值得注意的是，引出点和比较点之间绝对不能直接互换位置。

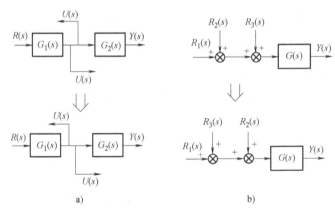

a)   b)

图 2-36 引出点之间和比较点之间的位置互换等效
a）引出点的互换   b）比较点的互换

7. 比较点位置变换等效

其等效变换如图 2-37 所示。

8. 非单位反馈与单位反馈系统间的等效

其等效变换如图 2-38 所示。

表 2-1 列出了结构图变换的一些基本法则。

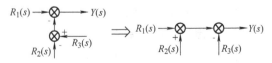

图 2-37 比较点的位置变换等效

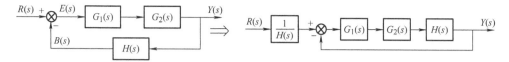

图 2-38　非单位反馈与单位反馈系统间的等效

表 2-1　结构图变换法则

	变换前	变换后
串联	$R(s) \to \boxed{G_1} \to \boxed{G_2} \to Y(s)$	$R(s) \to \boxed{G_1 G_2} \to Y(s)$
并联	$R(s) \to \boxed{G_1}, \boxed{G_2} \to \bigotimes \to Y(s)$	$R(s) \to \boxed{G_1 + G_2} \to Y(s)$
反馈	$R(s) \to \bigotimes \to \boxed{G} \to Y(s),\ \boxed{H}$	$R(s) \to \boxed{\dfrac{G}{1 \pm GH}} \to Y(s)$
比较点后移	$R_1(s) \to \bigotimes \to \boxed{G} \to Y(s),\ R_2(s)$	$R_1(s) \to \boxed{G} \to \bigotimes \to Y(s),\ R_2(s) \to \boxed{G}$
比较点前移	$R_1(s) \to \boxed{G} \to \bigotimes \to Y(s),\ R_2(s)$	$R_1(s) \to \bigotimes \to \boxed{G} \to Y(s),\ R_2(s) \to \boxed{\dfrac{1}{G}}$
引出点前移	$R(s) \to \boxed{G} \to Y(s)$	$R(s) \to \boxed{G} \to Y(s),\ Y(s) \to \boxed{G}$
引出点后移	$R(s) \to \boxed{G} \to Y(s),\ R(s)$	$R(s) \to \boxed{G} \to Y(s),\ R(s) \to \boxed{\dfrac{1}{G}}$
比较点变位	$R_1(s) \to \bigotimes \to \bigotimes \to Y(s),\ R_2(s)\ R_3(s)$	$R_1(s) \to \bigotimes \to \bigotimes \to Y(s),\ R_3(s)\ R_2(s)$

注：表中 $G(s)$ 简写为 G，$H(s)$ 简写为 H。

三、系统结构图的化简

系统结构图化简是为了能容易求出系统有关的各种传递函数，方便对系统进行分析、研究。

化简系统是利用前面提到的一些变换法则。**一般方法是**，若系统在前向通道上只有串联、并联环节这类较简单系统，往往运用法则 1~3 即可。若系统较复杂，在前向通道上有**相互交叉**的引出点和(或)比较点组成的一些"小闭环回路"。这种情况下就要从这些小闭环回路开始，**先采用**移动那些造成相互交叉的引出点或（和）比较点，解除相互交叉，变换为环节串联、并联或反馈的连接方式。要**注意的是**，一定要往有相同符号"**点**"（引出**点**或比较**点**）的方向移动；**然后利用**环节串联、并联或反馈的变换法则，进行前向通道的局部化简，下面举例说明。

例2-15 化简直流调速系统结构图（见图2-39）。求转速 $n(s)$ 与输入电压 $u_g(s)$ 间的传递函数。

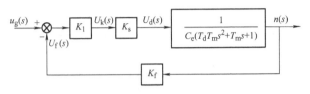

图2-39 直流调速系统结构图

解 前向通道3个环节串联，可以等效为1个环节，如图2-40所示。

用负反馈等效法则，于是

$$\frac{n(s)}{u_g(s)} = \frac{k_1 k_s}{C_e(T_d T_m s^2 + T_m s + 1) + k_1 k_s k_f}$$

例2-16 简化图2-41所示的系统结构图，求系统的传递函数 $Y(s)/R(s)$。

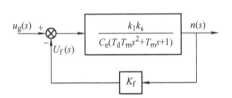

图2-40 直流调速系统结构图的等效变换

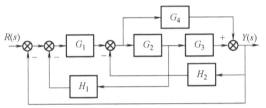

图2-41 例2-16 系统结构图

解 化简一般从系统的内部闭环开始，简化过程并不唯一。在此，先把 G_1 与 G_2 之间的比较点左移至 G_1 前，并与原有的比较点互换位置；把 G_1 与 G_2 之间的引出点右移至 G_2 后并与原有的引出点互换位置，如图2-42a所示；分别按 H_1 反馈、两个并联连接把图2-42a化简为图2-42b；按前向通道两环节串联后与 $(1 + H_2/G_1)$ 构成负反馈，化简后得到图2-42c。

由图2-42b或图2-42c，可求得传递函数 $Y(s)/R(s)$ 为

$$\Phi(s) = \frac{Y(s)}{R(s)}$$

$$= \frac{G_1 G_2 G_3 + G_1 G_4}{1 + G_1 G_2 H_1 + G_2 G_3 H_2 + G_1 G_2 G_3 + G_1 G_4 + G_4 H_2}$$

实际上，化简到图2-42b后便可利用负反馈法则求出 $Y(s)/R(s)$。

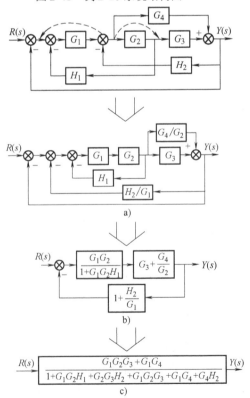

图2-42 例2-16 系统结构图的化简过程

＊第五节　信号流图及梅森公式

信号流图和结构图一样，是控制系统中变量间相互关系的一种图形化的数学模型，两者还可以相互转换。应用信号流图时，可以不必对流图进行简化，而是直接用"梅森（Mason）"公式就可求出系统变量间的关系，因此，特别适合比较复杂系统的研究和分析。

一、常用术语及其定义

信号流图与网络图相似，如图 2-43 所示。它由小圆圈"○"、有向线段"→"和传输值"a、b"组成。下面结合图 2-43，介绍有关术语。

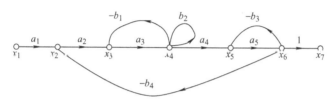

图 2-43　典型信号流图

1. 节点

节点表示信号（变量），用小圆圈"○"表示，如图 2-43 中的 x_1、x_2、$\cdots$、x_7。节点又可分为以下 3 种。

（1）**输入节点**（又称为源节点）　在只有信号输出的支路中。输入节点相当于系统"输入信号"，如图 2-43 中的 x_1。

（2）**输出节点**（又称汇节点）　在只有信号输入的支路中。输出节点相当于系统"输出信号"，如图 2-43 中的 x_7。

（3）**混合节点**　既有输入又有输出支路的节点，如图 2-43 中的 $x_2 \sim x_6$。

2. 支路

支路是连接两节点的有向线段，用箭头表示信号传递的方向。

3. 支路增益

支路增益是标注在支路上如图 2-43 中的 a_1、a_2、$\cdots$、$-b_1$ 等值，相当于结构图中的传递函数或反馈系数。

4. 前向通路及增益

信号沿着支路的箭头方向，从输入节点开始到输出节点结束，其间每个节点只通过一次的路径称为前向通路，如图 2-43 中的 $x_1 \rightarrow x_2 \rightarrow x_3 \rightarrow x_4 \rightarrow x_5 \rightarrow x_6 \rightarrow x_7$。

通路中所有支路增益之积，称为通路增益，用 $T_i(i=1,2,\cdots)$ 表示，i 为通路的条数。图 2-43 中只有一条前向通路，通路增益为 $a_1 a_2 a_3 a_4 a_5$。

5. 回路及回路增益

起点和终点在同一节点上，且信号通过每个节点只有一次的闭合路径。回路中所有支路增益的乘积，称为回路增益，用 $L_a(a=1,2,\cdots,)$ 表示，a 为回路个数。

在图 2-43 中，有 4 个回路。其中，回路 1 为 $x_3 \to x_4 \to x_3$，回路增益为 $L_1 = -a_3 b_1$；回路 2 为 $x_5 \to x_6 \to x_5$，回路增益为 $L_2 = -a_5 b_3$；回路 3 为 $x_2 \to x_3 \to x_4 \to x_5 \to x_6 \to x_2$，回路增益 $L_3 = -a_2 a_3 a_4 a_5 b_4$；回路 4 为 $x_4 \to x_4$，为自回路，回路增益 $L_4 = b_2$。

6. 不接触回路

回路之间没有公共节点的回路为不接触回路，如图 2-43 中的回路 1、2 间没有公共节点。

7. 接触回路

回路之间有公共节点的回路为接触回路，如图 2-43 中的回路 3 与回路 1、回路 2、回路 4 均有公共节点，所以回路 3 与它们是接触回路。

二、控制系统信号流图的绘制

1. 由元部件方程式绘制

此方法与绘制系统结构图的方法相似，即先确定系统的输入量和输出量，并划分出各部件；求出各部件的微分方程式，对各个微分方程式取初态为零时的拉普拉斯变换，变成代数方程组；根据每一个代数方程式绘制各支路，绘制时，每个变量对应一个节点，传递函数视为增益值标在支路上；最后，按照信号流通顺序，连接各个流图，便得到整个系统的信号流图。下面举例说明。

设某系统由 5 个元部件组成，各部件的信号传输方程(拉普拉斯变换式)为

$$x_1 = R(s) - H_1(s)Y(s) \tag{2-75}$$

$$x_2 = G_1(s)x_1 - H_2(s)x_4 \tag{2-76}$$

$$x_3 = G_2(s)x_2 - H_3(s)Y(s) \tag{2-77}$$

$$x_4 = G_3(s)x_3 \tag{2-78}$$

$$Y(s) = G_4(s)x_4 \tag{2-79}$$

先把各信号视为节点，并按顺序绘出各节点的位置，然后依各方程式绘制各支路。例如，式(2-75) 表示有两条支路至节点 x_1，一条起自于输入节点 $R(s)$，传输为 1；另一条来自输出节点 $Y(s)$，传输为 $-H_1(s)$。用类似方法绘制出其他支路。当所有方程式的信号流图绘制完毕后，连接各个流图，便得到该系统的信号流图，如图 2-44 所示。

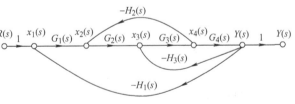

图 2-44　系统的信号流图

2. 由系统结构图绘制

因为信号流图和结构图都是依据元部件的代数方程绘制的，只是两种图中的符号和含义表达不同，所以，由结构图绘制信号流图时，只要把信号线、综合点和分离点转化为节点，"方框"视为支路，传递函数视为支路增益，正向通道视为前向通路，"反馈线"视为回路，结构图就很容易转化为信号流图了。图 2-45 所示为结构图与信号流图的相互转换。

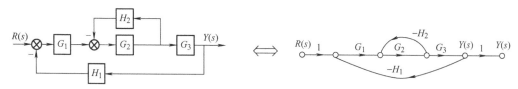

图 2-45　结构图与信号流图的相互转换

三、梅森增益公式

梅森（Mason）增益公式常简称梅森公式，公式如下

$$T = \frac{1}{\Delta} \sum_{k=1}^{n} T_k \Delta_k \qquad (2\text{-}80)$$

式中，T 为变量间的传递关系或系统的总传输(传递函数)；Δ 为特征式，$\Delta = 1 - \sum L_1 + \sum L_2 - \sum L_3 + \cdots + (-1)^m \sum L_m$；$\sum L_1$ 为所有不同回路的传输(传递函数)之和；$\sum L_2$ 为每两个互不接触回路的传输(传递函数)乘积之和；$\sum L_3$ 为每三个互不接触回路的传输(传递函数)乘积之和；$\sum L_m$ 为每 m 个互不接触回路的传输(传递函数)乘积之和；n 为输入节点到输出节点的前向通路的总条数；T_k 为第 k 条前向通路的总传递函数；Δ_k 为第 k 条前向通路特征式的余因子，是在 Δ 中将与第 k 条前向通路相接触的各回路除去后所余下的部分(即在特征式 Δ 中，把与第 k 条前向通路相接触回路的传输值视为零后，所余下的部分)。

应用梅森公式时，**注意如下几点**：

1）正确无误地判定前向通路的条数 k 和回路的个数 L。

2）仔细判定哪些回路是相互接触的，哪些回路是相互不接触的。

3）从 1 到 n 的求和符号，它是对从输入节点到输出节点之间全部前向通路上的传递函数(增益)与相应特征式的余因子相乘积的求和。

下面举例说明如何应用梅森公式求取控制系统的传递函数。

例 2-17　用梅森公式求图 2-46 所示信号流图的输出量与输入量之间的传递函数。

解　（1）找出图 2-46 所示信号流图中所有的前向通路。只有一条前向通路，通路的增益（传递函数）为

$$T_1 = G_1 G_2 G_3 G_4$$

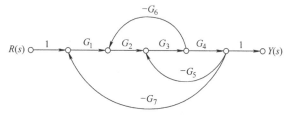

图 2-46　例 2-17 信号流图

（2）找出系统中存在的所有的回路。图 2-46 所示共有 3 个回路，回路增益分别为

$$L_a = -G_2 G_3 G_6$$

$$L_b = -G_3 G_4 G_5$$

$$L_c = -G_1 G_2 G_3 G_4 G_7$$

（3）求分母(特征式)。3 个回路的增益之和为

$$\sum L_1 = -G_2 G_3 G_6 - G_3 G_4 G_5 - G_1 G_2 G_3 G_4 G_7$$

这 3 个回路都存在公共节点，即两两回路间都有接触，则

$$\sum L_2 = 0$$

故系统的特征式为

$$\Delta = 1 - \sum L_1$$
$$= 1 + G_2 G_3 G_6 + G_3 G_4 G_5 + G_1 G_2 G_3 G_4 G_7$$

（4）求分子由于这 3 个回路都与前向通路相接触，故余因子 $\Delta_1 = 1$，$T_1 \Delta_1 = T_1 = G_1 G_2 G_3 G_4$。

（5）代入梅森公式，该系统的传递函数为

$$T = \frac{Y(s)}{R(s)} = \frac{T_1 \Delta_1}{\Delta} = \frac{G_1 G_2 G_3 G_4}{1 + G_2 G_3 G_6 + G_3 G_4 G_5 + G_1 G_2 G_3 G_4 G_7}$$

例 2-18 图 2-47 为某系统的信号流图，试用梅森公式求系统的传递函数。

解 （1）有 3 条前向通路，其增益分别为

$$T_1 = G_1 G_2 G_3 G_4 G_5$$
$$T_2 = G_1 G_6 G_4 G_5$$
$$T_3 = G_1 G_2 G_7$$

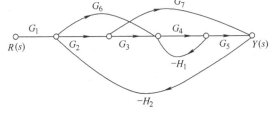

图 2-47 例 2-18 信号流图

（2）有 4 个回路，其回路增益分别为

$$L_a = -G_4 H_1$$
$$L_b = -G_2 G_7 H_2$$
$$L_c = -G_6 G_4 G_5 H_2$$
$$L_d = -G_2 G_3 G_4 G_5 H_2$$

（3）求分母，4 个回路中，只有 L_a 和 L_b 是相互不接触的，所以特征式为

$$\Delta = 1 - (L_a + L_b + L_c + L_d) + L_a L_b$$
$$= 1 + G_4 H_1 + G_2 G_7 H_2 + G_6 G_4 G_5 H_2 + G_2 G_3 G_4 G_5 H_2 + G_4 H_1 G_2 G_7 H_2$$

（4）求分子，因为前向通路 T_1、T_2 与 4 个回路均有接触，所以余因子 $\Delta_1 = 1$，$\Delta_2 = 1$。前向通路 T_3 与 L_a 回路不接触，所以其余因子为 $\Delta_3 = 1 - L_a = 1 + G_4 H_1$。

（5）以上各项代入梅森公式，系统的传递函数为

$$\Phi(s) = \frac{Y(s)}{R(s)} = \frac{G_1 G_2 G_3 G_4 G_5 + G_1 G_6 G_4 G_5 + G_1 G_2 G_7 + G_1 G_2 G_7 G_4 H_1}{1 + G_4 H_1 + G_2 G_7 H_2 + G_6 G_4 G_5 H_2 + G_2 G_3 G_4 G_5 H_2 + G_4 H_1 G_2 G_7 H_2}$$

第六节　控制系统的传递函数

一、系统传递函数的定义

对控制系统进行性能分析、研究时，都是通过系统的相关传递函数进行的。系统传递函数有 5 种，分别是：闭环系统的开环传递函数（简称开环传递函数）、给定输入下的闭环传递函数和误差传递函数、扰动（干扰）输入下的闭环传递函数和误差传递函数。这些定义都是根据图 2-48 所示的系统典型结构图给出的。

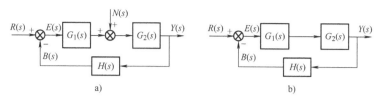

图 2-48 系统的典型结构图

a）有扰动输入 b）无扰动输入

图 2-48 中，$R(s)$ 为系统的给定输入信号，$B(s)$ 为主反馈信号，$E(s)$ 为误差信号，$Y(s)$ 为系统输出信号，$N(s)$ 为系统扰动输入信号。下面结合典型结构图介绍系统传递函数的相关定义及求法。

1. 开环传递函数

在图 2-48a 的典型结构图中求开环传递函数时，要先令扰动输入信号 $N(s) = 0$，即要采用图 2-48b 的典型结构图。

在图 2-48b 中，视反馈 $B(s)$ 为输出信号，误差 $E(s)$ 为输入信号，则反馈信号 $B(s)$ 与误差信号 $E(s)$ 之比，定义为**系统开环传递函数**，用符号 $G_k(s)$ 表示，则

$$G_k(s) = \frac{B(s)}{E(s)} = G_1(s)G_2(s)H(s) \tag{2-81}$$

由式(2-81)看出，闭环系统的开环传递函数等于**前向通路的传递函数与反馈通路的传递函数的乘积**。

若系统为**单位反馈即** $H(s) = 1$，则系统的开环传递函数就是前向通路的传递函数。

2. 闭环传递函数

（1）给定输入下的闭环传递函数 要采用图 2-48b 的典型结构图来分析。给定输入下的系统闭环传递函数的**定义**为，输出信号 $Y(s)$ 与输入信号 $R(s)$ 之比，用 $\Phi_r(s)$ 表示。由定义并依结构图的化简法则，有

$$\Phi_r(s) = \frac{Y_r(s)}{R(s)} = \frac{G_1(s)G_2(s)}{1 + G_1(s)G_2(s)H(s)} = \frac{G_1(s)G_2(s)}{1 + G_k(s)} \tag{2-82}$$

由式(2-82)可求出给定输入下系统输出量的拉普拉斯变换式为

$$Y_r(s) = \Phi_r(s)R(s) = \frac{G_1(s)G_2(s)}{1 + G_1(s)G_2(s)H(s)}R(s) = \frac{G_1(s)G_2(s)}{1 + G_k(s)}R(s) \tag{2-83}$$

（2）给定输入下的误差传递函数 采用图 2-48b 的典型结构图，并视误差 $E(s)$ 为输出信号，如图 2-49 所示，则误差信号 $E(s)$ 与输入信号 $R(s)$ 之比，称为系统在给定输入下的误差传递函数，用 $\Phi_{er}(s)$ 表示。

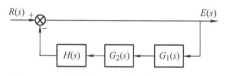

图 2-49 给定输入下误差输出的结构图

依定义及结构图的化简法则，可得

$$\Phi_{er}(s) = \frac{E_r(s)}{R(s)} = \frac{1}{1 + G_1(s)G_2(s)H(s)} = \frac{1}{1 + G_k(s)} \tag{2-84}$$

由式(2-84)可求出给定输入下系统误差的拉普拉斯变换式为

$$E_r(s) = \Phi_{er}(s)R(s) = \frac{1}{1 + G_1(s)G_2(s)H(s)}R(s) = \frac{1}{1 + G_k(s)}R(s) \tag{2-85}$$

（3）**扰动输入下的闭环传递函数**　在图 2-48a 的典型结构图中定义扰动输入下的闭环传递函数，要先令 $R(s) = 0$，即只考虑扰动为输入信号，如图 2-50 所示。

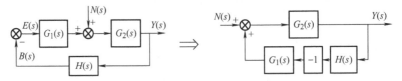

图 2-50　扰动输入下系统输出结构图

图 2-50 中，视 $N(s)$ 为输入信号，$Y(s)$ 为输出信号，则系统输出信号 $Y(s)$ 与扰动输入信号 $N(s)$ 之比，称为扰动输入下的闭环传递函数，用 $\Phi_n(s)$ 表示。依定义及结构图的化简法则，有

$$\Phi_n(s) = \frac{Y_n(s)}{N(s)} = \frac{G_2(s)}{1 + G_1(s)G_2(s)H(s)} = \frac{G_2(s)}{1 + G_k(s)} \tag{2-86}$$

由式（2-86）可求出扰动输入下系统输出的拉普拉斯变换式为

$$Y_n(s) = \Phi_n(s)N(s) = \frac{G_2(s)}{1 + G_1(s)G_2(s)H(s)}N(s) = \frac{G_2(s)}{1 + G_k(s)}N(s) \tag{2-87}$$

（4）**扰动输入下的误差传递函数**　在图 2-48a 的典型结构图中定义扰动输入下的误差传递函数，也要先令 $R(s) = 0$，即只考虑扰动为输入信号，并把误差 $E(s)$ 视为输出信号，如图 2-51 所示。

扰动输入下的误差传递函数定义为误差信号 $E(s)$ 与扰动信号 $N(s)$ 之比，用 $\Phi_{en}(s)$ 表示。依定义及结构图的化简法则，有

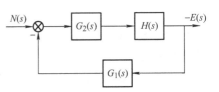

图 2-51　扰动输入下误差输出的结构图

$$\Phi_{en}(s) = \frac{E_{en}(s)}{N(s)} = -\frac{G_2(s)H(s)}{1 + G_1(s)G_2(s)H(s)} = -\frac{G_2(s)H(s)}{1 + G_k(s)} \tag{2-88}$$

由式（2-88）可求出扰动输入下误差信号的拉普拉斯变换式为

$$E_{en}(s) = \Phi_{en}(s)N(s) = -\frac{G_2(s)H(s)}{1 + G_1(s)G_2(s)H(s)}N(s) = -\frac{G_2(s)H(s)}{1 + G_k(s)}N(s) \tag{2-89}$$

3. 给定和扰动同时作用下系统输出及误差

由于传递函数只能表示一个输出与一个输入间的关系，当多个输入同时作用下求系统输出时，只能利用线性系统的叠加性。于是，将给定输入单独作用下系统的输出式（2-83）和扰动输入单独作用下系统的输出式（2-87）相加，得到系统总输出的拉普拉斯变换式为

$$\begin{aligned} Y(s) &= Y_r(s) + Y_n(s) = \Phi_r(s)R(s) + \Phi_n(s)N(s) \\ &= \frac{G_1(s)G_2(s)}{1 + G_1(s)G_2(s)H(s)}R(s) + \frac{G_2(s)}{1 + G_1(s)G_2(s)H(s)}N(s) \\ &= \frac{G(s)_1G_2(s)}{1 + G_k(s)}R(s) + \frac{G_2(s)}{1 + G_k(s)}N(s) \end{aligned} \tag{2-90}$$

同理，式（2-85）和式（2-89）两式相加，便得到给定输入和扰动输入同时作用下，系统总误差的拉普拉斯变换式为

$$E(s) = E_{er} + E_{en}(s) = \Phi_{er}(s)R(s) + \Phi_{en}(s)N(s)$$

$$= \frac{1}{1 + G_1(s)G_2(s)H(s)}R(s) - \frac{G_2(s)H(s)}{1 + G_1(s)G_2(s)H(s)}N(s)$$

$$= \frac{1}{1 + G_k(s)}R(s) - \frac{G_2(s)H(s)}{1 + G_k(s)}N(s) \tag{2-91}$$

二、系统传递函数的求法

由系统结构图求传递函数，可采用两种方法：一是通过结构图的化简法则，一直化简到具有图 2-48 所示的**典型结构图**形式后，再按定义求出相关的传递函数；二是直接利用梅森公式。下面举例说明。

例 2-19　已知系统结构图如图 2-52 所示。求：（1）系统的开环传递函数 $G_k(s)$；（2）给定输入下系统的闭环传递函数 $\Phi_r(s)$ 和误差传递函数 $\Phi_{er}(s)$；（3）扰动输入下系统的闭环传递函数 $\Phi_n(s)$ 和误差传递函数 $\Phi_{en}(s)$。

解　图 2-52 中，令 $N(s) = 0$，只考虑输入信号下的系统结构图，如图 2-53 所示。

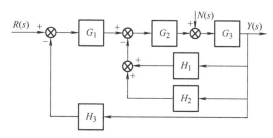

图 2-52　例 2-19 系统结构图

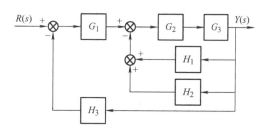

图 2-53　输入信号单独作用下的系统结构图

化简过程：G_2、G_3 相串联等效为 $G_2 G_3$，两内反馈并联，合并为 $(H_1 + H_2)$，如图 2-54a 所示；正向通道中再用负反馈法则，简化其中的小闭环，如图 2-54b 所示；正向通道的 G_1 与内闭环串联后与主反馈回路 H_3 构成负反馈结构，如图 2-54c 所示。

根据图 2-54c，按相关传递函数的定义有

（1）系统开环传递函数为

$$G_k(s) = \frac{G_1 G_2 G_3 H_3}{1 + G_2 G_3(H_1 + H_2)}$$

（2）给定输入下系统的闭环传递函数为

$$\Phi_r(s) = \frac{Y_r(s)}{R(s)}$$

$$= \frac{G_1 G_2 G_3}{1 + G_2 G_3(H_1 + H_2) + G_1 G_2 G_3 H_3}$$

给定输入下系统的误差传递函数为

$$\Phi_{er}(s) = \frac{1}{1 + G_k(s)}$$

$$= \frac{1 + G_2 G_3(H_1 + H_2)}{1 + G_2 G_3(H_1 + H_2) + G_1 G_2 G_3 H_3}$$

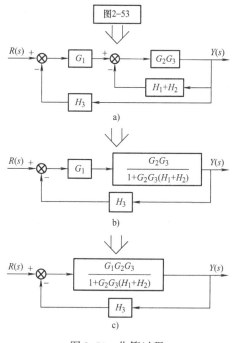

图 2-54　化简过程

（3）图 2-52 中，令 $R(s) = 0$，则扰动输入单独作用下系统的结构图如图 2-55 所示。图 2-55 中，$N(s)$ 视为输入信号，$Y(s)$ 视为输出信号。

化简过程： H_1 与 H_2 并联，H_3 与 G_1 串联，两等效支路并联后与 G_2 串联，最后与扰动信号进行比较，等效为图 2-56a；对反馈回路等效变换，两条反馈支路并联后再与 G_2 串联，如图 2-56b 所示。

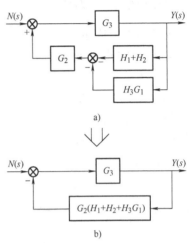

a)

b)

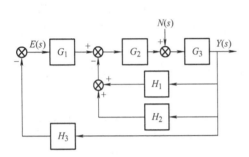

图 2-55　扰动输入单独作用下系统的结构图

图 2-56　扰动作用下系统输出结构图化简过程

由图 2-56b 可求出扰动输入单独作用下的闭环传递函数 $\Phi_n(s)$ 为

$$\Phi_n(s) = \frac{Y_n(s)}{N(s)}$$

$$= \frac{G_3}{1 + G_2 G_3 (H_1 + H_2) + G_1 G_2 G_3 H_3}$$

图 2-55 中，$N(s)$ 视为输入信号，$E(s)$ 视为输出信号，如图 2-57a 所示。其等效变换化简过程，如图 2-57b、c 所示。

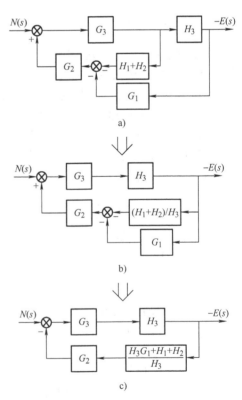

a)

b)

c)

由图 2-57c 可求出扰动输入作用下系统的误差传递函数 $\Phi_{en}(s)$ 为

$$\Phi_{en}(s) = -\frac{E_n(s)}{N(s)}$$

$$= \frac{-G_3 H_3}{1 + G_2 G_3 (H_1 + H_2) + G_1 G_2 G_3 H_3}$$

例 2-20　试用梅森公式求图 2-58 所示系统的闭环传递函数。

解　（1）前向通路及增益。图 2-58 中只有 1 条前向通路，通路增益为

$$T_1 = G_1 G_2 G_3 G_4$$

（2）回路增益。图 2-58 中有 4 个回路，回路增益为

图 2-57　扰动作用下误差输出结构图化简过程

$$L_a = G_2 G_3 H_1$$

$$L_b = -G_1 G_2 G_3 H_3$$

$$L_c = G_1 G_2 G_3 G_4 H_4$$

$$L_d = -G_3 G_4 H_2$$

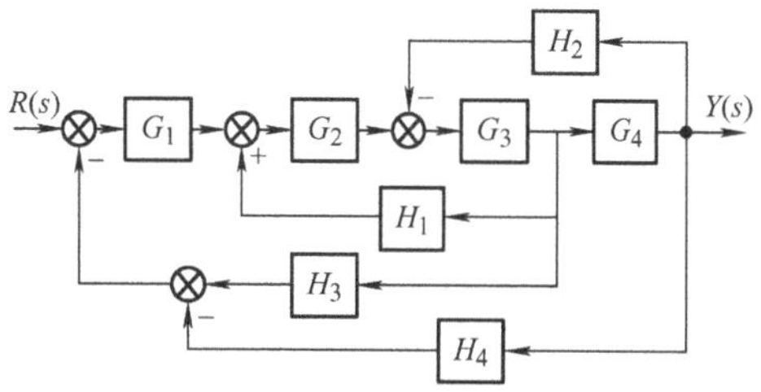

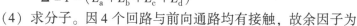

（3）求分母（特征式）。4 个回路间都有接触，故特征式为

$$\Delta = 1 - (L_a + L_b + L_c + L_d)$$

图 2-58　例 2-20 系统结构图

（4）求分子。因 4 个回路与前向通路均有接触，故余因子为

$$\Delta_1 = 1$$

由梅森公式可得

$$\frac{Y(s)}{R(s)} = \frac{T_1 \Delta_1}{\Delta} = \frac{G_1 G_2 G_3 G_4}{1 - G_2 G_3 H_1 + G_1 G_2 G_3 H_3 - G_1 G_2 G_3 G_4 H_4 + G_3 G_4 H_2}$$

例 2-21　试用梅森公式求图 2-59 所示系统的闭环传递函数。

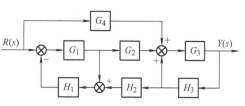

解　（1）前向通路及增益　图 2-59 中有两条前向通路，通路增益为

$$T_1 = G_1 G_2 G_3$$

$$T_2 = G_3 G_4$$

图 2-59　例 2-21 系统结构图

（2）回路增益。图 2-59 中 3 个回路，回路增益分别为

$$L_a = -G_1 H_1$$

$$L_b = G_3 H_3$$

$$L_c = -G_1 G_2 G_3 H_1 H_2 H_3$$

（3）求分母（特征式）。L_a、L_b 为互不接触回路，故特征式为

$$\Delta = 1 - (L_a + L_b + L_c) + L_a L_b$$

（4）求分子。两条前向通路的余因子分别为

$$\Delta_1 = 1$$

$$\Delta_2 = 1 - L_a = 1 + G_1 H_1$$

由梅森公式可得

$$\frac{Y(s)}{R(s)} = \frac{T_1 \Delta_1 + T_2 \Delta_2}{\Delta} = \frac{G_1 G_2 G_3 + G_3 G_4 (1 + G_1 H_1)}{1 + G_1 H_1 - G_3 H_3 + G_1 G_2 G_3 H_1 H_2 H_3 - G_1 H_1 G_3 H_3}$$

例 2-22　求图 2-60 所示系统输入作用下的闭环传递函数。

解　（1）系统有两条前向通路，其增益分别为

$$T_1 = G_1 G_3 G_5$$

$$T_2 = G_2 G_4 G_5$$

（2）系统有 4 个回路，其增益分别为

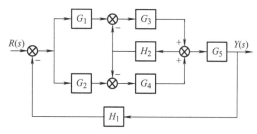

图 2-60　例 2-22 系统结构图

$$L_a = -G_1 G_3 G_5 H_1$$

$$L_b = -G_2 G_4 G_5 H_1$$

$$L_c = -G_3 H_2$$

$$L_d = -G_4 H_2$$

（3）计算分母（特征式）。各回路均有接触，因此

$$\sum L_1 = L_a + L_b + L_c + L_d = -G_1 G_3 G_5 H_1 - G_2 G_4 G_5 H_1 - G_3 H_2 - G_4 H_2$$

$$\sum L_2 = \sum L_3 = 0$$

于是，系统特征式为

$$\Delta = 1 - \sum L_1 = 1 + (G_1 G_3 + G_2 G_4) G_5 H_1 + (G_3 + G_4) H_2$$

（4）计算分子。各回路均与前向通路有接触，因此前向通路的余因子

$$\Delta_1 = 1 \quad \Delta_2 = 1$$

由梅森公式可得闭环传递函数为

$$G(s) = \frac{Y(s)}{R(s)} = \frac{T_1 \Delta_1 + T_2 \Delta_2}{\Delta} = \frac{(G_1 G_3 + G_2 G_4) G_5}{1 + (G_1 G_3 + G_2 G_4) G_5 H_1 + (G_3 + G_4) H_2}$$

例 2-23　试用梅森公式求图 2-61 所示系统的 $\dfrac{Y(s)}{R(s)}$ 和 $\dfrac{Y(s)}{N(s)}$。

解　（1）求 $\dfrac{Y(s)}{R(s)}$。

系统有两条前向通路，其增益分别为

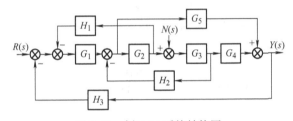

图 2-61　例 2-23 系统结构图

$$T_1 = G_1 G_2 G_3 G_4$$

$$T_2 = G_1 G_5$$

系统有 4 个回路，其增益分别为

$$L_1 = -G_1 G_2 H_1$$

$$L_2 = -G_2 G_3 H_2$$

$$L_3 = -G_1 G_5 H_3$$

$$L_4 = -G_1 G_2 G_3 G_4 H_3$$

计算分母（特征式）。各回路均有接触，因此特征式为

$$\Delta = 1 - \sum_{i=1}^{4} L_i = 1 + G_1 G_2 H_1 + G_2 G_3 H_2 + G_1 G_5 H_3 + G_1 G_2 G_3 G_4 H_3$$

计算分子。各回路均与前向通路有接触，因此余因子分别为

$$\Delta_1 = 1$$

$$\Delta_2 = 1$$

代入梅森公式有

$$\frac{Y(s)}{R(s)} = \frac{\sum_{i=1}^{2} T_i \Delta_i}{\Delta} = \frac{T_1 \Delta_1 + T_2 \Delta_2}{\Delta}$$

$$= \frac{G_1 G_2 G_3 G_4 + G_1 G_5}{1 + G_1 G_2 H_1 + G_2 G_3 H_2 + G_1 G_5 H_3 + G_1 G_2 G_3 G_4 H_3}$$

（2）求 $\dfrac{Y(s)}{N(s)}$。

系统有两条前向通路，其增益分别为

$$T_1 = G_3G_4$$

$$T_2 = -G_3G_5H_2$$

计算分母。其与输入作用下闭环传递函数的分母相同。

计算分子。前向通路的余因子为

$$\Delta_1 = 1 + G_1G_2H_1$$

$$\Delta_2 = 1$$

代入梅森公式有

$$\frac{Y(s)}{N(s)} = \frac{\sum\limits_{i=1}^{2} T_i\Delta_i}{\Lambda} = \frac{T_1\Delta_1 + T_2\Delta_2}{\Delta}$$

$$= \frac{G_3G_4[1 + G_1G_2H_1] - G_3G_5H_2}{1 + G_1G_2H_1 + G_2G_3H_2 + G_1G_5H_3 + G_1G_2G_3G_4H_3}$$

两种方法比较：一般来说，当系统中相互接触的反馈回路较多时，采用梅森公式较好；相反，则采用结构图化简的方法较好。

习　　题

2-1　求图 2-62 中各运算放大器的输出电压及输入电压之间的微分方程及传递函数。

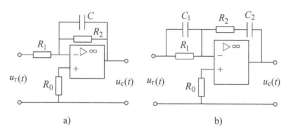

图 2-62　题 2-1 图

2-2　求图 2-63 所示各弹簧阻尼减振部件的微分方程及传递函数。

2-3　题 2-1 与题 2-2 是两种不同的物理部件，从数学模型角度看，两者有哪些相似性？

2-4　某位置随动系统原理框图如图 2-64 所示。

（1）求系统输入角 $\theta_r(t)$ 与输出角 $\theta_c(t)$ 两者间的微分方程。

（2）绘制系统的结构图。

（3）求系统的闭环传递函数 $\theta_c(s)/\theta_r(s)$。

2-5　某控制系统的相关部件由下面的拉普拉斯变换方程组成，其中 $X_r(s)$ 是输入信号

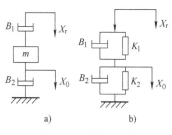

图 2-63　题 2-2 图

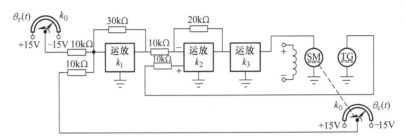

图 2-64　题 2-4 图

的拉普拉斯变换式, $X_0(s)$ 是输出信号的拉普拉斯变换式, 绘制该系统的结构图, 求系统的传递函数。

$$X_1(s) = X_r(s)G_1(s) - G_1(s)\big[G_7(s) - G_8(s)\big]X_0(s)$$

$$X_2(s) = G_2(s)\big[X_1(s) - G_6(s)X_3(s)\big]$$

$$X_3(s) = \big[X_2(s) - X_0(s)G_5(s)\big]G_3(s)$$

$$X_0(s) = G_4(s)X_3(s)$$

2-6　某模拟控制系统原理图如图 2-65 所示, 求输入电压与输出电压间的传递函数。

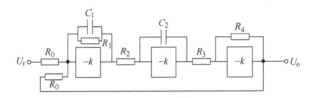

图 2-65　题 2-6 图

2-7　某控制系统结构图如图 2-66 所示, 求输入量与输出量间的传递函数。

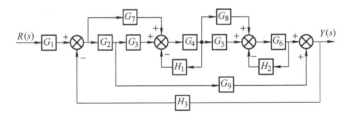

图 2-66　题 2-7 图

2-8　飞机俯仰角控制系统结构图如图 2-67 所示, 试求闭环传递函数 $Q_c(s)/Q_r(s)$。

2-9　某控制系统结构图如图 2-68 所示。求:

(1) 求输入量、各扰动量分别作用下与输出间的传递函数。

(2) 求输入量、各扰动量共同作用下, 系统输出的拉普拉斯变换式。

2-10　已知系统的结构图如图 2-69 所示, 图中 $R(s)$ 为输入信号, $N(s)$ 为扰动信号, 试求传递函数 $\dfrac{C(s)}{R(s)}$ 和 $\dfrac{C(s)}{N(s)}$。

2-11　试用梅森公式求图 2-70 中各系统的闭环传递函数。

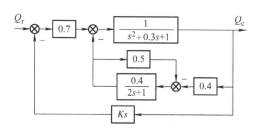

图 2-67 题 2-8 图

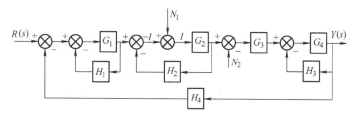

图 2-68 题 2-9 图

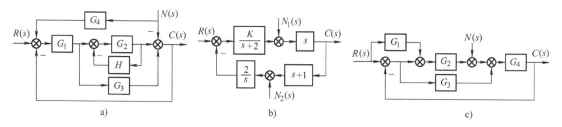

图 2-69 题 2-10 图

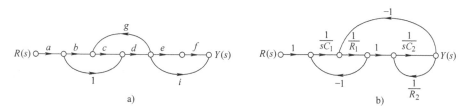

图 2-70 题 2-11 图

2-12 试用梅森公式求图 2-71 中各系统的闭环传递函数。

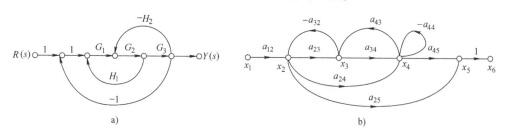

图 2-71 题 2-12 图

第三章

控制系统的时域分析法

在经典控制理论中，常采用时域法、根轨迹法或频率响应法来分析并综合线性定常系统。本章讨论时域分析法的主要内容。

时域分析法是根据描述系统的微分方程或传递函数，直接求解出在某种典型输入作用下系统输出量随时间 t 变化的表达式。然后根据此表达式或其相应的描述曲线来分析系统的稳定性、动态特性和稳态特性。

时域分析法直观、物理概念清晰，能提供系统时间响应的全部信息。

第一节 典型输入信号和时域性能指标

设描述线性定常系统的闭环传递函数为 $\Phi(s)$，$R(s)$ 表示给定输入的拉普拉斯变换式，$Y(s)$ 表示输出的拉普拉斯变换。在零初始条件下，由第二章可知，有

$$Y(s) = R(s)\Phi(s)$$

对上式两边取拉普拉斯反变换，得到系统输出的时域解

$$y(t) = L^{-1}[Y(s)] = L^{-1}[R(s)\Phi(s)] \tag{3-1}$$

式(3-1)表明，系统的输出取决于两个因素：输入信号的形式和系统的结构即闭环传递函数。

一、典型输入信号

为了求解出控制系统的输出，应该知道系统的输入信号。但是，控制系统的实际输入信号有时是无法事先准确知道的。为了便于对系统进行分析和实验研究，同时也为了方便对各种控制系统的性能进行比较，需要规定一些具有代表性的基本输入信号。这些基本的输入信号，就称为典型输入信号。

控制工程中，常采用的典型输入信号有以下5种。

1. 阶跃函数

阶跃函数信号的数学描述为

$$r(t) = \begin{cases} 0 & t < 0 \\ A & t \geq 0 \end{cases}$$

其拉普拉斯变换式为

$$R(s) = \frac{A}{s}$$

其中，A 为阶跃函数的幅值。当 $A = 1$ 时，$r(t)$ 称为单位阶跃函数，记作 $r(t) = 1(t)$，如图 3-1a 所示。

给定输入电压接通、指令的突然转换、负荷的突变等，均可视为阶跃输入信号。

2. 斜坡函数

斜坡函数又称为速度函数，数学描述为

$$r(t) = \begin{cases} 0 & t < 0 \\ At & t \geq 0 \end{cases}$$

其拉普拉斯变换式为

$$R(s) = \frac{A}{s^2}$$

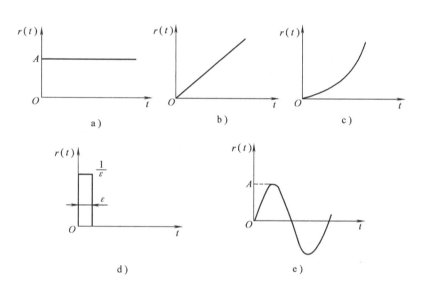

图 3-1　典型输入信号

其中，A 为恒速值。当 $A = 1$ 时，$r(t)$ 称为单位斜坡函数，记作 $r(t) = t$，如图 3-1b 所示。

数控机床加工斜面时的进给指令、恒值电压输入的积分器，其输出均为斜坡函数。

3. 抛物线函数

抛物线函数又称为加速度函数，数学描述为

$$r(t) = \begin{cases} 0 & t < 0 \\ \dfrac{At^2}{2} & t \geq 0 \end{cases}$$

其拉普拉斯变换式为

$$R(s) = \frac{A}{s^3}$$

其中，A 为恒加速值。当 $A = 1$ 时，称为单位抛物线函数，记作 $r(t) = t^2/2$，如图 3-1c 所示。

4. 脉冲函数

脉冲函数的数学表达式为

$$r(t) = \begin{cases} 0 & t < 0,\ t > \varepsilon\,(\varepsilon \to 0) \\ \dfrac{A}{\varepsilon} & 0 < t < \varepsilon\,(\varepsilon \to 0) \end{cases}$$

其拉普拉斯变换式为

$$R(s) = A$$

当 $A = 1$，$\varepsilon \to 0$ 时，$r(t)$ 称为单位脉冲函数，记作 $\delta(t)$，如图 3-1d 所示。单位脉冲函数的面积等于 1，即

$$\int_{-\infty}^{\infty} \delta(t)\,\mathrm{d}t = 1$$

单位脉冲函数 $\delta(t)$ 在现实中是不存在的，它只有数学上的意义。脉冲函数也是一种重要的输入信号。脉冲电压信号、冲击力、阵风等，可近似为脉冲作用。

5. 正弦函数

正弦函数 $r(t) = A\sin\omega t$ 也是常用的典型输入信号之一。其中，A 为振幅，ω 为角频率，如图 3-1e 所示。正弦函数的拉普拉斯变换式为

$$R(s) = \frac{A\omega}{s^2 + \omega^2}$$

海浪对舰艇的扰动力、伺服振动台的输入指令、电源及机械振动的噪声等，均可近似为正弦作用。

二、时域性能指标

初始状态为零的控制系统，典型输入作用下的输出，称为典型时间响应。通常，把响应过程划分为**动态**（又称**暂态**）过程和**稳态**过程，动态过程是指系统从初始状态到调节时间 t_s 的响应过程，动态过程提供有关系统平稳性的信息，用**动态性能**描述。稳态过程是指调节时间 t_s 后趋于无穷时的系统输出状态，它表征系统的输出量最终复现输入量的程度，用稳态性能即**稳态误差**来描述。

值得指出的是，**控制系统的动态性能通常都是以系统对单位阶跃的响应为依据**。控制系统的典型单位阶跃响应曲线，如图 3-2 所示。

为了评价控制系统性能的优劣，通常根据系统的单位阶跃响应曲线，采用一些数值型的特征参量。这些特征参量又称为**时域性能指标**。

动态性能指标：

（1）上升时间 t_r　响应曲线从零至第一次到达稳态值所需要的时间。

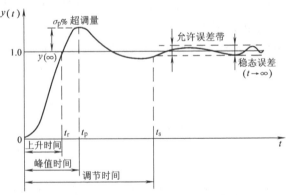

图 3-2　典型单位阶跃响应曲线

（2）峰值时间 t_p　响应曲线从零至第一个峰值所需要的时间。

（3）调节时间 t_s　响应曲线从零至到达并停留在稳态值的 $\pm 5\%$ 或 $\pm 2\%$ 误差范围内所需的最小时间。调节时间又称为过渡过程时间。

（4）超调量 $\sigma_p\%$　在系统响应过程中，输出量的最大值超过稳态值的百分数，即

$$\sigma_p\% = \frac{y(t_p) - y(\infty)}{y(\infty)} \times 100\% \tag{3-2}$$

式中，$y(\infty)$ 为 $t \to \infty$ 时的输出值。

稳定的系统，单位阶跃函数输入时，$y(\infty) =$ 常数值。

稳态性能指标：稳定的控制系统才会有稳态过程。稳态性能用稳态误差 e_{ss} 描述。稳态误差是系统控制精度或抗干扰能力的一种度量。有关控制系统稳态误差的问题，将在本章第六节详细讨论。

第二节　一阶系统分析

由一阶微分方程描述的系统，称为一阶系统。在控制工程中，一阶系统的应用广泛。例如，带负载的小功率直流电动机调速系统、发电机励磁控制系统、空气加热器和液面控制系统等，都可视为一阶系统。

一、典型数学模型

一阶系统的微分方程可表示为

$$T \frac{dy(t)}{dt} + y(t) = r(t) \tag{3-3}$$

式中，T 为时间常数，通常为秒（s）的量纲；$y(t)$ 为系统的输出量；$r(t)$ 为系统的输入量。

其闭环传递函数，由式(3-3)在初始条件为零时两边取拉普拉斯变换，可得

$$\Phi(s) = \frac{Y(s)}{R(s)} = \frac{1}{Ts+1} \tag{3-4}$$

一阶系统的典型结构图如图 3-3 所示。

通常，称式(3-3)或式(3-4)为一阶系统数学模型的**典型表达式**。

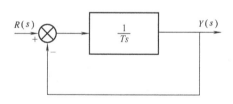

图 3-3　一阶系统典型结构图

二、典型输入响应

1. 单位阶跃响应

当 $r(t) = 1(t)$，即 $R(s) = 1/s$ 时，输出拉普拉斯变换式为

$$Y(s) = R(s)\Phi(s) = \frac{1}{s(Ts+1)} = \frac{1}{s} - \frac{1}{s + \frac{1}{T}}$$

对上式两边求拉普拉斯反变换，输出量的时域表达式为

$$y(t) = 1 - e^{-\frac{t}{T}} \qquad t \geqslant 0 \tag{3-5}$$

式(3-5)表明，响应由两部分组成：一是与时间 t 无关的定值"1"，称为稳态分量；二是与时间 t 有关的指数项，称为动态（或暂态）分量。当 $t \to \infty$ 时，动态分量衰减到零，输出

量等于输入量，没有稳态误差。响应曲线如图 3-4 所示。

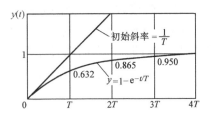

响应具有两个重要特征：

1）时间常数 T 是表征响应特性的唯一参数，且有

$$y(0)=0,\ y(T)=0.632,\ y(2T)=0.865$$
$$y(3T)=0.950,\ y(4T)=0.982,\ y(5T)=0.993$$

图 3-4　一阶系统单位阶跃响应曲线

2）响应曲线的初始斜率等于 $1/T$。

$$\frac{\mathrm{d}y(t)}{\mathrm{d}t}\bigg|_{t=0}=\frac{1}{T}\mathrm{e}^{-\frac{t}{T}}\bigg|_{t=0}=\frac{1}{T}$$

上式表明，在 $t=0$ 时响应曲线的切线斜率为 $1/T$。其物理意义是，如果输出 $y(t)$ 一直按初速增长，则在 $t=T$ 时刻输出到达稳态值 $y(\infty)$。这一特点为用实验方法求取系统的时间常数"T"提供了依据。工程上，也可根据特征 1 中单位阶跃响应到达终值的 63.2% 所需要的时间为 T，去求取系统的时间常数"T"。

根据动态性能指标定义，可以知道：超调量 $\sigma_\mathrm{p}\%$ 和峰值时间 t_p 都不存在，而调节时间为

$$t_\mathrm{s}=3T(5\%误差带)，\quad t_\mathrm{s}=4T(2\%误差带)$$

例 3-1　工厂应用于工件淬火加工的中小功率电加热炉温度控制系统原理图，如图 3-5a 所示；图 3-5b 是该系统的简化结构图，其中 k 为系统的开环放大系数，T_0 为加热炉的时间常数（已知），α 为炉温反馈系数。

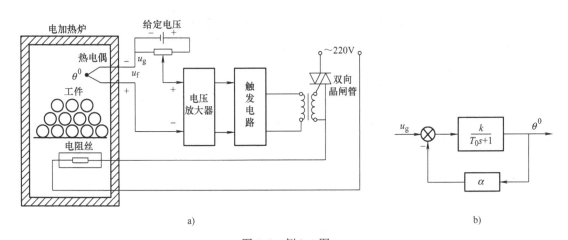

a)　　　　　　　　　　　　　　　　　　　　　　b)

图 3-5　例 3-1 图

a）系统原理图　b）简化结构图

（1）当 $k=10$、$\alpha=0.1$ 时，求炉温上升至稳态值的时间，并简述升温特性。

（2）若希望升温时间减少一半，可分别采用调整 k 或 α 两种方案。应如何调整？

解　系统的闭环传递函数为

$$\Phi(s) = \frac{\theta^0}{u_g} = \frac{\dfrac{k}{T_0 s + 1}}{1 + \dfrac{k\alpha}{T_0 s + 1}} = \frac{k}{T_0 s + 1 + k\alpha} = \frac{\dfrac{k}{1 + k\alpha}}{\dfrac{T_0}{1 + k\alpha} s + 1}$$

由传递函数可知，系统为一阶系统。时间常数为

$$T = \frac{T_0}{1 + k\alpha}$$

（1）当 $k = 10$、$\alpha = 0.1$ 时，升到额定温度的时间为

$$t_s = 4T = 4 \times \frac{T_0}{1 + 10 \times 0.1} \text{s} = 2T_0(\text{s}) \qquad （2\%误差带）$$

炉温按指数平滑上升，没有超调，升到额定温度时间为 $2T_0(\text{s})$。

（2）保持 $k = 10$ 时，升温时间减少一半，$t_s = 0.5 \times 2T_0 = T_0(\text{s})$。

$$T = \frac{T_0'}{1 + 10\alpha}$$

令 $t_s = T_0(\text{s})$，则

$$t_s = 4 \times \frac{T_0}{1 + 10\alpha} = T_0 \qquad （2\%误差带）$$

解得 $\qquad\qquad\qquad\qquad\qquad\qquad \alpha = 0.3$

所以，若保持开环增益不变，希望升温时间减少一半，反馈系数要调到0.3。

（3）保持 $\alpha = 0.1$ 时

$$T = \frac{T_0}{1 + 0.1k}$$

令 $t_s = T_0(\text{s})$，则

$$t_s = 4 \times \frac{T_0}{1 + 0.1k} = T_0 \qquad （2\%误差带）$$

解得 $\qquad\qquad\qquad\qquad\qquad\qquad k = 30$

所以，若保持反馈系数不变，希望升温时间减少一半，开环增益要调到30。

2. 单位斜坡响应

当 $r(t) = t$，即 $R(s) = 1/s^2$ 时，系统输出量的拉普拉斯变换式为

$$Y(s) = R(s)\Phi(s) = \frac{1}{s^2(Ts + 1)} = \frac{1}{s^2} - \frac{T}{s} + \frac{T}{s + \dfrac{1}{T}}$$

对上式取拉普拉斯反变换，有

$$y(t) = (t - T) + Te^{-\frac{t}{T}} \qquad t \geqslant 0 \qquad\qquad (3-6)$$

式中，$t - T$ 为响应的稳态分量；$Te^{-\frac{t}{T}}$ 为响应的动态分量。

当时间 $t \to \infty$ 时，动态分量为零。显然，当 $t \to \infty$ 时，系统输出量与输入量之差为

$$e_{ss} = \lim_{t \to \infty}[r(t) - y(t)] = \lim_{t \to \infty}[t - (t - T + Te^{-\frac{t}{T}})] = T \qquad (3-7)$$

由此可知，一阶系统在跟踪单位斜坡函数信号时，输出量与输入量存在跟踪误差，且稳态误差值与系统的时间常数 T 的值相等。

一阶系统的单位斜坡响应曲线如图3-6所示。

3. 单位抛物线响应

当单位抛物线信号即$r(t) = \dfrac{1}{2}t^2$输入时，系统输出量的拉普拉斯变换式为

$$Y(s) = \Phi(s)R(s) = \frac{1}{Ts+1}\frac{1}{s^3}$$

$$= \frac{1}{s^3} - \frac{T}{s^2} + \frac{T^2}{s} - \frac{T^3}{Ts+1}$$

对应的输出量时域表达式为

$$y(t) = \frac{1}{2}t^2 - Tt + T^2\left(1 - e^{-\frac{t}{T}}\right) \qquad t \geqslant 0$$

(3-8)

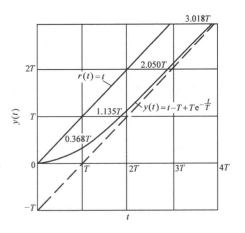

图3-6　一阶系统的单位斜坡响应

式(3-8)表明，当时间$t \to \infty$时，系统输出信号与输入信号之差将趋于无穷大。这意味着一阶系统是不能跟踪单位抛物线函数输入信号的。

4. 单位脉冲响应

输入信号为单位脉冲函数，即$r(t) = \delta(t)$、$R(s) = 1$时，系统输出量的拉普拉斯变换式为

$$Y(s) = \frac{1}{Ts+1}$$

取上式的拉普拉斯反变换，则单位脉冲响应为

$$y(t) = \frac{1}{T}e^{-\frac{t}{T}} \qquad t \geqslant 0 \qquad (3-9)$$

相应的响应曲线如图3-7所示。

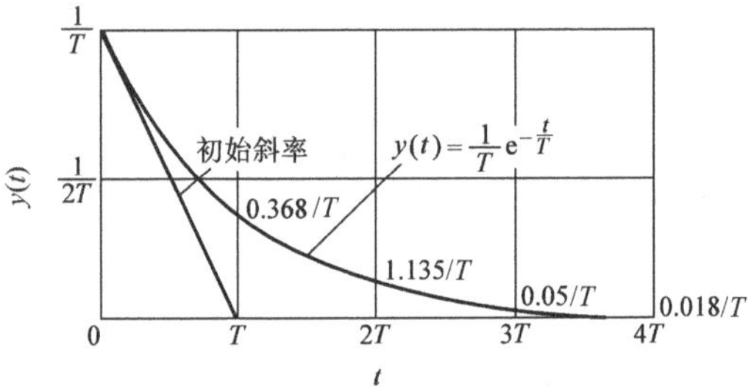

图3-7　一阶系统的单位脉冲响应

三、线性系统的重要特性

从数学角度看，单位脉冲、阶跃、斜坡及单位抛物线4种典型输入信号之间关系是，前者是后者的导数（或后者是前者的积分），即

$$\delta(t) = \frac{\mathrm{d}[1(t)]}{\mathrm{d}t} = \frac{\mathrm{d}^2[t(t)]}{\mathrm{d}t^2} = \frac{\mathrm{d}^3\left[\frac{1}{2}t^2(t)\right]}{\mathrm{d}t^3}$$

从前面的输出响应结果看出，它们对应的系统响应也存在着这种导数关系（或积分关系）。例如，斜坡响应的导数就等于阶跃响应，即

$$\frac{\mathrm{d}\left[t - T + Te^{-\frac{t}{T}}\right]}{\mathrm{d}t} = 1 - e^{-\frac{t}{T}}$$

这种关系对任何线性系统都是适用的。因此，对线性系统进行时域分析研究时，只要选取其中一种作为系统输入信号（最常选取阶跃信号），其他信号的系统响应就可以利用上面的相应关系得到。

第三节　二阶系统分析

由二阶微分方程描述的系统称为二阶系统。控制工程中，二阶系统的应用十分广泛，而且在系统的时域、根轨迹分析法中，许多高阶系统在一定的条件下也常常近似为二阶系统去分析和设计。

下面先分析典型二阶系统，在此基础上进一步讨论一般二阶系统分析的相关问题。

一、典型二阶系统分析

1. 数学模型

典型二阶系统的**标准结构图**如图 3-8 所示。

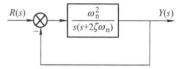

图 3-8　典型二阶系统的标准结构图

开环传递函数为
$$G_k(s) = \frac{\omega_n^2}{s(s + 2\zeta\omega_n)} \tag{3-10}$$

闭环传递函数为
$$\Phi(s) = \frac{\omega_n^2}{s^2 + 2\zeta\omega_n s + \omega_n^2} \tag{3-11}$$

式中，ζ 称为系统的阻尼系数；ω_n 为系统的自然振荡频率。

2. 单位阶跃响应

现以图 3-8 所示的典型二阶系统，分析其单位阶跃响应。

设初始条件为零。当输入量为单位阶跃函数时，输出量的拉普拉斯变换式为
$$Y(s) = R(s)\Phi(s) = \frac{\omega_n^2}{s(s^2 + 2\zeta\omega_n s + \omega_n^2)}$$

系统特征方程及特征根分别为
$$s^2 + 2\zeta\omega_n s + \omega_n^2 = 0$$
$$s_{1,2} = -\zeta\omega_n \pm \omega_n \sqrt{\zeta^2 - 1} \tag{3-12}$$

由式(3-12)看出，特征根的性质与阻尼系数 ζ 有关。因此，当 ζ 为不同值时，所对应的单位阶跃响应会有不同的形式。

（1）无阻尼($\zeta = 0$)情况　系统特征根为
$$s_{1,2} = \pm j\omega_n$$

输出量的拉普拉斯变换式
$$Y(s) = \frac{\omega_n^2}{s^2 + \omega_n^2}\frac{1}{s} = \frac{1}{s} - \frac{s}{s^2 + \omega_n^2}$$

对上式两边取拉普拉斯反变换，可得
$$y(t) = 1 - \cos\omega_n t \qquad t \geq 0 \tag{3-13}$$

式(3-13)表明，无阻尼时二阶系统的单位阶跃响应为不衰减的振荡，振荡角频率为 ω_n。

（2）欠阻尼($0 < \zeta < 1$)情况　系统特征根为
$$s_1 = -\zeta\omega_n + j\omega_n \sqrt{1 - \zeta^2} \tag{3-14}$$
$$s_2 = -\zeta\omega_n - j\omega_n \sqrt{1 - \zeta^2} \tag{3-15}$$

在根平面上的表示，如图 3-9 所示。

输出量的拉普拉斯变换式为

$$Y(s) = \frac{\omega_n^2}{s(s^2 + 2\zeta\omega_n s + \omega_n^2)} = \frac{1}{s} - \frac{s + 2\zeta\omega_n}{s^2 + 2\zeta\omega_n s + \omega_n^2}$$

$$= \frac{1}{s} - \frac{s + \zeta\omega_n}{(s + \zeta\omega_n)^2 + (\omega_n\sqrt{1-\zeta^2})^2} -$$

$$\frac{\zeta\omega_n}{(s + \zeta\omega_n)^2 + (\omega_n\sqrt{1-\zeta^2})^2}$$

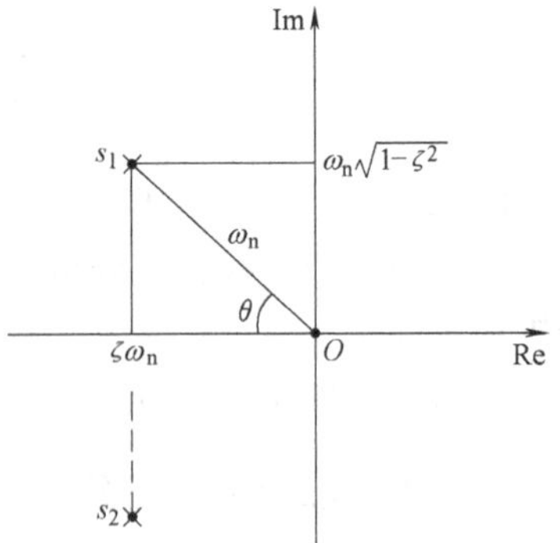

对上式两边取拉普拉斯反变换，可得

$$y(t) = 1 - e^{-\zeta\omega_n t}\left(\cos\sqrt{1-\zeta^2}\,\omega_n t + \frac{\zeta}{\sqrt{1-\zeta^2}}\sin\sqrt{1-\zeta^2}\,\omega_n t\right)$$

$$= 1 - \frac{e^{-\zeta\omega_n t}}{\sqrt{1-\zeta^2}}\sin\left(\sqrt{1-\zeta^2}\,\omega_n t + \arctan\frac{\sqrt{1-\zeta^2}}{\zeta}\right)$$

$$= 1 - \frac{e^{-\zeta\omega_n t}}{\sqrt{1-\zeta^2}}\sin(\omega_d t + \theta) \qquad t \geq 0 \tag{3-16}$$

图 3-9　欠阻尼时二阶
系统根平面图

式中，$\omega_d = \omega_n\sqrt{1-\zeta^2}$ 为阻尼振荡角频率；θ 为阻尼角，$\cos\theta = \zeta$。

由式(3-16)可知，欠阻尼时二阶系统的单位阶跃响应呈**衰减正弦振荡**。当 $t \to \infty$ 时，动态分量衰减到零，输出量等于输入量。

（3）临界阻尼($\zeta = 1$)情况　系统特征根和输出量的拉普拉斯变换式分别为

$$s_{1,2} = -\omega_n$$

$$Y(s) = \frac{\omega_n^2}{s(s + \omega_n)^2} = \frac{1}{s} - \frac{\omega_n}{(s + \omega_n)^2} - \frac{1}{(s + \omega_n)}$$

因此，二阶系统在临界阻尼时的单位阶跃响应为

$$y(t) = 1 - e^{-\omega_n t}(1 + \omega_n t) \qquad t \geq 0 \tag{3-17}$$

式(3-17)表明，当 $\zeta = 1$ 时，二阶系统的单位阶跃响应没有振荡，为一单调上升曲线。

（4）过阻尼($\zeta > 1$)情况　系统特征根为两个不相等的负实根

$$s_{1,2} = -\zeta\omega_n \mp \omega_n\sqrt{\zeta^2 - 1} = -\omega_n(\zeta \pm \sqrt{\zeta^2 - 1})$$

为了便于书写，令

$$T_1 = \frac{1}{\omega_n(\zeta - \sqrt{\zeta^2 - 1})}$$

$$T_2 = \frac{1}{\omega_n(\zeta + \sqrt{\zeta^2 - 1})}$$

称 T_1、T_2 为过阻尼二阶系统的时间常数。当输入为单位阶跃函数时，输出量的拉普拉斯变换式为

$$Y(s) = \frac{\omega_n^2}{s\left(s + \dfrac{1}{T_1}\right)\left(s + \dfrac{1}{T_2}\right)}$$

上式两边取拉普拉斯反变换，得

$$y(t) = 1 + \frac{1}{\frac{T_2}{T_1} - 1} e^{-\frac{t}{T_1}} + \frac{1}{\frac{T_1}{T_2} - 1} e^{-\frac{t}{T_2}} \qquad t \geqslant 0 \qquad (3\text{-}18)$$

式(3-18)表明，响应特性包含两个单调衰减的指数项。因此，过阻尼二阶系统的单位阶跃响应是非振荡的，且当 $\zeta \gg 1$，$T_1 \gg T_2$ 时，后一项单调衰减的指数项衰减快，其对特性的影响小，可以忽略。这时，二阶系统的输出响应就类似于一阶系统的响应。这样，二阶系统便可视为一阶系统。

表 3-1 给出了不同 ζ 值时典型二阶系统阻尼系数、特征根与单位阶跃响应示意曲线。图 3-10 画出了不同 ζ 值时，二阶系统单位阶跃响应的准确响应曲线。

表 3-1　二阶系统的阻尼系数、特征根与单位阶跃响应关系

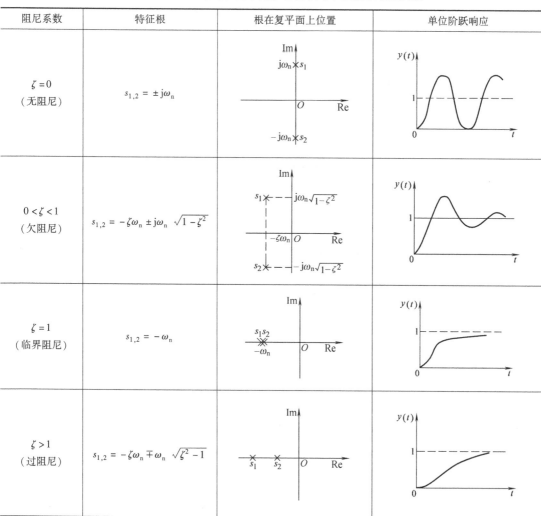

阻尼系数	特征根	根在复平面上位置	单位阶跃响应
$\zeta = 0$（无阻尼）	$s_{1,2} = \pm j\omega_n$		
$0 < \zeta < 1$（欠阻尼）	$s_{1,2} = -\zeta\omega_n \pm j\omega_n \sqrt{1-\zeta^2}$		
$\zeta = 1$（临界阻尼）	$s_{1,2} = -\omega_n$		
$\zeta > 1$（过阻尼）	$s_{1,2} = -\zeta\omega_n \mp \omega_n \sqrt{\zeta^2-1}$		

3. 典型二阶系统动态性能指标

由上面分析可知，不同的阻尼系数即 ζ 值不同时，二阶系统单位阶跃响应有很大的区别。当 $\zeta = 0$ 时，系统是不能正常工作的；而 $\zeta \geqslant 1$ 时，系统输出的过渡过程虽没有超调，但响应过程往往显得慢,快速性较差;欠阻尼($0 < \zeta < 1$)情况在实际控制工程中是最有实际意义和代表性的。下面分析欠阻尼情况下系统动态性能指标的计算。

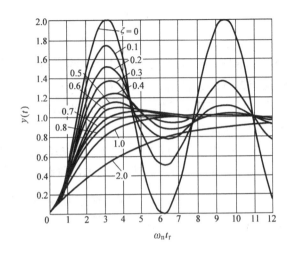

图3-10 典型二阶系统的单位阶跃响应

在 $0 < \zeta < 1$ 时,由式(3-16),按性能指标的定义,可求出动态性能指标的计算公式。

(1)上升时间 t_r 由式(3-16),根据上升时间的定义,当 $t = t_r$ 时,$y(t) = 1$,即

$$y(t_r) = 1 - \frac{e^{-\zeta\omega_n t_r}}{\sqrt{1-\zeta^2}}\sin(\omega_d t_r + \theta) = 1$$

则有

$$\frac{e^{-\zeta\omega_n t_r}}{\sqrt{1-\zeta^2}}\sin(\omega_d t_r + \theta) = 0$$

由于 $e^{-\zeta\omega_n t_r}/\sqrt{1-\zeta^2} \neq 0$,所以只能使 $\sin(\omega_d t_r + \theta) = 0$。由此得

$$\omega_d t_r + \theta = \pi$$

$$t_r = \frac{\pi - \theta}{\omega_d} = \frac{\pi - \theta}{\omega_n\sqrt{1-\zeta^2}} \qquad (3\text{-}19)$$

式中,$\theta = \arctan\left(\dfrac{\sqrt{1-\zeta^2}}{\zeta}\right)$。

(2)峰值时间 t_p 对式(3-16)两端取导数并令其等于零,可求得峰值时间,即有

$$\tan(\omega_d t_p + \theta) = \frac{\sqrt{1-\zeta^2}}{\zeta}$$

由于

$$\frac{\sqrt{1-\zeta^2}}{\zeta} = \tan\theta$$

所以

$$\omega_d t_p = 0,\ \pi,\ 2\pi,\ \cdots$$

因为峰值时间 t_p 是对应于出现第一个峰值的时间,所以 $\omega_d t_p = \pi$,于是有

$$t_p = \frac{\pi}{\omega_d} = \frac{\pi}{\omega_n\sqrt{1-\zeta^2}} \qquad (3\text{-}20)$$

(3)超调量 $\sigma_p\%$ 将峰值时间表达式(3-20)代入式(3-16),得输出量的最大值

$$y(t_p) = 1 - \frac{e^{-\zeta\pi/\sqrt{1-\zeta^2}}}{\sqrt{1-\zeta^2}}\sin(\pi + \theta)$$

因为

$$\sin(\pi + \theta) = -\sin\theta = -\sqrt{1-\zeta^2}$$

所以

$$y(t_p) = 1 + e^{-\zeta\pi/\sqrt{1-\zeta^2}}$$

根据超调量的定义

$$\sigma_p\% = \frac{y(t_p) - y(\infty)}{y(\infty)} \times 100\%$$

在单位阶跃输入下，稳态值 $y(\infty) = 1$，因此得最大超调量为

$$\sigma_p\% = e^{-\zeta\pi/\sqrt{1-\zeta^2}} \times 100\% \tag{3-21}$$

（4）调节时间 t_s　调节时间 t_s 是 $y(t)$ 与稳态值 $y(\infty)$ 之间的偏差达到允许范围（一般取 $\pm5\%$ 或 $\pm2\%$），且不再超过的过渡过程时间，即

$$\Delta y = y(\infty) - y(t) = \frac{e^{-\zeta\omega_n t}}{\sqrt{1-\zeta^2}}\sin(\omega_d t + \theta) \leqslant \pm0.05(\text{或}\pm0.02)$$

由于正弦函数的存在，求解准确的 t_s 很困难。为简单起见，常采用近似的计算方法。不考虑正弦函数，认为指数项衰减到 0.05 或 0.02 时，过渡过程进行完毕，即

$$\frac{e^{-\zeta\omega_n t_s}}{\sqrt{1-\zeta^2}} = 0.05(\text{或}0.02)$$

由此求得调节时间（单位为 s）为

$$t_s(5\%) = \frac{1}{\zeta\omega_n}\left[3 - \frac{1}{2}\ln(1-\zeta^2)\right] \approx \frac{3}{\zeta\omega_n} \tag{3-22}$$

$$t_s(2\%) = \frac{1}{\zeta\omega_n}\left[4 - \frac{1}{2}\ln(1-\zeta^2)\right] \approx \frac{4}{\zeta\omega_n} \tag{3-23}$$

上面 4 个动态性能指标中，重要的是**超调量**和**调节时间**。前者反映系统动态过程的**平稳性**，后者反映其**快速性**。从性能公式可看出，典型二阶系统的动态性能只与 ω_n、ζ 有关。其中，超调量只与系统阻尼系数（ζ）有关，ζ 越小，超调量越大。选定了 ζ 后，调节时间的值就只由 ω_n 决定了，ω_n 越大，快速性越好。

工程设计时，考虑系统的平稳性，ζ 通常在 0.5 ~ 0.8 之间。在根平面上，当 $\zeta = 0.5$ 时，等阻尼线（过坐标原点 "O"，$\zeta = \cos\theta$ 的直线）与负实轴的夹角 $\theta = \arccos\zeta = 60°$；当 $\zeta = 0.8$ 时，$\theta = \arccos 0.8 \approx 37°$。特别是，当 $\zeta = 0.707$ 时，$\theta = \arccos(\sqrt{2}/2) = 45°$，对应的超调量小（约4%），常称**工程最佳**。因此系统设计时，可根据对系统动态性能的要求，把对应闭环极点的位置限定在根平面的某一区域内，例如当选择 $\zeta \geqslant 0.5$、$t_s \leqslant 3/\zeta\omega_n$ 时，闭环极点应处于图 3-11 所示的阴影范围之内。

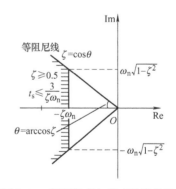

图 3-11　闭环极点与动态性能关系

二、非典型系统的典型化

上面分析了典型二阶系统及其性能的计算。然而，实际工程中许多二阶系统并非都具有这种典型结构。例如，机械制造、海洋航运、军事工程等领域中广泛应用的位置随动系统（诸如，机械手、数控机床、舰船操舵、火炮、卫星跟踪、雷达导引等）。位置随动系统的典型原理结构图，如图 3-12 所示。系统控制的任务是，要求被控对象的位置能快速地跟踪输入位置量的变化。

图 3-12 中，虚线表示位置反馈电位器与被控对象的输出轴之间是硬连接的；一对电位

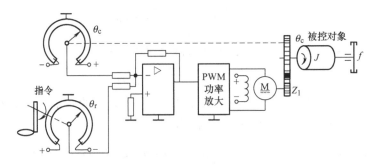

图 3-12 典型位置随动系统原理图

器组成输入-输出位置间的误差检测。当被控对象的输出位置不等于输入的指令位置时，产生的角度误差（$\Delta\theta = \theta_r - \theta_c$）转换为电压差 Δu，经电压及功率放大（K_A）后的电压 u_d，施加于电动机电枢两端，快速驱动电动机旋转，直至角度误差为零。

用绘制系统结构图的方法（第二章）给出该系统结构图，如图 3-13 所示。

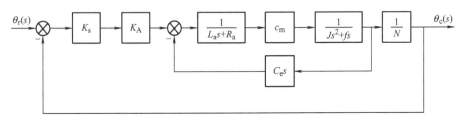

图 3-13 典型位置随动系统结构图

由图 3-13 可求出系统的开环传递函数

$$G_k(s) = \frac{k_s k_A C_m / N}{s\left[(L_a s + R_a)(Js + f) + C_m C_e\right]} \tag{3-24}$$

式中，L_a 和 R_a 分别为电动机的电枢电感和电阻；C_m 和 C_e 分别为电动机的转矩系数和电动势常数；k_s 为一对电位器组成的误差检测转换系数；N 为齿轮传动比；f 为负载的黏性摩擦系数；J 为负载的转动惯量。

对于中小功率的电动机，由于电枢绕组的导线较细，电阻值较大而电感值因较小常可忽略。同时令 $K = \dfrac{k_s k_A C_m}{N R_a}$、$F = f + \dfrac{C_m C_e}{R_a}$，于是开环传递函数可化简为

$$G_k(s) = \frac{K}{s(Js + F)} \tag{3-25}$$

闭环传递函数为

$$\Phi(s) = \frac{\theta_c(s)}{\theta_r(s)} = \frac{K}{Js^2 + Fs + K} \tag{3-26}$$

对式（3-26）进行拉普拉斯反变换，系统微分方程为

$$J \frac{d^2\theta_c(t)}{dt^2} + F \frac{d\theta_c(t)}{dt} + K\theta_c(t) = Kr(t)$$

可见，图 3-12 所示的随动系统可视为是一个二阶控制系统。但并非是上面讨论的典型二阶系统。于是，须对系统进行典型化的处理。

为此，将式(3-26)改写为"**标准形式**"

$$\Phi^*(s) = \frac{\theta_c(s)}{\theta_r(s)} = \frac{K}{Js^2 + Fs + K} = \frac{K/J}{s^2 + (F/J)s + K/J} = \frac{\omega_n^2}{s^2 + 2\zeta\omega_n s + \omega_n^2} \quad (3\text{-}27)$$

由式(3-27)可见，与典型系统的标准形式对比，有

$$\begin{cases} 2\zeta\omega_n = F/J \\ \omega_n^2 = K/J \end{cases} \quad (3\text{-}28)$$

联立解上面方程组，可求出该系统的 ζ（阻尼系数）和 ω_n（自然振荡频率），从而便可利用性能计算公式，计算出本系统的性能。

例 3-2　某机械手控制系统的结构图如图 3-14 所示，系统开环增益 $K = 15$。

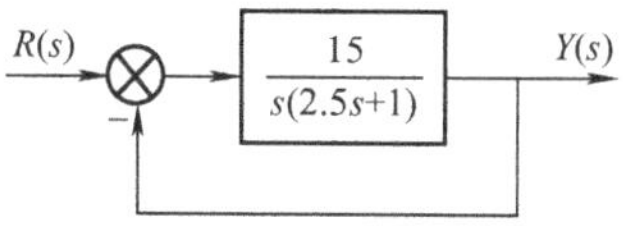

求：（1）系统的自然振荡频率和阻尼系数；

（2）计算系统动态性能；

图 3-14　例 3-2 系统结构图

（3）要求系统最大超调量小于40%，以确保机械手工作时的平稳性，应如何调整 K 值。

解　系统开环传递函数、闭环传递函数分别为

$$G_k(s) = \frac{K}{s(2.5s+1)}$$

$$\Phi(s) = \frac{K/2.5}{s^2 + 0.4s + K/2.5} = \frac{6}{s^2 + 0.4s + 6}$$

与典型系统的传递函数对比，有

$$\begin{cases} 0.4 = 2\zeta\omega_n \\ 6 = \omega_n^2 \end{cases}$$

（1）联立解上面两式，得自然振荡频率和阻尼系数分别为

$$\omega_n \approx 2.45\text{rad/s}, \quad \zeta \approx 0.08$$

（2）由式(3-21)、式(3-23)得

最大超调量

$$\sigma_p\% = e^{\frac{-\zeta\pi}{\sqrt{1-\zeta^2}}} \times 100\% \approx 90\%$$

调节时间

$$t_s = \frac{4}{\zeta\omega_n} = \frac{4}{0.08 \times 2.45}\text{s} = 20.4\text{s}$$

（3）选超调量 $\sigma_p\% \approx 37\%$，相应的阻尼系数 $\zeta \approx 0.3$。

由 $2\zeta\omega_n = 0.4 \Rightarrow \omega_n = \frac{0.4}{2\zeta} = \frac{0.4}{2 \times 0.3}\text{rad/s} = 0.67\text{rad/s}$

由 $K/2.5 = \omega_n^2 \Rightarrow K = 2.5\omega_n^2 = 2.5 \times (0.67)^2 = 1.1 \approx 1$

所以，若机械手的最大超调量要小于40%时，应把系统开环增益 K 值从15调到小于1。

例 3-3　心脏电子心律起搏器控制系统如图 3-15 所示。心脏视为积分环节。

若要求稳定心率为 60 次/min，最高心率不超过 70 次/min。求：

（1）起搏器的增益 k 应取多大？

（2）最高心率的时间及达到稳定心率的时间。

图 3-15　心律起搏器系统结构图

解　（1）系统开环传递函数为

$$G_k(s) = \frac{k}{s(0.05s+1)} = \frac{20k}{s(s+20)} = \frac{\omega_n^2}{s(s+2\zeta\omega_n)}$$

对应标准式，有

$$\begin{cases} 20 = 2\zeta\omega_n \\ 20k = \omega_n^2 \end{cases}$$

由已知条件可知，超调量为

$$\sigma_p\% = \frac{70-60}{60} \times 100\% \approx 17\%$$

由公式

$$\sigma_p\% = e^{-\frac{\zeta\pi}{\sqrt{1-\zeta^2}}} \times 100\% = 17\% \quad \Rightarrow \quad -\frac{\zeta\pi}{\sqrt{1-\zeta^2}} = \ln 17 \approx -1.77$$

求解上式，得到阻尼系数 $\zeta \approx 0.48$

于是，自然振荡频率

$$\omega_n = \frac{10}{\zeta} = \frac{10}{0.48} \text{rad/s} \approx 20.8 \text{rad/s}$$

起搏器的增益

$$k = \frac{\omega_n^2}{20} = \frac{20.8^2}{20} \approx 21.6 = 22$$

（2）最高心率的时间

$$t_p = \frac{\pi}{\omega_n\sqrt{1-\zeta^2}} = \frac{\pi}{20.8\sqrt{1-0.48^2}} \text{s} = 0.17 \text{s}$$

达到稳定心率的时间

$$t_s = \frac{4}{\zeta\omega_n} = \frac{\pi}{0.48 \times 20.8} \text{s} = 0.3 \text{s}$$

三、提高动态性能方法

例 3-2 表明，若要改善机械手工作的平稳性，可采用降低开环放大系数 K 的方法。但本章第六节的系统精度（误差）分析将表明，若开环放大系数值太小，会使控制精度变得很差。

为了解决系统动态、静态性能与开环放大系数值之间的矛盾，常在系统中引入**校正环节**。本节仅对二阶系统进行分析研究，更普遍的内容将在第六章中详细讨论。

1. 串联比例微分（PD）环节

在误差信号 $e(t)$ 后面，串入图 3-16 所示的比例微分 $(1+\tau s)$ 电路。

典型二阶系统引入比例微分串联校正电路前后的结构图，如图 3-17 所示。

为了分析比例微分电路的作用，分别求出校正前、后系统相关的传递函数如下：

校正前，系统的开环、闭环传递函数为

$$G_k(s) = \frac{\omega_n^2}{s(s+2\zeta\omega_n)}, \quad \Phi(s) = \frac{\omega_n^2}{s^2+2\zeta\omega_n s + \omega_n^2}$$

校正后，系统的开环、闭环传递函数为

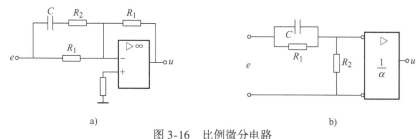

图 3-16 比例微分电路

a) 集成放大器实现 b) RC 电路实现

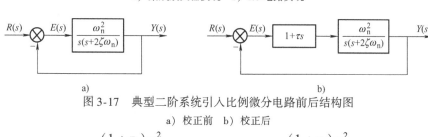

图 3-17 典型二阶系统引入比例微分电路前后结构图

a) 校正前 b) 校正后

$$G_{\mathrm{kd}}(s) = \frac{(1+\tau s)\omega_{\mathrm{n}}^2}{s(s+2\zeta\omega_{\mathrm{n}})} \qquad \Phi_{\mathrm{d}}(s) = \frac{(1+\tau s)\omega_{\mathrm{n}}^2}{s^2 + 2\left(\zeta+\dfrac{1}{2}\tau\omega_{\mathrm{n}}\right)\omega_{\mathrm{n}}s + \omega_{\mathrm{n}}^2}$$

从系统**传递函数**的角度看，校正后系统的开环放大系数值未变，因此，系统的精度（即稳态误差值）不会变；而闭环系统的阻尼系数 $\left(\zeta_{\mathrm{d}} = \zeta + \dfrac{1}{2}\tau\omega_{\mathrm{n}}\right)$，由于微分参数 τ 只能取正值，所以阻尼系数的值变大了，这将使系统超调量减小，平稳性变好；又由于自然振荡频率也未变，所以调节时间将变短，还增加了系统的快速性。

从物理概念角度解释，是因为比例微分具有"超前"（早期）修正系统的能力，能在超调出现之前就产生一个负的修正信号，压制系统超调继续上升。这可由图 3-18 的系统阶跃响应过程来说明。

图 3-18 分别给出了阶跃输入、系统响应 $y(t)$、误差信号 $e(t)$ 及其微分 $\dot{e}(t)$，以及比例微分输出 $u(t)$ 的波形图。从图中可看出，在 $0 \sim t_1$ 期间，比例微分输出 $u(t)$ 为正，系统输出将会快速上升。但当系统输出快接近稳态值的时间 t_1 时，$u(t)$ 恰好从正变负，迫使系统开始制动减速，所以时间 t_1 后便进入制动状态，迫使输出的加速度将逐渐变小，从而避免了由于机械惯性等原因而出现严重的超调。

要**注意**的是，开始制动的时间 t_1，取决于微分时间常数 τ 的值。若 τ 值选择恰当，便能使系统输出的超调很小，甚至不出现超调。所以，在设计系统时正确选择 τ 的值极为重要。

由于校正后的传递函数，其分子存在微分项，因

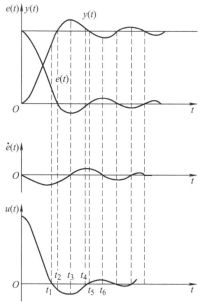

图 3-18 比例微分输入输出波形

此，一般不能采用典型系统的相关公式计算系统性能，除非 τ 值比系统极点实部值小 1/5 以上，否则将会产生较大的误差。这种情况下可按性能的定义求解。

例 3-4 为了改善例 3-2 机械手系统的动态性能，又希望保持原系统的开环增益值不变（$K = 15$），在系统中串入比例微分（$1 + 0.2s$）电路，如图 3-19 所示。求系统的动态性能。

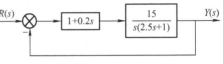

图 3- 19 例 3-4 系统结构图

解 系统的开环、闭环传递函数为

$$G_k(s) = \frac{(1 + 0.2s) \times 15}{s(2.5s + 1)}; \quad \Phi(s) = \frac{3s + 15}{2.5s^2 + 4s + 15} = \frac{1.2s + 6}{s^2 + 1.6s + 6}$$

单位阶跃输入时（$r(t) = 1(t)$），系统输出拉普拉斯变换式为

$$Y(s) = \frac{1.2s + 6}{s^2 + 1.6s + 6} \times \frac{1}{s} = \frac{1}{s} - \frac{s + 0.4}{s^2 + 1.6s + 6} = \frac{1}{s} - \frac{s + 0.8 - 0.4}{(s + 0.8)^2 + (2.3)^2}$$

上式的拉普拉斯反变换为

$$y(t) = 1 - 1.015e^{-0.8t}\sin(2.3t - 80.4°)$$

求峰值时间。由定义

$$\left. 令 \frac{dy(t)}{dt} \right|_{t_p} = 0 \quad \Rightarrow \quad t_p \approx 1.15s$$

由超调量定义得

$$\sigma_p\% = \frac{y(t_p) - 1}{1} \times 100\% = 1.015e^{-0.8 \times t_p}\sin(2.3t_p - 80.4°) \times 100\% \approx 39\%$$

由调节时间定义，按正弦衰减指数包络线计算

$$1.015e^{-0.8t_s} = 0.05$$

于是

$$t_s \approx 3.7s$$

可见，系统引入比例微分（$\tau = 0.2$）电路后，开环增益值（$K = 15$）不变（控制精度将不变），而最大超调量大幅度下降，由原来的 90% 下降到 39%；快速性也上升，由原来的 21s 变为约 4s。

2. 输出量微分负反馈的并联校正

将输出量的微分信号采用负反馈的形式回馈到输入端，与误差信号共同参与控制作用，构成并联的内回路，称为输出量微分负反馈的并联校正，如图 3-20 所示。

现分析微分负反馈的并联校正的作用。

由图 3-20 求出系统的闭环传递函数为

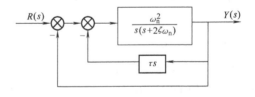

图 3-20 并联校正系统

$$\Phi(s) = \frac{\omega_n^2}{s^2 + (2\zeta\omega_n + \tau\omega_n^2)s + \omega_n^2}$$

特征方程式中 s 的一次项系数为

$$2\zeta\omega_n + \tau\omega_n^2$$

系统的等效阻尼系数为

$$\zeta_1 = \zeta + \frac{1}{2}\tau\omega_n^2$$

由于 τ、ω_n 只能为正值，故 $\zeta_1 > \zeta$。因此，本校正能使系统的等效阻尼系数加大，从而使超调量减小，系统的平稳性增加。

例 3-5 系统如图 3-21 所示，试求引入并联反馈前后系统的动态性能 $\sigma_p\%$、t_s。

解 无并联反馈时系统闭环传递函数为

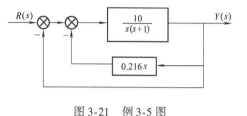

图 3-21 例 3-5 图

$$\Phi_1(s) = \frac{Y(s)}{R(s)} = \frac{10}{s^2 + s + 10}$$

由

$$\omega_n^2 = 10$$

$$2\zeta\omega_n = 1$$

求得

$$\omega_n = \sqrt{10}\,\text{rad/s} = 3.16\,\text{rad/s}$$

$$\zeta = \frac{1}{2\omega_n} = \frac{1}{2 \times 3.16} = 0.158$$

无并联反馈动态性能指标为

$$\sigma_p\% = e^{-\zeta\pi/\sqrt{1-\zeta^2}} \times 100\% = 60\%$$

$$t_s = \frac{3}{\zeta\omega_n} = \frac{3}{0.158 \times 3.16}\,\text{s} = 6\,\text{s}$$

引入并联反馈后系统闭环传递函数为

$$\Phi_2(s) = \frac{Y(s)}{R(s)} = \frac{10}{s^2 + 3.16s + 10}$$

由

$$\omega_{n1} = \sqrt{10}\,\text{rad/s} = 3.16\,\text{rad/s}$$

$$2\zeta_1\omega_{n1} = 3.16$$

求得

$$\zeta_1 = 0.5$$

$$\sigma_p\% = e^{-\zeta_1\pi/\sqrt{1-\zeta_1^2}} \times 100\% = 16.4\%$$

$$t_s = \frac{3}{\zeta_1\omega_{n1}} = \frac{3}{0.5 \times 3.16}\,\text{s} \approx 1.89\,\text{s}$$

3. 两种校正方式的比较

从实现的角度看，PD 位于误差信号后，信号弱，所以可使用低功率级的电阻，成本较低；输出微分负反馈部件位于系统的输出端，成本较高。从抗干扰能力看，PD 抗干扰能力较差；输出微分负反馈抗干扰能力较强。从控制性能看，两者均能改善系统的平稳性（使超调量 $\sigma_p\%$ 下降），提高快速性（t_s 减小）。

第四节 高阶系统分析

控制工程中，习惯上往往把三阶以上的系统称为高阶系统。

一、高阶系统的数学模型

高阶系统的微分方程为

$$a_n \frac{\mathrm{d}^n y(t)}{\mathrm{d}t^n} + a_{n-1} \frac{\mathrm{d}^{n-1} y(t)}{\mathrm{d}t^{n-1}} + \cdots + a_1 \frac{\mathrm{d}y(t)}{\mathrm{d}t} + a_0 y(t)$$

$$= b_m \frac{\mathrm{d}^m r(t)}{\mathrm{d}t^m} + b_{m-1} \frac{\mathrm{d}^{m-1} r(t)}{\mathrm{d}t^{m-1}} + \cdots + b_1 \frac{\mathrm{d}r(t)}{\mathrm{d}t} + b_0 r(t) \tag{3-29}$$

式中，$n \geqslant 3$，$n \geqslant m$；系统参数 $a_i(i=0,1,2,\cdots,n)$、$b_j(j=0,1,2,\cdots,m)$ 为定常值。

令初始条件为零，对式(3-29)两边取拉普拉斯变换，可求出系统的闭环传递函数

$$\Phi(s) = \frac{Y(s)}{R(s)} = \frac{b_m s^m + b_{m-1} s^{m-1} + \cdots + b_1 s + b_0}{a_n s^n + a_{n-1} s^{n-1} + \cdots + a_1 s + a_0}$$

$$= \frac{K(s+z_1)(s+z_2)\cdots(s+z_m)}{(s+p_1)(s+p_2)\cdots(s+p_n)} \tag{3-30}$$

式中，$K = b_m/a_n$；$-z_i$ 为闭环系统零点$(i=1,2,\cdots,m)$；$-p_j$ 为闭环系统极点$(j=1,2,\cdots,n)$。

二、单位阶跃响应

设 n 个闭环极点中，有 n_1 个实数极点，n_2 对共轭复数极点，而且闭环极点与零点互不相等。当输入为单位阶跃函数时，输出量的拉普拉斯变换为

$$Y(s) = \frac{1}{s}\Phi(s) = \frac{K\prod\limits_{i=1}^{m}(s+z_i)}{s\prod\limits_{j=1}^{n_1}(s+p_j)\prod\limits_{k=1}^{n_2}(s^2 + 2\zeta_k \omega_k s + \omega_k^2)}$$

式中，$n = n_1 + 2n_2$。

将上式展开成部分分式

$$Y(s) = \frac{A_0}{s} + \sum_{j=1}^{n_1} \frac{A_j}{(s+p_j)} + \sum_{k=1}^{n_2} \frac{B_k s + C_k}{s^2 + 2\zeta_k \omega_k s + \omega_k^2}$$

式中的 A_0 和 $A_j(j=1,2,\cdots,n_1)$，B_k 和 $C_k(k=1,2,\cdots,n_2)$ 均为待定常数。单位阶跃输入时，$A_0 = 1$。

对上式两边取拉普拉斯反变换，可得高阶系统的单位阶跃响应为

$$y(t) = A_0 + \sum_{j=1}^{n_1} A_j \mathrm{e}^{-p_j t} + \sum_{k=1}^{n_2} B_k \mathrm{e}^{-\zeta_k \omega_k t} \cos\omega_k \sqrt{1-\zeta_k^2}\, t + \sum_{k=1}^{n_2} C_k \mathrm{e}^{-\zeta_k \omega_k t} \sin\omega_k \sqrt{1-\zeta_k^2}\, t$$

$$= A_0 + \sum_{j=1}^{n_1} A_j \mathrm{e}^{-p_j t} + \sum_{k=1}^{n_2} D_k \mathrm{e}^{-\zeta_k \omega_k t} \sin(\omega_k t + \theta) \qquad t \geqslant 0 \tag{3-31}$$

式中，A_0 为常数。

从式(3-31)可看出，高阶系统的单位阶跃响应也由两大部分组成，一部分是与时间 t 无关的稳态分量(直流分量)；另一部分是与时间 t 有关的动态分量，它由一阶和二阶响应的线性叠加组成。动态分量完全取决于系统特征根的性质和大小，并有如下**主要结论**：

1）若所有实数极点为负值，所有共轭复数极点具有负实部，换句话说，所有闭环极点都分布在 S 平面的左半边，那么当时间 t 趋于无穷大时，动态分量都趋于零，系统的稳态输出量为"1"，等于输入量。这时，高阶系统是稳定的。只要有一个正极点或正实部的复数

极点存在，那么当 t 趋于无穷大时，该极点对应的动态分量就趋于无穷大，系统输出也就为无穷大(实际系统中,保护将起作用,系统停止运行)，系统是不稳定的。

2) 动态响应各分量衰减的快慢取决于指数衰减常数。闭环极点的负或负实部的绝对值越大，其对应的响应分量衰减得越迅速。反之，则衰减缓慢。

3) 各分量的幅值与闭环极点、零点在 S 平面中的位置有关：

若某极点的位置离原点很远，那么相应的系数将很小。所以，远离原点的极点，其动态分量幅值小、衰减快，对系统的动态响应影响很小。

若某极点靠近一个闭环零点又远离原点及其他极点，则相应项的幅值较小，该动态分量的影响也较小。

若某极点远离零点又接近原点，则相应的幅值就较大。因此，离原点很近并且附近没有闭环零点的极点，其动态分量项不仅幅值大，而且衰减慢，对系统输出量的影响最大。

三、高阶系统性能的分析方法

试图按性能指标定义，依式(3-31)求出高阶系统的性能指标解析式是十分麻烦的事情。在控制工程中，常常采用主导极点的概念对高阶系统进行近似分析。实践表明，这种近似分析方法是行之有效的。

在高阶系统中，如果存在一对离虚轴最近的共轭复数极点，而且其附近不存在零点，其他闭环极点与虚轴的距离比起这一对共轭复数极点与虚轴的距离大 5 倍以上，则可以认为系统的动态响应主要由这对极点决定。对动态响应起主导作用的闭环极点，称为**主导极点**。

因此，分析高阶系统性能时，如果能找到一对共轭复数主导极点，那么高阶系统就可以近似地当作二阶系统来分析，并用二阶系统的性能指标公式来估计系统的性能。如果能找到一个主导极点，那么高阶系统可以按一阶系统来分析。同样，在设计一个高阶系统时，也常常利用主导极点来选择系统参数，使系统具有一对共轭主导极点，近似地用二阶系统的性能指标来设计系统。有时，对于不大符合存在闭环主导极点条件的高阶系统，可设法使其符合条件。例如，在某些不希望的闭环极点附近引入闭环零点，人为地构成零点、极点"相抵消"。

值得指出，近年来由于数字计算机的发展和普及，特别是已经出现一些求解高阶微分方程的软件，例如 MATLAB(见第九章)，容易求出高阶系统的输出解及绘制出相应的响应曲线。这给高阶系统的分析和设计提供了一个方便的工具。

例 3-6 某控制系统的闭环传递函数为

$$\Phi(s) = \frac{2.7}{s^3 + 5s^2 + 4s + 2.7}$$

试绘出单位阶跃响应曲线，并求动态性能指标 t_r、t_p、t_s 和 $\sigma_p\%$。再用主导极点方法求解并对比。

解 系统为三阶，三个闭环极点分别为

$$s_{1,2} = -0.4 \pm j0.69, \quad s_3 = -4.2$$

于是闭环传递函数可写为

$$\Phi(s) = \frac{4.2 \times 0.8^2}{(s + 4.2)(s^2 + 2 \times 0.5 \times 0.8s + 0.8^2)}$$

由此可得， $-p_1 = -4.2$， $\zeta = 0.5$， $\omega_n = 0.8\text{rad/s}$。

直接利用式(3-31)，便可得单位阶跃响应为
$$y(t) = 1 - 0.04e^{-4.2t} - e^{-0.4t}(0.96\cos0.69t + 0.81\sin0.69t)$$
相应的单位阶跃响应曲线表示在图 3-22 中。

由图 3-22 求得系统响应的各项性能指标：

上升时间 $\qquad t_r = 3.2s$

峰值时间 $\qquad t_p = 4.6s$

调节时间 $\qquad t_s = 7.0s(5\%)$

超调量 $\qquad \sigma_p\% = 16\%$

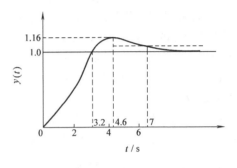

图 3-22 例 3-6 图

该系统的实数极点与复数极点实部之比为 10.5，复数极点 s_1、s_2 可视为主导极点。三阶系统可用具有这一对复数极点的二阶系统近似。近似的二阶系统闭环传递函数为

$$\Phi(s) = \frac{0.64}{s^2 + 0.8s + 0.64}$$

由二阶系统性能指标计算公式，可求出

上升时间 $\qquad t_r = 3.03s$

峰值时间 $\qquad t_p = 4.55s$

调节时间 $\qquad t_s = 7.25s$

超调量 $\qquad \sigma_p\% = e^{-0.577\pi} \times 100\% = 16.3\%$

比较两种方法所求的性能指标，数值很接近。这说明系统由于存在一对主导的闭环极点，三阶系统可降价为二阶系统进行分析，其结果不会带来大的误差。

例 3-7 已知某系统的闭环传递函数为

$$\Phi(s) = \frac{25(s + 0.2)}{(s + 0.21)(s^2 + 4s + 25)}$$

求系统的动态性能(最大超调量和调节时间)。

解 由闭环传递函数可知，系统有一个闭环零点"-0.2"和一个闭环极点"-0.21"。从数学角度看，它们分别处在分子项和分母项且很接近，可以从分式中把它们消去而对分式值的影响很小。在系统工程上，它们是一对称为"**偶极子**"的零、极点，可以从传递函数式中把它们消去，对系统的输出特性影响可忽略不计。于是原闭环传递函数为

$$\Phi(s) = \frac{25(s + 0.2)}{(s + 0.21)(s^2 + 4s + 25)} \approx \frac{25}{(s^2 + 4s + 25)}$$

三阶系统视为二阶系统。与二阶系统标准式对比，有

$$\omega_n = 5rad/s, \zeta = 0.4$$

由性能计算公式可得

$$\sigma_p\% = e^{-\frac{\zeta\pi}{\sqrt{1-\zeta^2}}} \times 100\% = 25.4\%, \quad t_s = \frac{4}{\zeta\omega_n} = \frac{4}{0.4 \times 5s} = 2s$$

从另一角度看本例题。若原系统没有零点存在，只有 3 个极点。因其中一个极点(-0.21)很靠近虚轴，它的响应分量对系统的输出特性影响很大，会严重影响系统的性能。于是，在控制工程上，经常会采用在系统中引入一些环节去抵消特性不好环节的设计方法。

第五节　稳定性分析及代数判据

稳定性是控制系统能否正常工作的前提条件。不能稳定运行的系统，根本谈不上有什么样的性能指标。分析并找出保证系统稳定工作的条件，是设计、综合系统的重要任务之一。

一、系统稳定的充分必要条件

控制系统稳定的物理概念是，当系统受到有界的内部或外部扰动作用时，系统的输出发生变化。而扰动消除后，经过足够长的时间，若系统输出能回到原来的状态，则认为该系统是稳定的。反之，若随着时间的推移，系统输出越来越大，则该系统是不稳定的。

根据高阶系统单位阶跃响应的分析，影响系统输出量随时间变化的是动态分量。而动态分量是否衰减只取决于系统特征根的正或负。若所有特征根即闭环传递函数的极点为负实数和具有负实部的共轭复数，则其对应的动态分量随时间 t 的增长而衰减；若有一个以上的正根或正实部的复根，则其对应的动态分量随时间的增长会越来越大，系统输出发散。

由此可得出线性定常系统**稳定的充分必要条件是**：系统特征方程所有的根，即闭环传递函数的极点，全部为负实数或具有负实部的共轭复数。换句话说，所有根必须分布在 S 平面虚轴的左半边。

二、劳斯判据

由于四阶以上的高阶系统，人工求根相当困难。因此，工程上希望能有一种不必解出特征根就能知道根是否全在 S 平面左半边上的代替方法。劳斯、古尔维茨、林纳德—奇帕特等分别提出了不必求解方程就可判断系统稳定性的方法，称为代数判据。这里，只介绍最常用的劳斯判据。其他的方法可参阅有关材料。

劳斯稳定判据：先将系统特征方程写成如下形式。注意，必须降幂排列。

$$a_n s^n + a_{n-1} s^{n-1} + \cdots + a_1 s + a_0 = 0$$

系统稳定的充分必要条件是：

1）各项系数均为正。

2）劳斯表的第一列系数均为正。劳斯表见表 3-2。

表 3-2　劳斯表

s^n	a_n	a_{n-2}	a_{n-4}	a_{n-6}	$\cdots$
s^{n-1}	a_{n-1}	a_{n-3}	a_{n-5}	a_{n-7}	$\cdots$
s^{n-2}	b_1	b_2	b_3	b_4	
s^{n-3}	c_1	c_2	c_3		
$\vdots$	$\vdots$	$\vdots$	$\vdots$		
s^0					

表中 $b_1 = \dfrac{a_{n-1}a_{n-2} - a_n a_{n-3}}{a_{n-1}}$；$b_2 = \dfrac{a_{n-1}a_{n-4} - a_n a_{n-5}}{a_{n-1}}$；$b_3 = \dfrac{a_{n-1}a_{n-6} - a_n a_{n-7}}{a_{n-1}}$ $\cdots$

直至其余 b_i 值等于零为止。

$$c_1 = \dfrac{b_1 a_{n-3} - a_{n-1}b_2}{b_1}; \quad c_2 = \dfrac{b_1 a_{n-5} - a_{n-1}b_3}{b_1}; \quad c_3 = \dfrac{b_1 a_{n-7} - a_{n-1}b_4}{b_1} \quad \cdots$$

直至其余 c_i 值等于零为止。这一过程一直延续到第 $n+1$ 行。

由表3-2可看出，**劳斯表前两行由特征方程式的系数组成**。第一行由第1、3、5、$\cdots$奇数项系数排列，第二行由第2、4、6、$\cdots$偶数项系数排列，**其余行按公式计算**。**注意的是**，表中共有 $n+1$ 行，n 为特征方程最高次幂，即系统阶数。同时，为了**简化运算**，可以用一个正整数去除或乘某一行的各项，并不改变稳定性的结论。

若劳斯表中第一列元素符号不同，即有负值，意味着有正根或正实部的复根，且各元素符号改变次数等于特征根中具有正实部根的个数。

例3-8 若系统特征方程为

$$s^4 + 6s^3 + 12s^2 + 11s + 6 = 0$$

试判别其稳定性。

解 （1）特征方程的系数均大于0。

（2）列劳斯表

s^4	1	12	6
s^3	6	11	0
s^2	$\dfrac{61}{6}$（61）	6（36）	0（同乘以6）
s^1	$\dfrac{455}{61}$	0	
s^0	6	0	

由于劳斯表第一列各数均大于零，故该系统稳定。

例3-9 设系统特征方程为

$$s^4 + 2s^3 + 3s^2 + 4s + 5 = 0$$

试判别系统的稳定性。

解 （1）各系数均为正。

（2）列劳斯表

s^4	1	3	5
s^3	2	4	0
s^2	1	5	0
s^1	-6	0	
s^0	5		

因为第一列元素值不满足全部为正，所以系统不稳定。由于其符号改变两次，所以特征方程有两个具有正实部的根。

＊特殊情况

计算劳斯表的过程中，若出现某一行第 1 列为 "0"，或全行为 "0"，则闭环不稳定，意味着系统会有正根。若想进一步了解正根的个数，须做如下处理，否则将无法继续计算劳斯表的其他行。

若某一行第一列的值为 "0"。用一个非常小的正数 "ε" 代替这个 "0"，并据此计算出其余行，完成劳斯表。如果 "ε" 上下行值的符号相同，则存在一对共轭虚根，系统处于临界稳定状态(等幅振荡)；若 "ε" 上下行值的符号不相同，说明系统有正根，其个数为符号改变的次数。

若某一行全为 "0"，利用该行的上一行系数构成一个辅助方程，并对辅助方程求导，再用求导后所得到方程的系数去取代全 "0" 行的各项值，继续计算其余行的值，完成劳斯表。表明系统会有大小相等、符号相反的实根或共轭虚根，而且根的值可通过求解辅助方程得出。下面以例说明。

例 3-10 已知系统的特征方程为

$$s^4 + 2s^3 + s^2 + 2s + 1 = 0$$

判别系统的稳定性。

解 方程的系数均大于 0。列劳斯表：

s^4	1	1	1
s^3	2	2	0
s^2	$0(\varepsilon)$	1	
s^1	$2 - \dfrac{2}{\varepsilon}$		
s^0	1		

s^2 行第一列的系数为 0，用一个很小的正数 "ε" 代替，继续计算其余行。由于 s^1 行的第一列值是一个负的，所以劳斯表第一列值的符号改变两次，说明特征方程有两个正根。

例 3-11 已知系统的特征方程为

$$s^3 + 10s^2 + 25s + 250 = 0$$

判别系统的稳定性。

解 方程的系数均大于 0。列劳斯表：

s^3	1	25
s^2	10	250
s^1	0	0

s^1 行的各项值均为 0，无法继续计算下面的各行。为此，由 s^2 行的各项值构成辅助方程

$$f(s) = 10s^2 + 250$$

对辅助方程求导数

$$\frac{\mathrm{d}f(s)}{\mathrm{d}s} = 20s + 0$$

用上式中的各项系数作为 s^1 行的各项值，继续计算其他行的值，则劳斯表为

$$
\begin{array}{c|cc}
s^3 & 1 & 25 \\
s^2 & 10 & 250 \\
s^1 & 0\,(20) & 0\,(0) \\
s^0 & 250 &
\end{array}
$$

由新列的劳斯表可看出，第一列的各项值均为正，没有符号改变，说明特征方程有一对共轭虚根，其值可由辅助方程

$$
10s^2 + 250 = 0
$$

求出，$s = \pm j5$。系统等幅振荡。

三、劳斯判据的其他应用

1. 分析系统参数对稳定性的影响

劳斯判据还可以方便地用于分析系统参数变化对稳定性的影响，给出使系统稳定工作的参数范围，以例说明。

例 3-12 系统如图 3-23 所示，求使系统稳定的 K 值范围。

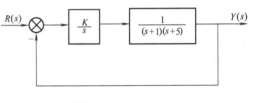

图 3-23 例 3-12 图

解 系统闭环特征方程为

$$
s^3 + 6s^2 + 5s + K = 0
$$

列劳斯表

$$
\begin{array}{c|cc}
s^3 & 1 & 5 \\
s^2 & 6 & K \\
s^1 & \dfrac{30-K}{6} & 0 \\
s^0 & K &
\end{array}
$$

系统稳定，必须满足

$$
\begin{cases}
\dfrac{30-K}{6} > 0 \\
K > 0
\end{cases}
$$

所以有 $0 < K < 30$。

例 3-13 大型焊接机器人焊头的位置随动系统结构如图 3-24 所示。为使焊头能快速准确跟随指令变化，控制器采用比例微分策略。当 k 取 50 时，要求系统能稳定工作，求 α 值。

解 系统特征方程

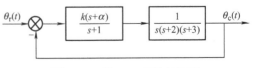

图 3-24 例 3-13 系统结构图

$$D(s) = 1 + G_k(s) = 1 + \frac{50(s+\alpha)}{s(s+1)(s+2)(s+3)}$$

$$= s^4 + 6s^3 + 11s^2 + 56s + 50\alpha$$

列劳斯表

s^4	1	11	50α
s^3	6	56	0
s^2	5/3	50α	
s^1	$56 - 180\alpha$	0	
s^0	50α		

由劳斯判据，系统要稳定应有

$$\begin{cases} 56 - 180\alpha > 0 \\ 50\alpha > 0 \end{cases}$$

于是，系统要稳定工作，微分常数的值应为

$$0 < \alpha < 0.3$$

2. 确定系统的相对稳定性

如果一个系统的特征根均在 S 平面的左半边，但有些靠近虚轴。尽管满足稳定的条件，但动态过程将具有强烈的振荡特性和缓慢的衰减过程，甚至可能会由于系统内部参数的波动，使靠近虚轴的特征根移到 S 平面的右半边，导致系统变为不稳定。

为了保证系统稳定，且具有良好的动态特性，在控制工程中还用到相对稳定性的概念，用它说明系统的稳定程度。在时域分析中，以实部最大的特征根与虚轴的距离 "σ" 来表示系统的相对稳定性或稳定裕度，如图 3-25 所示。

要检查系统是否具有 "σ_1" 的稳定裕度，几何上可以将虚轴移动到 σ_1 的位置，并视为一新虚轴。若系统的全部特征根位于新虚轴的左边，则系统具有 "σ_1" 的稳定裕度。在数学上，具体的求解步骤为

1）令 $s = z - \sigma_1 (\sigma_1 > 0)$，代入特征方程，得到以 z 为变量的新的方程。

2）对以 z 为变量的新方程，使用劳斯判据判别稳定性。若稳定，则系统就具有 "σ_1" 的稳定裕度。

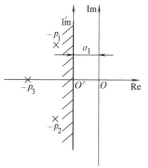

图 3-25 系统相对稳定性

例 3-14 某系统的特征方程为

$$s^3 + 6s^2 + 10s + 6 = 0$$

试判别系统的稳定性。若稳定，检查系统是否有 $\sigma_1 = 1$ 的稳定裕度。

解 （1）判别系统稳定性。

列劳斯表

$$
\begin{array}{c|cc}
s^3 & 1 & 10 \\
s^2 & 6 & 6 \\
s^1 & 9 & 0 \\
s^0 & 6 &
\end{array}
$$

第一列元素均大于0，系统是稳定的。

（2）检查 $\sigma_1 = 1$ 裕度。

令 $s = z - 1$，代入特征方程，有

$$(z-1)^3 + 6(z-1)^2 + 10(z-1) + 6 = 0$$

新的特征方程为

$$z^3 + 3z^2 + z + 1 = 0$$

列劳斯表

$$
\begin{array}{c|cc}
s^3 & 1 & 1 \\
s^2 & 3 & 1 \\
s^1 & \dfrac{2}{3} & 0 \\
s^0 & 1 &
\end{array}
$$

第一列元素均大于0，系统具有"1"的稳定裕度。

第六节　稳态误差分析及计算

稳态误差是衡量系统控制**精度**及**抗干扰能力**的一种度量，在控制系统分析及设计中是一项重要的**技术指标**。

一、误差及稳态误差的定义

1. 误差　系统典型结构图如图 3-26 所示。误差有两种不同的定义方法。

1）输入端定义的误差：输入信号与主反馈信号之差，用 $e(t)$ 表示。

$$e(t) = r(t) - b(t) \qquad (3-32)$$

或 $\qquad E(s) = R(s) - B(s) \qquad (3-33)$

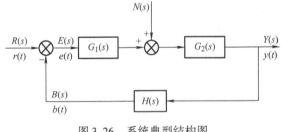

图 3-26　系统典型结构图

2）输出端定义的误差：输出信号的期望值与实际值之差，用 $\varepsilon(t)$ 表示。

$$\varepsilon(t) = y^*(t) - y(t) \qquad (3-34)$$

或 $\qquad\qquad \varepsilon(s) = Y^*(s) - Y(s) \qquad\qquad\qquad (3-35)$

3）两种误差间的关系。对于单位反馈系统，由于 $H(s) = 1$，从图 3-26 可知 $Y(s) = B(s)$。而系统输出的"**期望值**"就是系统的"**输入量**"，即 $Y^*(s) = R(s)$，因此，$E(s) = \varepsilon(s)$，两种定义相同。

对于 $H(s) \neq 1$ 的非单位反馈系统，将图 3-26 等效变换为单位反馈系统，如图 3-27 所示。

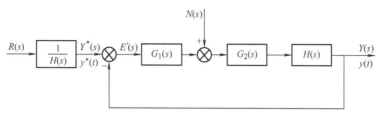

图 3-27 典型结构的等效图

由图 3-27，根据输出端误差定义有

$$\varepsilon(s) = Y^*(s) - Y(s) = R(s)\frac{1}{H(s)} - Y(s) = \frac{1}{H(s)}[R(s) - Y(s)H(s)]$$

$$= \frac{1}{H(s)}[R(s) - B(s)] = \frac{1}{H(s)}E(s) \tag{3-36}$$

式 (3-36) 反映了非单位反馈系统输出端定义的误差与输入端定义的误差间关系。

由于输入端定义的误差不仅可以理论计算而且还可以测量，更常被采用。本书无特殊说明，均采用输入端定义误差。

2. 稳态误差

稳定系统，当时间 t 趋于无穷时其误差信号 $e(t)$ 的值，称为稳态误差，记作 e_{ss}。用公式表示为

$$e_{ss} = \lim_{t \to \infty} e(t) \tag{3-37}$$

二、给定输入下稳态误差计算

式 (3-37) 提供了一种**测量**和**理论计算**稳态误差的方法。

测量稳态误差值。当输入信号作用系统的时间，约为系统中最大时间常数值的 5 倍（通常几秒内）后，便认为系统进入了稳态，可进行测量。用理论计算稳态误差值，常采用如下两种方法。

1. 拉普拉斯变换终值定理方法

图 3-26 中，计算给定输入下系统的稳态误差值时，先令 $N(s) = 0$，即不考虑干扰的作用。

误差传递函数为

$$\Phi_{er}(s) = \frac{E_r(s)}{R(s)} = \frac{1}{1 + G_1(s)G_2(s)H(s)} = \frac{1}{1 + G_k(s)} \tag{3-38}$$

误差拉普拉斯变换式为

$$E_r(s) = \Phi_{er}(s)R(s) = \frac{R(s)}{1 + G_k(s)} \tag{3-39}$$

稳定系统可以利用拉普拉斯变换的**终值定理**计算稳态误差，即

$$e_{ss} = e(t) \underset{t \to \infty}{=} \lim_{s \to 0} sE_r(s) = \lim_{s \to 0} s\frac{R(s)}{1 + G_k(s)} \tag{3-40}$$

例 3-15 图 3-28 是曲线记录仪的笔位伺服系统简化框图。求给定输入为单位阶跃信号时的稳态误差。若在前向通道串联一个积分环节，求相同输入作用时的稳态误差。

解 系统的误差传递函数

$$\Phi_{er}(s) = \frac{E_r(s)}{R(s)} = \frac{1}{1 + G_k(s)}$$

由此求出

$$E_r(s) = \frac{1}{1 + G_k(s)}R(s) = \frac{s^2 + s + 1}{s^2 + s + 1 + K}\frac{1}{s}$$

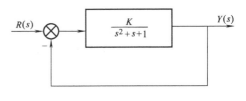

图 3-28 例 3-15 图

设系统是稳定的，应用终值定理，有

$$e_{ss} = \lim_{s \to 0} sE(s) = \lim_{s \to 0}\left(s\frac{s^2 + s + 1}{s^2 + s + 1 + K}\frac{1}{s} \right) = \frac{1}{1 + K}$$

上式中的 K 值应使系统是稳定的。

若在前向通道串入一个积分环节，则系统开环传递函数为

$$G_k(s) = \frac{K}{s(s^2 + s + 1)}$$

系统仍是稳定时，应用终值定理，稳态误差为

$$e_{ss} = \lim_{s \to 0} sE(s) = \lim_{s \to 0} s\frac{s(s^2 + s + 1)}{s^3 + s^2 + s + K}\frac{1}{s} = 0$$

前向通道串入积分环节后，稳态误差变为 0。

注意：不稳定的系统因无稳态，所以无稳态误差，也不能应用终值定理。

2. 误差系数方法

在工程系统设计时，**控制精度**指标也常用**误差系数**。误差系数有两种：**静态误差系数**和**动态误差系数**，常用静态误差系数，而动态误差系数只在一些系统（如导弹控制系统）中作为对稳态过程的要求时才被采用。

（1）**静态误差系数方法**　用此方法不但使计算误差变得简单，而且容易看出稳态误差与系统结构、参数及输入信号间的关系。

由式（3-40）看出，稳态误差只与系统开环传递函数 $G_k(s)$ 和输入信号 $R(s)$ 两者有关。

设系统开环传递函数为

$$G_k(s) = \frac{K(\tau_1 s + 1)(\tau_2 s + 1)\cdots(\tau_1^2 s^2 + 2\zeta_1\tau_1 s + 1)(\tau_2^2 s^2 + 2\zeta_2\tau_2 s + 1)\cdots}{s^v(T_1 s + 1)(T_2 s + 1)\cdots(T_1^2 s^2 + 2\zeta_1\tau_1 s + 1)(T_2^2 s^2 + 2\zeta_2\tau_2 s + 1)\cdots} \quad (3-41)$$

式中，K 为系统的**开环放大系数**；v 为积分环节的个数，也常称为系统的无差度阶数。实际中，还根据 v 的数值把系统分为**不同的类型**：

$v = 0$ 时，称系统为 0 型系统。

$v = 1$ 时，称系统为 I 型系统。

$v = 2$ 时，称系统为 II 型系统。

v 的值不超过 2，因为 3 以上的系统不稳定。

基于系统的类型，下面分析 3 种典型输入下系统稳态误差的计算。

1）阶跃函数输入。当输入为阶跃函数时，$r(t) = A \cdot 1(t)$，$R(s) = A/s$。由式（3-41），稳态误差为

$$e_{ss} = \lim_{s \to 0} sE_r(s) = \lim_{s \to 0} s\frac{1}{1 + G_k(s)}\frac{A}{s} = \frac{A}{1 + \lim_{s \to 0} G_k(s)}$$

令 $k_p = \lim_{s \to 0} G_k(s)$，并称 k_p 为**静态位置误差系数**，则有

$$e_{ss} = \frac{A}{1 + k_p} \tag{3-42}$$

当单位阶跃函数输入时，$A = 1$。

对于 **0 型**($v = 0$)**系统**，静态位置误差系数为

$$k_p = \lim_{s \to 0} G_k(s) = \lim_{s \to 0} \frac{K(\tau_1 s + 1) \cdots (\tau_i^2 s^2 + 2\zeta_i \tau_i s + 1) \cdots}{(T_1 s + 1) \cdots (T_j^2 s^2 + 2\zeta_j T_j s + 1) \cdots} = K$$

因此，阶跃函数输入时，**0 型系统**的稳态误差为

$$e_{ss} = \frac{A}{1 + k_p} = \frac{A}{1 + K} \tag{3-43}$$

对于 **I 型**($v = 1$)**系统**，静态位置误差系数为

$$k_p = \lim_{s \to 0} G_k(s) = \lim_{s \to 0} \frac{K(\tau_1 s + 1) \cdots (\tau_i^2 s^2 + 2\zeta_i \tau_i s + 1) \cdots}{s(T_1 s + 1) \cdots (T_j^2 s^2 + 2\zeta_j T_j s + 1) \cdots} = \infty$$

因此，阶跃函数输入时，**I 型系统**的稳态误差为

$$e_{ss} = \frac{A}{1 + k_p} = \frac{A}{1 + \infty} = 0 \tag{3-44}$$

对于 **II 型**($v = 2$)**系统**，静态位置误差系数为

$$k_p = \lim_{s \to 0} G_k(s) = \lim_{s \to 0} \frac{K(\tau_1 s + 1) \cdots (\tau_i^2 s^2 + 2\zeta_i \tau_i s + 1) \cdots}{s^2(T_1 s + 1) \cdots (T_j^2 s^2 + 2\zeta_j T_j s + 1) \cdots} = \infty$$

因此，阶跃函数输入时，**II 型系统**的稳态误差为

$$e_{ss} = \frac{A}{1 + k_p} = \frac{A}{1 + \infty} = 0 \tag{3-45}$$

2）斜坡函数输入。当输入为斜坡函数时，$r(t) = At$，$R(s) = A/s^2$。由式(3-41)，稳态误差为

$$e_{ss} = \lim_{s \to 0} sE(s) = \lim_{s \to 0} s \frac{1}{1 + G_k(s)} \frac{A}{s^2} = \frac{A}{\lim_{s \to 0} G_k(s)}$$

令 $k_v = \lim_{s \to 0} sG_k(s)$，并称 k_v 为**静态速度误差系数**，则有

$$e_{ss} = \frac{A}{k_v} \tag{3-46}$$

当单位斜坡函数输入时，$A = 1$。

各型系统在斜坡函数输入时的静态速度误差系数 k_v 和稳态误差 e_{ss}，按类似上面的方法可求得

对于 **0 型系统**，　$k_v = 0$，$e_{ss} = \infty$。

对于 **I 型系统**，　$k_v = K$，$e_{ss} = A/K$。

对于 **II 型系统**，　$k_v = \infty$，$e_{ss} = 0$。

3）抛物线函数输入。这时，输入量 $r(t) = At^2/2$，$R(s) = A/s^3$。系统的稳态误差为

$$e_{ss} = \lim_{s \to 0} sE(s) = \lim_{s \to 0} s \frac{1}{1 + G_k(s)} \frac{A}{s^3} = \frac{A}{\lim_{s \to 0} s^2 G_k(s)}$$

令 $k_a = \lim_{s \to 0} s^2 G_k(s)$，并称 k_a 为**静态加速度误差系数**，则有

$$e_{ss} = \frac{A}{k_a} \tag{3-47}$$

当单位抛物线函数输入时，$A = 1$。

各型系统在抛物线输入时，静态加速度误差系数和稳态误差分别为

对于 **0 型系统**，$\quad k_a = 0$，$e_{ss} = \infty$。

对于 **I 型系统**，$\quad k_a = 0$，$e_{ss} = \infty$。

对于 **II 型系统**，$\quad k_a = K$，$e_{ss} = A/K$。

各型系统在不同输入情况下的误差系数及稳态误差汇总列于表 3-3。

表 3-3　输入信号作用下的稳态误差

系统类型	误差系数			典型输入作用下的稳态误差		
				位置阶跃 A	速度阶跃 At	加速度阶跃 $At^2/2$
	k_p	k_v	k_a	$e_{ss} = \dfrac{A}{1+k_p}$	$e_{ss} = \dfrac{A}{k_v}$	$e_{ss} = \dfrac{A}{k_a}$
0 型	K	0	0	$\dfrac{A}{1+K}$	∞	∞
I 型	∞	K	0	0	$\dfrac{A}{K}$	∞
II 型	∞	∞	K	0	0	$\dfrac{A}{K}$

由上面分析知道，要消除或减小系统的稳态误差，必须针对不同的输入量选择不同类型的系统，并且选择较大的开环增益 K 值，但 K 值必须满足系统稳定性的要求。

例 3-16 残疾人使用的移动机器人驾驶系统结构图，如图 3-29 所示。机器人的数学模型可近似为一阶系统，$G_c(s)$ 为采用比例-积分的控制器，试分析当驾驶命令分别为阶跃输入和斜坡输入时的稳态误差。

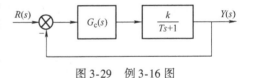

图 3-29　例 3-16 图

解 因为采用比例-积分控制器，其传递函数可表示为

$$G_c(s) = k_1 + \frac{k_2}{s}$$

系统开环传递函数为

$$G_k(s) = \frac{k_1 Ks + k_2 K}{s(Ts+1)} = \frac{k_2 K\left(\dfrac{k_1}{k_2}s + 1\right)}{s(Ts+1)}$$

由开环传递函数可知，系统是稳定的二阶系统，且为 I 型。于是开环增益及静态速度误差系数为

$$K_k = k_2 k \quad \Rightarrow \quad k_v = K_k = k_2 k$$

所以，阶跃信号输入时的误差为

$$e_{ss} = 0$$

斜坡信号输入时的误差为

$$e_{ss} = \frac{A}{K_k} = \frac{A}{k_2 K}$$

当驾驶命令为阶跃信号时，稳态误差为 0；当驾驶命令为斜坡信号时，精度的高低与开环增益值 $K = k_2 k$ 和指令的幅值 A 有关。在保证动态平稳性的前提下，只要开环增益值 $K = k_2 k$ 足够大，其误差就可足够小。

*（2）动态误差系数方法** 本方法不但能反映系统误差与时间 t 的关系，而且对任何输入信号均可使用。计算系统的动态误差系数，可采用如下简便方法。

求出输入作用下系统的误差传递函数，并把分子、分母化成 s 多项式的升幂形式

$$\Phi_{er}(s) = \frac{E(s)}{R(s)} = \frac{1}{1+G_k(s)} = \frac{M_e(s)}{D_e(s)} = \frac{1+ms+m^2 s^2+m^3 s^3+\cdots}{1+ds+d^2 s^2+d^3 s^3+\cdots}$$

分母多项式去除分子多项式，得到一个 s 的升幂级数

$$\Phi_{er}(s) = \frac{E(s)}{R(s)} = \frac{1+ms+m^2 s^2+m^3 s^3\cdots}{1+ds+d^2 s^2+d^3 s^3\cdots} = c_0+c_1 s+c_2 s^2+c_3 s^3+\cdots \qquad (3\text{-}48)$$

c_0 称为**动态位置误差系数**，

c_1 称为**动态速度误差系数**，

c_2 称为**动态加速误差系数**。

由式(3-48)有

$$E(s) = (c_0+c_1 s+c_2 s^2+c_3 s^3+\cdots)R(s)$$
$$= c_0 R(s)+c_1 sR(s)+c_2 s^2 R(s)+c_3 s^3 R(s)+\cdots \qquad (3\text{-}49)$$

对式(3-49)用终值定理，可求出**稳态误差**

$$e_{ss} = \lim_{t\to\infty} e(t) = \lim_{s\to 0} sE(s) = \lim_{s\to 0} s(c_0+c_1 s+c_2 s^2)R(s) \qquad (3\text{-}50)$$

对式(3-49)进行拉普拉斯反变换，并取前 3 项，得到误差的**时域**表达式，即 "**动态误差**"

$$e(t) \approx c_0 r(t)+c_1 r'(t)+c_2 r''(t) \qquad (3\text{-}51)$$

例 3-17 单位反馈系统的开环传递函数为

$$G_k(s) = \frac{5}{s(s+0.5)}$$

求输入为 $r(t) = \sin 2t$ 的误差。

解 系统误差传递函数为

$$\Phi_{er}(s) = \frac{1}{1+G_k(s)} = \frac{0.5s+s^2}{5+0.5s+s^2} = 0.1s+0.19s^2-0.04s^3+\cdots$$

动态误差系数

$$c_0 = 0, \ c_1 = 0.1, \ c_2 = 0.19$$

动态误差

$$e(t) = c_0 r(t)+c_1 r'(t)+c_2 r''(t)$$
$$= 0.1\times 2\cos 2t-0.19\times 4\sin 2t = 0.79\sin(2t-14.7°)$$

3. 典型信号合成输入

当系统受到由阶跃、斜坡和抛物线信号共同作用时，即

$$r(t) = A+Bt+\frac{1}{2}Ct^2, \quad R(s) = \frac{A}{s}+\frac{B}{s^2}+\frac{C}{s^3}$$

式中，A、B、C 分别为阶跃、斜坡和抛物线信号的幅值。

求合成输入时系统的稳态误差，一种方法是求出合成输入时系统误差的拉普拉斯变换式，直接用终值定理求解。另一种方法是分别求出各单独信号作用下的误差，用叠加定理把它们相加。

例3-18 控制系统结构图如图3-30所示。

求输入为 $r(t) = 1(t) + t + \dfrac{1}{2}t^2$ 时系统的稳态

误差。

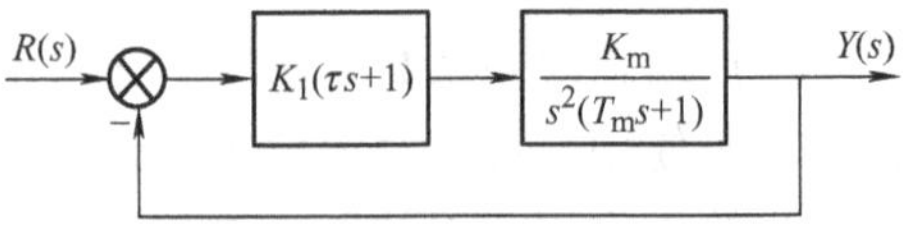

图3-30　例3-18系统结构图

解 判别系统的稳定性。

系统的特征方程为

$$s^2(T_m s + 1) + K_1 K_m(\tau s + 1) = 0$$

即

$$T_m s^3 + s^2 + K_1 K_m \tau s + K_1 K_m = 0$$

由劳斯判据，系统稳定的充要条件为

$$K_1 K_m \tau - K_1 K_m T_m > 0 \quad \Rightarrow \tau > T_m$$

方法1：终值定理。

$$\Phi_{er}(s) = \frac{E_r(s)}{R(s)} = \frac{1}{1 + G_k(s)} = \frac{s^2(T_m s + 1)}{T_m s^3 + s^2 + K_1 K_m \tau s + K_1 K_m}$$

$$E_r(s) = \Phi_{er}(s)R(s) = \frac{s^2(T_m s + 1)T}{T_m s^3 + s^2 + K_1 K_m \tau s + K_1 K_m}R(s)$$

$$e_{ssr} = \lim_{s \to 0} sE_r(s) = \lim_{s \to 0} s\frac{s^2(T_m s + 1)(1/s + 1/s^2 + 1/s^3)}{T_m s^3 + s^2 + K_1 K_m \tau s + K_1 K_m} = \frac{1}{K_1 K_m}$$

方法2：叠加定理。

系统为Ⅱ型，于是有

$$r_1(t) = 1(t), e_{ss1} = 0; r_2(t) = t, e_{ss2} = 0; r_3(t) = \frac{1}{2}t^2, e_{ss3} = \frac{1}{K_1 K_m}$$

由叠加定理得，系统总误差为

$$e_{ssr} = e_{ss1} + e_{ss2} + e_{ss3} = \frac{1}{K_1 K_m}$$

三、扰动作用下稳态误差计算

实际系统中，除了给定输入作用外，往往还会受到不希望的扰动作用。例如，在电动机拖动系统中，负载力矩的波动、电源电压波动等；在电力系统中，发电机端电压不仅随励磁电流变化，同时还会随负载电流变化，负载电流就是影响发电机端电压的扰动作用。

在图3-25所示的系统结构中，只考虑由扰动作用 $N(s)$ 引起的稳态误差时，令 $r(t) = 0$，即 $R(s) = 0$。此时，系统的误差传递函数为

$$\Phi_{en}(s) = \frac{-E_n(s)}{N(s)} = \frac{-G_2(s)H(s)}{1 + G_1(s)G_2(s)H(s)} = \frac{-G_2(s)H(s)}{1 + G_k(s)}$$

误差拉普拉斯变换式为

$$E_n(s) = -\Phi_{en}(s)N(s) = -\frac{G_2(s)H(s)}{1 + G_k(s)}N(s)$$

利用终值定理，扰动作用下的稳态误差 e_{sn} 为

$$e_{sn} = \lim_{s \to 0} s E_n(s) = -\lim_{s \to 0} s \frac{G_2(s) H(s)}{1 + G_k(s)} N(s) \qquad (3\text{-}52)$$

注意：扰动作用下的稳态误差不能采用静态误差系数法计算，即不能采用表 3-3 中的结论。

例 3-19 航船受海浪的冲击将使船体摇摆，消摆控制系统结构图如图 3-31 所示。图中被控对象航船的传递函数可视为二阶，航船输出角度的反馈系数为 α，它们的参数均为已知值。

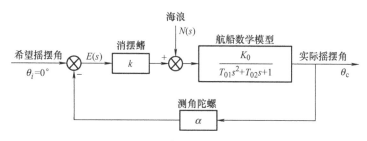

图 3-31 消摆控制系统结构图

海浪对船体的冲击可视为阶跃函数。设船体受到的最大冲击 $N(s) = 15°1(t)$ 时，要求摇摆的稳态误差角度值 $e_{ssn} \leqslant |0.2°|$，k 值应取多大。

解 （1）判别系统的稳定性。

开环传递函数 $\qquad\qquad G_k(s) = \dfrac{kK_0\alpha}{T_{01}s^2 + T_{02}s + 1}$

特征方程 $\qquad\qquad D(s) = 1 + G_k(s) = 0$

则 $\qquad D(s) = 1 + \dfrac{kK_0\alpha}{T_{01}s^2 + T_{02}s + 1} = T_{01}s^2 + T_{02}s + 1 + kK_0\alpha = 0$

特征方程为二次方程且系数均为正值，闭环系统稳定。

（2）扰动作用下的误差传递函数。

扰动作用下的误差结构图，如图 3-32 所示。

由图 3-32 可得扰动作用下误差传递函数

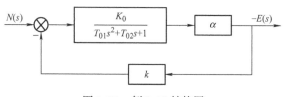

图 3-32 例 3-19 结构图

$$\frac{E(s)}{N(s)} = -\frac{\dfrac{K_0\alpha}{T_{01}s^2 + T_{02}s + 1}}{1 + \dfrac{kK_0\alpha}{T_{01}s^2 + T_{02}s + 1}} = -\frac{K_0\alpha}{T_{01}s^2 + T_{02}s + 1 + kK_0\alpha}$$

误差拉普拉斯变换式 $\quad E(s) = -\dfrac{K_0\alpha}{T_{01}s^2 + T_{02}s + 1 + kK_0\alpha} N(s)$

（3）稳态误差。

终值定理 $e_{ssn} = \lim_{s \to 0} s E(s) = -\lim_{s \to 0} s \dfrac{K_0\alpha}{T_{01}s^2 + T_{02}s + 1 + kK_0\alpha} \dfrac{15°}{s} = \dfrac{K_0\alpha \times 15°}{1 + kK_0\alpha}$

由已知条件

$$e_{ssn} = \frac{K_0 \alpha \times 15°}{1 + kK_0 \alpha} \leqslant 0.2°$$

解上式得

$$k \geqslant 75 - \frac{1}{\alpha K_0}$$

四、给定输入、扰动共同作用下的系统误差

实际控制系统中，给定输入和扰动往往是同时存在的。根据线性系统的叠加原理，可分别求出各自作用下的稳态误差值，然后相加，即

$$e = e_{ss} + e_{sn} \tag{3-53}$$

由于作用在系统上的扰动方向会变化，因此在实际系统设计中，常取它们的绝对值相加作为系统的稳态误差，即

$$e = |e_{ss}| + |e_{sn}| \tag{3-54}$$

例3-20 某控制系统的结构图如图3-33所示。给定输入作用和扰动作用均为单位斜坡函数，试求系统稳态误差值。

解 令 $N(s) = 0$，$R(s) = 1/s^2$，计算给定误差为

$$e_{ss} = \frac{1}{K_1 K_2}$$

令 $R(s) = 0$，$N(s) = 1/s^2$，计算扰动误差为

$$e_{sn} = -\frac{K_n}{K_1 K_2}$$

当 $r(t) = t$，$n(t) = t$ 共同作用时，系统稳态误差

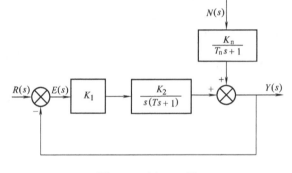

图3-33　例3-20图

$$e = e_{ss} + e_{sn} = \frac{1}{K_1 K_2} - \frac{K_n}{K_1 K_2} = \frac{1 - K_n}{K_1 K_2}$$

或者

$$e = |e_{ss}| + |e_{sn}| = \frac{1}{K_1 K_2} + \frac{K_n}{K_1 K_2} = \frac{1 + K_n}{K_1 K_2}$$

K_1、K_2 值必须保证系统稳定。

五、减小稳态误差的方法

（1）提高系统开环增益即放大系数

（2）增加开环系统中积分环节的个数　方法1、2，在一般情况下会使闭环系统平稳性变差，因此要在系统稳定范围内使用。

（3）复合控制结构　当要求控制系统既要有高稳态精度，又要有良好的动态性能时，如果单靠加大开环放大系数或在主通道内串入积分环节，往往不能同时满足上述要求，这时可采用复合控制的方法。复合控制结构有两种。

1）按扰动补偿的复合控制结构。按扰动补偿的复合控制结构如图 3-34 所示。为了补偿扰动 $N(s)$ 对系统产生的作用，引入了扰动的补偿信号，补偿装置为 $G_c(s)$。系统在扰动作用下的闭环传递函数为

$$\frac{Y(s)}{N(s)} = \frac{[1 - G_1(s)G_c(s)]G_2(s)}{1 + G_1(s)G_2(s)}$$

误差拉普拉斯变换式，考虑到 $R(s) = 0$，有

$$E(s) = R(s) - Y(s) = -Y(s)$$
$$= \frac{-[1 - G_1(s)G_c(s)]G_2(s)}{1 + G_1(s)G_2(s)}N(s)$$

若选取

$$G_c(s) = \frac{1}{G_1(s)}$$

则

$$E(s) = \frac{-(1-1)G_2(s)}{1 + G_1(s)G_2(s)}N(s) = 0 \times N(s) = 0 \tag{3-55}$$

式（3-55）表明，无论什么扰动作用，稳态误差均为零。

2）按给定输入补偿的复合控制结构。按给定输入补偿的复合控制结构如图 3-35 所示。给定输入信号通过补偿装置 $G_c(s)$，产生一补偿信号参与控制。系统的闭环传递函数为

$$\frac{Y(s)}{R(s)} = \frac{[G_1(s) + G_c(s)]G_2(s)}{1 + G_1(s)G_2(s)}$$

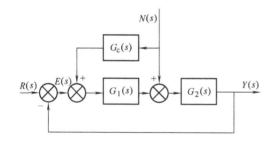

图 3-34　按扰动补偿的复合控制结构

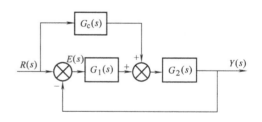

图 3-35　按给定输入补偿的复合控制结构

给定误差拉普拉斯变换式为

$$E(s) = R(s) - Y(s) = R(s)\left(1 - \frac{Y(s)}{R(s)}\right)$$
$$= R(s)\frac{1 - G_c(s)G_2(s)}{1 + G_1(s)G_2(s)}$$

若选取

$$G_c(s) = \frac{1}{G_2(s)}$$

则有

$$E(s) = R(s) \times 0 = 0 \tag{3-56}$$

及

$$Y(s) = R(s) \tag{3-57}$$

式（3-56）表明，任何输入作用下的稳态误差均为 0；式（3-57）表明，输出信号完全跟随输入信号。

还应指出，两种补偿的适用条件是传递函数准确，否则补偿效果变差。对于扰动补偿，还必须是扰动量可检测。

例3-21　系统结构图如图3-36所示。已知 $r(t) = n_1(t) = n_2(t) = 1(t)$，试分别计算 $r(t)$、$n_1(t)$ 和 $n_2(t)$ 作用时的稳态误差，并说明积分环节的位置设置对减小输入和扰动作用下的稳态误差的影响。

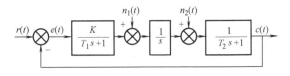

图3-36　例3-21图

解　求给定输入作用下的稳态误差：

系统的开环传递函数为

$$G(s) = \frac{K}{s(T_1 s + 1)(T_2 s + 1)}$$

由开环传递函数可知，$v = 1$，系统为 I 型。在参数值使系统稳定的条件下，参阅表3-3可知

$$r(t) = 1(t) \text{时，} e_{\mathrm{ssr}} = 0$$

求扰动 $n_1(t)$ 输入作用下的稳态误差：

$$\Phi_{\mathrm{en1}}(s) = \frac{E(s)}{N_1(s)} = \frac{-\dfrac{1}{s(T_2 s + 1)}}{1 + \dfrac{K}{s(T_1 s + 1)(T_2 s + 1)}} = \frac{-(T_1 s + 1)}{s(T_1 s + 1)(T_2 s + 1) + K}$$

当 $n_1(t) = 1(t)$ 时，$e_{\mathrm{ssn1}} = \lim\limits_{s \to 0} s \Phi_{\mathrm{en1}}(s) N_1(s) = \lim\limits_{s \to 0} s \Phi_{\mathrm{en1}}(s) \dfrac{1}{s} = -\dfrac{1}{K}$

求干扰 $n_2(t)$ 输入作用下的稳态误差：

$$\Phi_{\mathrm{en2}}(s) = \frac{E(s)}{N_2(s)} = \frac{-\dfrac{1}{(T_2 s + 1)}}{1 + \dfrac{K}{s(T_1 s + 1)(T_2 s + 1)}} = \frac{-s(T_1 s + 1)}{s(T_1 s + 1)(T_2 s + 1) + K}$$

当 $n_2(t) = 1(t)$ 时，$e_{\mathrm{ssn2}} = \lim\limits_{s \to 0} s \Phi_{\mathrm{en1}}(s) N_2(s) = \lim\limits_{s \to 0} s \Phi_{\mathrm{en2}}(s) \dfrac{1}{s} = 0$

由计算结果可看出：当前向通道中有积分环节时，阶跃输入作用下的稳态误差都为0；对于扰动信号，只有在反馈比较点到扰动作用点之间的前向通道中设置有积分环节时，才能使扰动引起的稳态误差为0。

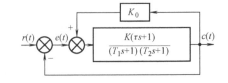

图3-37　例3-22图

例3-22　系统结构图如图3-37所示，要使系统对 $r(t)$ 而言是 II 型的，试确定参数 K_0 和 τ 的值。

解　求系统开环传递函数：

$$G(s) = \frac{\dfrac{K(\tau s + 1)}{(T_1 s + 1)(T_2 s + 1)}}{1 - \dfrac{K_0 K(\tau s + 1)}{(T_1 s + 1)(T_2 s + 1)}} = \frac{K(\tau s + 1)}{(T_1 s + 1)(T_2 s + 1) - K_0 K(\tau s + 1)}$$

$$= \frac{K(\tau s + 1)}{T_1 T_2 s^2 + (T_1 + T_2 - K_0 K \tau)s + (1 - K_0 K)}$$

要使系统对给定信号 $r(s)$ 而言是 Ⅱ 型，即 $v = 2$，则系统开环传递函数的分母中 s 的 0 次和 1 次项系数必须为 0，即

$$\begin{cases} 1 - K_0 K = 0 \\ T_1 + T_2 - K_0 K \tau = 0 \end{cases}$$

联立求解得

$$\begin{cases} K_0 = \dfrac{1}{K} \\ \tau = T_1 + T_2 \end{cases}$$

此时系统开环传递函数为

$$G(s) = \frac{K(T_1 + T_2)s + K}{T_1 T_2 s^2}$$

考虑系统的稳定性，系统特征方程为

$$D(s) = T_1 T_2 s^2 + K(T_1 + T_2)s + K = 0$$

由劳斯判据有，当 $T_1 > 0$、$T_2 > 0$、$K > 0$ 时，系统稳定。

习　　题

3-1　一个单位反馈系统的开环传递函数为

$$G_k(s) = \frac{1}{s(s+1)}$$

求动态性能指标 $\sigma_p \%$、t_r、t_s 和 t_p。

3-2　一个单位反馈系统的开环传递函数为 $G_k(s) = \dfrac{K}{s(Ts+1)}$，其单位阶跃响应曲线如图 3-38 所示，图中 $y_p = 1.25$，$t_p = 1.5\text{s}$。试确定系统参数 K、T 值。

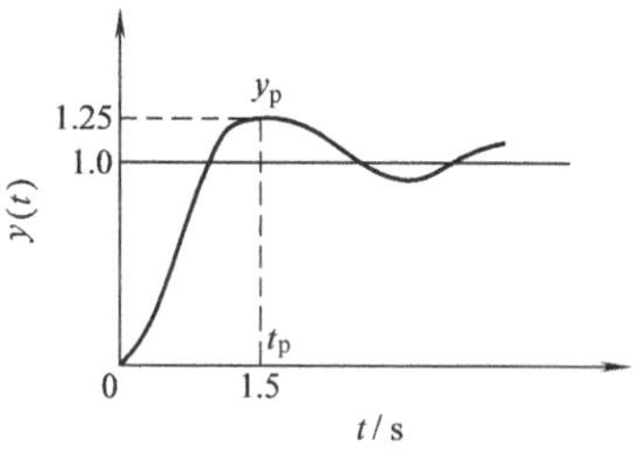

图 3-38　题 3-2 图

3-3　一个单位反馈系统的开环传递函数为

$$G_k(s) = \frac{\omega_n^2}{s(s + 2\zeta\omega_n)}$$

已知系统的 $r(t) = 1(t)$，误差时间函数为

$$e(t) = 1.4e^{-1.7t} - 0.4e^{-3.74t}$$

求系统的阻尼系数 ζ、自然振荡角频率 ω_n、系统的闭环传递函数及系统的稳态误差。

3-4　一闭环反馈控制系统的结构图如图 3-39 所示。

求：（1）当 $\sigma_p \% \leqslant 20\%$，$t_s(5\%) = 1.8\text{s}$ 时，系统的参数 K 及 τ 值；

（2）求上述系统的位置误差系数 k_p、速度误差系数 k_v 和加速度误差系数 k_a。

3-5　某随动系统结构图如图 3-40 所示。已知 $K_1 = 40\text{V/rad}$，$K_2 = 0.5\text{rad/(V·s)}$，$T = 0.2\text{s}$，$\tau = 2\text{V/rad}$。

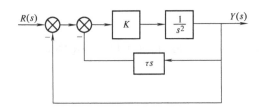

图 3-39　题 3-4 图

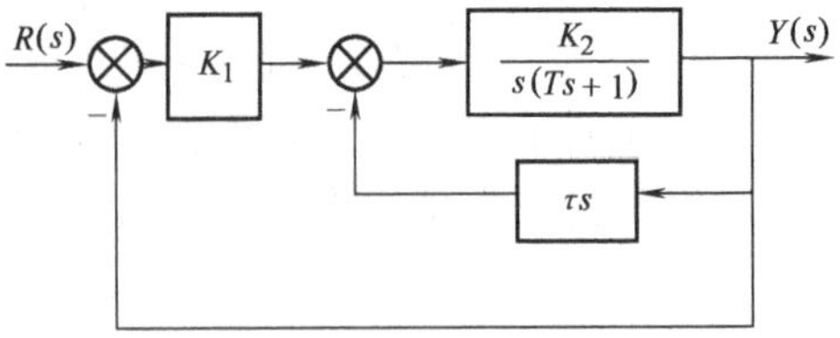

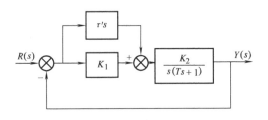

图 3-40　题 3-5 图

试求：（1）加入速度反馈前后闭环系统动态性能指标 $\sigma_p\%$、t_s；（2）为使加入速度反馈后的闭环系统出现临界阻尼的非振荡阶跃响应，τ 应取何值？计算其调节时间。

3-6　如图 3-41 所示，随动系统的对象特性同题 3-5。采用微分顺馈校正方法，使闭环系统的 ζ、ω_n 值和题 3-5 采用速度反馈时闭环系统的 ζ、ω_n 值一样。试求：（1）τ_1'、K_1 值；（2）系统性能指标 $\sigma_p\%$、t_s 及与题 3-5 性能做比较，结果如何，为什么？

图 3-41　题 3-6 图

3-7　单位阶跃信号作用下某惯性环节各时刻的输出值如下，试求该环节的传递函数。

t/s	0	1	2	3	4	5	6	7	∞
$y(t)$	0	1.61	2.79	3.72	4.38	4.81	5.10	5.36	6.00

3-8　已知系统如图 3-42 所示。试分析参数 τ 应取何值时，系统方能稳定？

3-9　已知系统如图 3-43 所示，图中的 $G(s)$ 为

$$G(s) = \frac{10}{0.2s+1}$$

引入 K_H 和 K_0 的目的是，使过渡过程时间 t_s 减小为原来的 1/10，又保证总放大系数不变。试选择 K_H 和 K_0 的值。

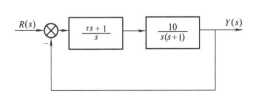

图 3-42　题 3-8 图

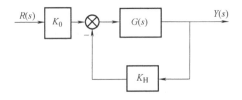

图 3-43　题 3-9 图

3-10　有闭环系统的特征方程式如下，试用劳斯判据判别系统的稳定性，并说明特征根在复平面上的分布。

$$s^3 + 20s^2 + 4s + 50 = 0$$
$$s^4 + 2s^3 + 6s^2 + 8s + 8 = 0$$
$$s^6 + 3s^5 + 9s^4 + 18s^3 + 22s^2 + 12s + 12 = 0$$

3-11　已知系统的结构图如图 3-44 所示。试用劳斯判据确定使系统稳定的 K_f 值范围。

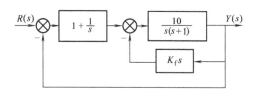

图 3-44　题 3-11 图

3-12　设有单位反馈系统,其开环传递函数分别为

$$G_k(s) = \frac{10}{s(s+4)(5s+1)}$$

$$G_k(s) = \frac{10(s+0.1)}{s^2(s+4)(5s+1)}$$

求输入量为 $r(t) = t$ 和 $r(t) = 2 + 4t + 5t^2$ 时系统的稳态误差。

3-13　设具有单位反馈的随动系统,开环传递函数分别为

$$G_k(s) = \frac{1}{0.2s+1}$$

$$G_k(s) = \frac{150}{s(s+10)(s+5)}$$

$$G_k(s) = \frac{2s+1}{s^2(s^2+3s+3)}$$

试求系统的位置、速度和加速度误差系数。

3-14　已知系统结构图如图 3-45 所示。

试求:(1) 当 $K = 40$ 时,系统的稳态误差;

(2) 当 $K = 20$ 时,系统的稳态误差。试与 (1) 比较说明。

(3) 在扰动作用点之前的前向通道中引入一个积分环节 $1/s$,对结果有什么影响?在扰动作用点之后引入积分环节 $1/s$,结果又将如何?

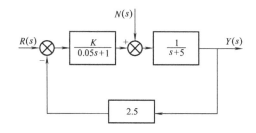

图 3-45　题 3-14 图

3-15　某控制系统如图 3-46 所示,其中 K_1 和 K_2 为正常数,$\beta > 0$,试分析:

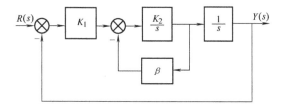

图 3-46　题 3-15 图

（1）β 值的大小对系统稳定性的影响；

（2）β 值的大小对系统在阶跃信号作用下其动态性能 $\sigma_p\%$、t_s 的影响；

（3）β 值的大小对系统在等速作用下（$r(t) = at$）其稳态误差的影响。

3-16 设单位反馈系统的开环传递函数为

$$G_k(s) = \frac{K}{s(1+0.33s)(1+0.167s)}$$

要求闭环特征根实部均小于 -1，求 K 值的取值范围。

第四章

控制系统的根轨迹分析法

1948 年，W R. Evans（伊文思）首先提出了一种求解代数方程根的简单图解方法，称为根轨迹法。随后在控制工程中得到了广泛应用。该方法是根据系统开环零、极点在 S 平面分布的基础上，通过一些简单的规则，绘制出当系统中某个参数变化时，系统闭环特征根在 S 平面上变化的轨迹，进而对系统的动态和稳态特性进行定性和定量的分析及计算。

第一节 系统根轨迹的基本概念

控制系统根轨迹的**定义**为，当系统中的某个参数从零变化到无穷时，特征方程的根在 S 平面上变化的轨迹线。下面通过例子予以说明。

某控制系统的结构图如图 4-1 所示。其开环传递函数为

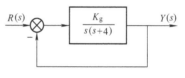

图 4-1　系统结构图

$$G_k(s) = G(s)H(s) = \frac{K_g}{s(s+4)}$$

K_g 为根轨迹增益，两个开环极点为：$-p_1 = 0$，$-p_2 = -4$。系统的闭环传递函数为

$$\Phi(s) = \frac{Y(s)}{R(s)} = \frac{K_g}{s^2 + 4s + K_g}$$

特征方程　　　　　　　　$s^2 + 4s + K_g = 0$

特征根　　　　　　　　　$s_{1,2} = -2 \pm \sqrt{4 - K_g}$

开环增益 K_g 与系统特征根的关系分析如下：

当 $K_g = 0$ 时　$s_1 = 0$，$s_2 = -4$

当 $K_g = 4$ 时　$s_1 = -2$，$s_2 = -2$

当 $K_g = 8$ 时　$s_1 = -2 + j2$，$s_2 = -2 - j2$

当 $K_g \to \infty$ 时　$s_1 = -2 + j\infty$，$s_2 = -2 - j\infty$

由上述关系可看出，取不同的 K_g 值，两个特征根的值也不同，把两个特征根的值标注在根平面（又称 S 平面）上，如图 4-2 中的"点"所示。

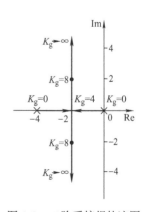

图 4-2　二阶系统根轨迹图

若 K_g 由 $0 \to \infty$ 连续地变化时，系统特征根也会连续地变化，在 S 平面上出现两条连续变化的轨迹线，这两条连续变化的轨迹线，称为该系统的根轨迹，如图4-2所示。

有了根轨迹图，就可对系统的性能进行大概的分析：

1）K_g 由 $0 \to \infty$ 时，根轨迹均在 S 平面的左半边，故系统对所有的 K_g 值都是稳定的。

2）$0 < K_g < 4$ 区间，特征根为负实根，系统呈过阻尼状态，阶跃响应为非振荡。

3）$K_g = 4$ 时，特征根为一对重根，系统为临界阻尼状态，其阶跃响应仍为非振荡。

4）$K_g > 4$ 时，特征根为一对共轭复根，阶跃响应为衰减的振荡过程。

5）开环传递函数有一个位于坐标原点的极点，系统为 Ⅰ 型系统，阶跃输入下的稳态误差为零，其静态速度误差系数可由根轨迹上对应的 K_g 值求得。

上述二阶系统的根轨迹是直接对特征方程求解后得到的，但对高阶系统的特征方程直接求解特征根，往往十分困难，故应避开解析法去求特征根。

采用第二节介绍的方法，将使绘制高阶系统的根轨迹图变得容易。

第二节 绘制根轨迹的基本条件和基本规则

一、根轨迹的幅值条件和相角条件

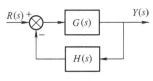

如图4-3所示系统的闭环传递函数为

$$\Phi(s) = \frac{G(s)}{1 + G(s)H(s)}$$

图4-3 闭环系统结构图

其特征方程为

$$1 + G(s)H(s) = 0$$

或
$$G(s)H(s) = -1 \tag{4-1}$$

因为 $G(s)H(s)$ 为复数，由等式两边的幅值和相角应分别相等的条件，可得

幅值条件
$$|G(s)H(s)| = 1 \tag{4-2}$$

相角条件
$$\angle G(s)H(s) = \pm 180°(2k+1) \quad (k = 0, 1, 2, \cdots) \tag{4-3}$$

将系统的开环传递函数写成零、极点形式

$$G(s)H(s) = K_g \frac{\prod_{j=1}^{m}(s + z_j)}{\prod_{i=1}^{n}(s + p_i)} \tag{4-4}$$

式中，K_g 为根轨迹增益；$-z_j$、$-p_i$ 为开环零、极点。

将式(4-4)代入式(4-2)和式(4-3)中，可得幅值条件和相角条件：

幅值条件
$$K_g \frac{\prod_{j=1}^{m}|s + z_j|}{\prod_{i=1}^{n}|s + p_i|} = 1 \tag{4-5}$$

或
$$\frac{\prod\limits_{j=1}^{m}|s+z_j|}{\prod\limits_{i=1}^{n}|s+p_i|} = \frac{1}{K_g} \qquad (4\text{-}6)$$

相角条件 $\sum\limits_{j=1}^{m}\angle(s+z_j) - \sum\limits_{i=1}^{n}\angle(s+p_i) = \pm 180°(2k+1) \quad (k=0,1,2,\cdots)$

$$(4\text{-}7)$$

幅值条件式(4-5)或式(4-6)和相角条件式(4-7)，是由特征方程推导得到的，因此，如果在 S 平面上有一点 s_0 是某闭环特征方程的根，则一定会满足这两个条件；反过来，如果在 S 平面上有一点 s_0 满足这两个条件，则该点的值也一定是闭环特征方程的根，该点也一定会处在根轨迹上。

通常，当检验在 S 平面上的某点是否为根轨迹上的点时，可用相角条件即式(4-7)来判定；再由幅值条件即式(4-5)或式(4-6)计算出该点对应的开环增益 K_g 值。

例 4-1 某闭环控制系统的开环传递函数为 $G(s)H(s)=K_g\dfrac{s+4}{s(s+2)(s+6.6)}$，在 S 平面上取一实验点 $s_1=-1.5+j2.5$，检验该点是否为根轨迹上的点，如果是，确定该点相对应的 K_g 值。

解 系统的开环极点为 $-p_1=0$、$-p_2=-2$、$-p_3=-6.6$。

开环零点为 $-z_1=-4$。

在图 4-4 中将零点、极点和 s_1 标注出来。利用相角条件式(4-7)检验 s_1 是否为根轨迹上的点：

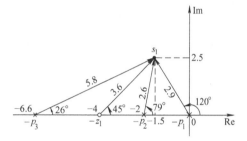

图 4-4　检验根轨迹上的点 s_1

$\angle(s_1+z_1) - \angle(s_1+p_1) - \angle(s_1+p_2) - \angle(s_1+p_3)$
$= \angle(-1.5+j2.5+4) - \angle(-1.5+j2.5) - \angle(-1.5+j2.5+2) - \angle(-1.5+j2.5+6.6)$
$= 45° - 120° - 79° - 26° = -180°$

满足相角条件，s_1 是根轨迹上的点。

由幅值条件式(4-6)求与 s_1 对应的开环增益：

$$K_g = \frac{|s_1+p_1||s_1+p_2||s_1+p_3|}{|s_1+z_1|}$$

$$= \frac{|-1.5+j2.5||-1.5+j2.5+2||-1.5+j2.5+6.6|}{|-1.5+j2.5+4|}$$

$$= \frac{2.9 \times 2.6 \times 5.8}{3.6} = 12.15$$

二、绘制根轨迹的基本规则

伊文思从幅值条件式(4-5)或式(4-6)和相角条件式(4-7)，分析并总结出绘制根轨迹的一些基本规则。运用这些规则，可以方便而迅速地绘制出一般系统的根轨迹。

规则一 根轨迹的连续性

闭环系统的特征方程为代数方程。我们可将该代数方程的根视为以开环增益 K_g 为自变量的函数,当 K_g 由 $0 \to \infty$ 变化时,代数方程的根也连续变化,所以特征方程的根轨迹是连续的。

规则二 根轨迹的对称性

因为线性系统特征方程的系数均为实数,所以系统的特征根必为实数或共轭复数。因此根轨迹对称于实轴。

规则三 根轨迹的条数(分支数)

n 阶系统对于 K_g 任一取值,都有 n 个特征根,当 K_g 从零至无穷大变化时,n 个特征根在 S 平面上连续变化形成了 n 条根轨迹。故根轨迹的条数为系统的阶数。

规则四 根轨迹的起点和终点

根轨迹的起点是指 $K_g = 0$ 时根轨迹的点。当 $K_g = 0$ 时,式(4-6)的右边为 ∞,而左边只有当 $s = -p_i (i = 1, 2, \cdots, n)$ 时才为 ∞,使式(4-6)成立。而 $-p_i (i = 1, 2, \cdots, n)$ 是开环极点,所以**根轨迹起始于开环极点**。

根轨迹的终点是指 $K_g = \infty$ 时根轨迹的点。当 $K_g = \infty$ 时,式(4-6)的右边为 0,而左边只有当 $s = -z_j (j = 1, 2, \cdots, m)$ 时才为 0,使式(4-6)成立。而 $-z_j (j = 1, 2, \cdots, m)$ 是开环零点,所以**根轨迹终止于开环零点**(含无限零点)。

当 $n > m$ 时,只有 m 条根轨迹终止于有限值的零点处,其余的 $n - m$ 条根轨迹终止于无穷远处(称无限零点)。这是因为当 $s \to \infty$ 时,式(4-6)的左边也为 0。

规则五 实轴上的根轨迹

实轴右方开环零、极点数目之和为奇数的线段为根轨迹,为偶数的不是根轨迹。

这个结论可用相角条件来证明。图4-5中在实轴上任取一实验点 s,并将 s 与各开环零、极点之间的相角表示其中。由该图可知:①s 与每一对共轭极点或零点所构成的相角之和均等于 $360°$;②s 与所有位于其左边实轴上零、极点所构成的相角均为 0;③s 与所有位于其右边实轴上零、极点所构成的相角均为 $180°(2k + 1)$ ($k = 0$,$1, 2, \cdots$)。根据上述 3 种情况的分析,可知规则五结论的正确性。

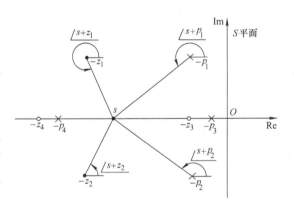

图4-5 检验实轴上根轨迹的条件

规则六 分离点和会合点

几条根轨迹在 S 平面上相遇后又分开的点,称为根轨迹的分离点;相反,分开又会合的点为会合点,如图4-6所示。

因为根轨迹就是特征方程的根在 S 平面上的轨迹,所以在分离点或会合点处特征方程有重根,求解特征方程的重根即可确定分离点或会合点的位置。

方法一:重根法 将系统的开环传递函数记为

$$G(s)H(s) = K_{\mathrm{g}} \frac{N(s)}{D(s)}$$

系统特征方程可表示为

$$1 + K_{\mathrm{g}} \frac{N(s)}{D(s)} = 0$$

或

$$K_{\mathrm{g}} = -\frac{D(s)}{N(s)} \tag{4-8}$$

分离点或会合点（即重根）可由下式解得：

$$\frac{\mathrm{d}}{\mathrm{d}s} \Big[1 + K_{\mathrm{g}} \frac{N(s)}{D(s)} \Big] = K_{\mathrm{g}} \frac{\mathrm{d}}{\mathrm{d}s} \Big[\frac{N(s)}{D(s)} \Big] = 0$$

即

$$D(s)N'(s) - D'(s)N(s) = 0 \tag{4-9}$$

式(4-9)是计算分离点或会合点的公式。

方法二：零、极点法　分离点或会合点 s_{d} 的值，可由如下方程解出

$$\sum_{i=1}^{n} \frac{1}{s_{\mathrm{d}} - p_i} = \sum_{j=1}^{m} \frac{1}{s_{\mathrm{d}} - z_j} \tag{4-10}$$

其中，$-p_i$ 为开环极点，$-z_j$ 为开环零点。若无开环零点，则式(4-10)右边为零。应用式(4-10)求分离点或会合点时，出现 3 次以上方程时，往往要用试探方法。

必须注意：

1）式(4-9)是用来确定分离点或会合点的必要条件，但不是充分条件。在式(4-9)的解中，只有对应的开环增益 K_{g} 为正值的解才是分离点或会合点，或者说，式(4-9)解的数值处于根轨迹上的，才是分离点或会合点。

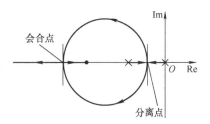

2）位于实轴上的两个开环极点之间的根轨迹上，存在分离点；位于实轴上的两个开环零点(含无穷零点)之间的根轨迹上，存在会合点。

图4-6　根轨迹的分离点和会合点示意图

3）根轨迹于 $\pm \dfrac{\pi}{2}$ 的角度方向离开分离点或进入会合点。

例4-2　某系统开环传递函数为 $G_{\mathrm{k}}(s) = \dfrac{K_{\mathrm{g}}}{s(s+1)(s+2)}$，求分离点和会合点。

解　本例题中　$N(s) = 1$

$$D(s) = s(s+1)(s+2) = s^3 + 3s^2 + 2s$$

代入式(4-9)得　　　　　　　　　$-(3s^2 + 6s + 2) = 0$

解此方程　　　　　$s_1 = -0.423$，$s_2 = -1.577$（不在根轨迹上）

将 s_1、s_2 代入式(4-5) 可得　$K_{\mathrm{g}1} = 0.384$

所以 s_1 是分离点或会合点，而 s_2 不是。

规则七　根轨迹的渐近线

当系统的开环极点数 n 大于开环零点数 m 时，有 $(n-m)$ 条根轨迹终止于无穷远处。根轨迹的渐近线就是指这些终止于无限远的根轨迹线走的方向，如图4-7所示。

渐近线在实轴上均交汇于一点，称为渐近线的形心。
形心在实轴上的坐标为

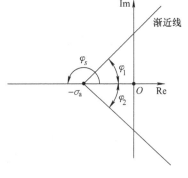

$$\sigma_a = \frac{\sum_{i=1}^{n}(-p_i) - \sum_{j=1}^{m}(-z_j)}{n-m} \qquad (4\text{-}11)$$

这些渐近线与实轴正方向的夹角为

$$\varphi = \pm\frac{180°(2k+1)}{n-m} \qquad k = 0, 1, 2, \cdots \quad (4\text{-}12)$$

例 4-3 求例 4-2 系统的渐近线。

解 系统没有开环零点。

图 4-7 根轨迹的渐近线示意图

开环极点为 $-p_1 = 0$，$-p_2 = -1$，$-p_3 = -2$

$$\sigma_a = \frac{0 + (-1) + (-2)}{3 - 0} = -1$$

$$\varphi = \pm\frac{180°(2k+1)}{3-0} = \pm60°, 180°$$

规则八 根轨迹与虚轴的交点

根轨迹与虚轴的交点可用 $s = j\omega$ 代入特征方程求解，也可利用劳斯判据来确定。

例 4-4 求例 4-2 系统的根轨迹与虚轴的交点。

解 系统特征方程为 $\quad s^3 + 3s^2 + 2s + K_g = 0$

将 $s = j\omega$ 代入，得 $\quad (j\omega)^3 + 3(j\omega)^2 + 2(j\omega) + K_g = 0$

实部、虚部应分别相等 $\quad 3\omega^2 - K_g = 0$

$$-\omega^3 + 2\omega = 0$$

由第二式解出 $\quad \omega = 0, \pm\sqrt{2}$

其中 $\omega = 0$ 为原点是根轨迹的起点，不用考虑，$\omega = \pm\sqrt{2}$ 为根轨迹与虚轴的交点。

将 $\omega = \pm\sqrt{2}$ 代入到第一式，求得交点处的开环增益为 $K_g = 6$。

此例也可用劳斯判据求解。列劳斯表

$$
\begin{array}{c|cc}
s^3 & 1 & 2 \\
s^2 & 3 & K_g \\
s^1 & \dfrac{6-K_g}{3} & 0 \\
s^0 & K_g & 0
\end{array}
$$

对表中第 3 行的 K_g 进行调整，使得全行为 0。由此得 $K_g = 6$。然后对第 2 行做辅助方程：$3s^2 + 6 = 0$，从中求得 $s = \pm\sqrt{2}$，即为根轨迹与虚轴的交点。

显然，两种方法所得结果相同。对于高阶系统用劳斯判据要简单一些。

规则九 根轨迹的出射角与入射角

当开环极点为复数时，根轨迹将以水平正方向成一定的夹角从复数极点出发，这一角度称为出射角；根轨迹将以水平正方向成一定的夹角到达开环零点，这一角度称为入射角。

图 4-8 所示为根轨迹的出射角、入射角示意图。

从复平面上某开环极点$(-p_k)$出发的**出射角**，可以通过计算(或量出)该极点到所有零点的矢量与正方向的相角φ并相加，并计算(或量出)该极点到其他极点的相角θ并相加，再用下式计算

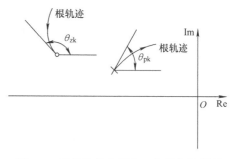

图 4-8　根轨迹的出射角、入射角示意图

$$\theta_{pk} = \pm 180°(2k+1) + \sum_{j=1}^{m} \varphi_j - \sum_{i=1;\ i \neq k}^{n} \theta_i$$

$$k = 0,1,2,\cdots \tag{4-13}$$

进入复平面上某开环零点$(-z_k)$的**入射角**，可以通过计算(或量出)该零点到其他零点的矢量与正方向的相角φ并相加；计算(或量出)该零点到所有极点的矢量与正方向的相角θ并相加，再用下式计算

$$\theta_{zk} = \pm 180°(2k+1) - \sum_{j=1;\ j \neq k}^{m} \varphi_j + \sum_{i=1}^{n} \theta_i \qquad k = 0,1,2,\cdots \tag{4-14}$$

用相角条件，也容易证明出射角与入射角的计算公式。

规则十　根轨迹的走向

n阶系统有n条根轨迹。一般而言，一些根轨迹往左方向变化时(值变小)，另一些根轨迹会往右方向变化(值变大)。解释如下：

设高次代数方程式

$$s^n + a_{n-1}s^{n-1} + \cdots + a_1 s + a_0 = 0$$

由韦达定理"根之和"或"根之积"，即n个根的和等于系数$-a_{n-1}$的值(定值)，n个根的积等于常数值(定值)，得

$$s_1 + s_2 + s_3 + \cdots + s_n = -a_{n-1}$$

$$s_1 s_2 s_s \cdots s_n = (-1)^n a_0$$

所以，一些根变大，另一些根必变小。

第三节　系统根轨迹的绘制

在第二节中介绍了系统根轨迹绘制的基本规则，本节介绍如何按照一定的步骤绘制出系统的根轨迹。

第一步：绘制复平面坐标系，用"×"标识出系统的n个开环极点作为根轨迹的起点，用"○"标识出系统m个开环零点作为根轨迹的终点。根据极点数确定根轨迹的条数为n条，根据n与m之差确定系统**渐近线的条数**为$n-m$条，若$n-m=0$，则系统不存在渐近线。

第二步：根据规则五确定**实轴上的根轨迹**。

第三步：根据规则七绘制系统的**渐近线**。

步骤一~三是决定根轨迹轮廓和形状的规则，根据这三步并结合根轨迹的对称性可以勾勒出根轨迹的大致图像。

第四步：若系统存在开环的复极点(复零点)，则根据规则九计算和绘制根轨迹的**出射**

角（入射角）。

第五步：若根据根轨迹的形状判断根轨迹将穿越虚轴，则根据规则八计算**根轨迹与虚轴的交点**。

第六步：若根据根轨迹的形状并结合实轴上的根轨迹判断，系统的根轨迹将会出现离开实轴或者在实轴会合，则根据规则六计算**分离点和会合点**。

步骤四～六是描述根轨迹细节部分的规则，也是判断根轨迹形状和轮廓正确性的依据。

注意：系统根轨迹的绘制规则和步骤并不是一种**完备性**的法则，需要读者经过一定量的练习和思考才能熟练掌握根轨迹的绘制方法。

例4-5 图4-1给出了典型二阶系统的结构图，在此基础上增加一个极点−1，如图4-9所示，试绘制该系统根轨迹。

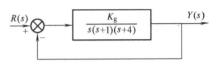

图4-9 例4-5系统结构图

解 系统的开环传递函数为 $G_k(s) = \dfrac{K_g}{s(s+1)(s+4)}$

（1）系统有3个开环极点：$-p_0 = 0$，$-p_1 = -1$，$-p_2 = -4$。

（2）实轴上根轨迹区间为$(-\infty, -4]$，$[-1, 0]$。

（3）根轨迹渐近线的倾角

$$\varphi = \pm \frac{180°(2k+1)}{n-m} = \pm 60°, \pm 180°$$

根轨迹渐近线与实轴的交点

$$-\sigma_a = \frac{(0-1-4)-0}{3} = -\frac{5}{3}$$

（4）根轨迹的分离点和会合点可按式（4-9）计算

$$D(s)N'(s) - D'(s)N(s) = 3s^2 + 10s + 4 = 0$$

解此方程可得

$$s_1 = -0.467, \quad s_2 = -2.87 \ (s_2 \text{不在根轨迹上，舍去})$$

（5）根轨迹与虚轴的交点

系统特征方程为 $\qquad s(s+1)(s+4) + K_g = 0$

令 $s = j\omega$，得 $\qquad (j\omega)(j\omega+1)(j\omega+4) + K_g = 0$

亦即 $\qquad 4\omega - \omega^3 = 0$，$\quad K_g - 5\omega^2 = 0$

解得 $\qquad \omega_{1,2} = \pm 2, K_g = 20$

该系统根轨迹如图4-10所示。

与图4-2所示的典型二阶系统根轨迹相比，在系统中增加一个极点，其根轨迹随着K_g的增大会向右变化，并穿过虚轴，使系统趋于不稳定。

例4-6 已知系统的开环传递函数为 $G_k(s) = \dfrac{K_g}{s(s+4)(s^2+4s+20)}$，试绘制系统根轨迹。

解 （1）系统有4个开环极点（起点）：$-p_1 = 0$，$-p_2 = -4$，$-p_{3,4} = -2 \pm j4$。

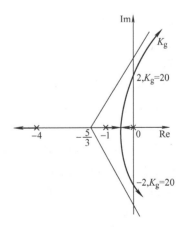

图4-10 例4-5系统的根轨迹

（2）实轴上根轨迹区间为 $[-4, 0]$。

（3）根轨迹渐近线的倾角

$$\varphi = \pm \frac{180°(2k+1)}{n-m} = \pm 45°, \pm 135°$$

根轨迹渐近线与实轴的交点

$$-\sigma_a = -\frac{(0+4+2-j4+2+j4)+0}{4} = -2$$

（4）根轨迹的分离点和会合点

$N(s) = 1, D(s) = s(s+4)(s^2+4s+20)$

$N'(s) = 0, D'(s) = 4s^3 + 24s^2 + 72s + 80$

代入到式(4-9) $\qquad D(s)N'(s) - D'(s)N(s) = 0$

得 $\qquad (s+2)(s^2+4s+10) = 0$

解此方程可得 $\qquad s_1 = -2, \quad s_{2,3} = -2 \pm j2.45$

（5）根轨迹与虚轴的交点

系统特征方程为 $\qquad s(s+4)(s^2+4s+20) + K_g = 0$

即 $\qquad s^4 + 8s^3 + 36s^2 + 80s + K_g = 0$

令 $s = j\omega$，得

$$(j\omega)^4 + 8(j\omega)^3 + 36(j\omega)^2 + 80(j\omega) + K_g = 0$$

亦即 $\qquad \omega^4 - 36\omega^2 + K_g = 0, \quad 80\omega - 8\omega^3 = 0$

解得 $\qquad \omega_{1,2} = \pm 3.16, \quad K_g = 260$

（6）根轨迹在复数极点 $-p_3$，$-p_4$ 的出射角。

由式(4-12) 有

$\theta_{p3} = 180° - [\angle(-p_3+p_0) + \angle(-p_3+p_1) + \angle(-p_3+p_4)]$

$= 180° - [\angle(-2+j4+0) + \angle(-2+j4+4) + \angle(-2+$

$j4+2+j4)]$

$= 180° - 116° - 64° - 90° = -90°$

由对称性知 $\theta_{p4} = 90°$

根据计算结果绘制根轨迹如图4-11所示。

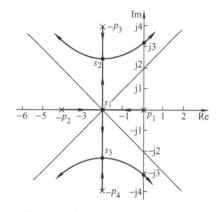

图 4-11 例 4-6 系统的根轨迹图

说明：采用上述方法**手工绘制**系统根轨迹时，除了实轴上的根轨迹和与虚轴上的交点准确外，其他位置尤其是复平面上的根轨迹，都是**徒手绘制**出平滑的特性曲线图。若要在平面上获得较准确的图，还需要依据**相角条件**并通过**试探方法**确定一些关键的点。

第四节　参量根轨迹

上述以开环增益 K_g 为可变参量绘制的根轨迹称常规根轨迹。然而在实际控制工程中为了达到所期望的系统性能指标，往往需要涉及多个参数相互匹配和协调，如时间常数、反馈系数、开环零点和极点等参数。这种以非 K_g 为可变参量绘制的根轨迹称为参量根轨迹或广义根轨迹。

绘制参量根轨迹时，需要预先将可变参量演化到相当于开环增益 K_g 的位置，然后运用

第三节的规则和方法绘制根轨迹。下面通过例题来说明演化方法。

例4-7 设反馈系统的开环传递函数为 $G_k(s) = \dfrac{4}{s(s+a)}$，绘制系统以 a 为参量的根轨迹。

解 先求系统特征方程

$$1 + \frac{4}{s(s+a)} = 0$$

即

$$s^2 + as + 4 = (s^2 + 4) + as = 0$$

将等式除 $s^2 + 4$，得

$$1 + a\frac{s}{s^2+4} = 0$$

上式已将参量 a 演化到 K_g 的位置了。根据第三节的规则绘制参量 a 由零变化至无穷大时的根轨迹，如图4-12所示。

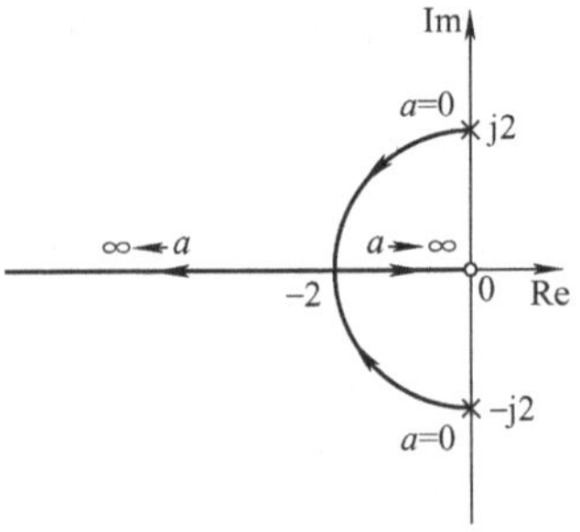

一般情况下，若可变参量为 a 的系统，首先将系统特征方程演化为下述形式

$$P(s) + aQ(s) = 0$$

其中，$P(s)$ 和 $Q(s)$ 为 s 的常系数多项式，不含有参变量 a。再将全式除以 $P(s)$ 得

$$1 + a\frac{Q(s)}{P(s)} = 0$$

上式已经将 a 演化到 K_g 的位置了，此后即可运用第三节的规则绘制参量根轨迹。

图4-12 例4-7系统的参量根轨迹

第五节 系统性能的根轨迹分析

根据系统根轨迹分析系统的稳定性、动态性能和稳态性能，当这些性能不能满足要求时，要对根轨迹进行改造(校正)。

一、利用根轨迹分析系统性能

系统的**稳定性**在**时域分析法**中，通过是否有正的闭环特征根，即正极点来判断的，而在**根轨迹分析法**中是通过 S 平面的右半边是否有根轨迹存在来判断的。系统**静态性能**在**时域分析法**中可由"系统型号"，即积分环节的个数和放大系数值决定，而在**根轨迹分析法**中可通过坐标原点上是否有开环极点来判断。利用根轨迹分析动态性能时，往往采用"**闭环主导极点**"的思想及方法，从而利用二阶系统的相关结论分析或计算。下面通过例题说明。

例4-8 系统开环传递函数为

$$G_k(s) = \frac{8}{s(s+2)(s+4)}$$

(1) 绘制系统根轨迹。
(2) 分析系统的稳定性。
(3) 系统的性能(静态、动态性能)。

解 (1) 绘制系统根轨迹。

系统有 3 个开环极点：$-p_0 = 0$，$-p_1 = -2$，$-p_2 = -4$。

实轴上根轨迹区间为$(-\infty, -4]$和$[-2,0]$。

根轨迹的分离点和会合点可按式(4-9)计算

$$D(s)N'(s) - D'(s)N(s) = s(s+2)(s+4) = 3s^2 + 12s + 8 = 0$$

解此方程可得

$$s_1 = 0.84 \approx 0.8, \quad s_2 = -3.16 (s_2 \text{不在根轨迹上，舍去})$$

分离点的根轨迹增益

$$K_g = -\frac{D(s)}{N(s)}\Big|_{s_d} = -\frac{-0.8 \times (-0.8+2) \times (-0.8+4)}{1} \approx 4.1$$

根轨迹渐近线的倾角

$$\varphi = \pm\frac{180°(2k+1)}{n-m} = \pm 60°, \pm 180°$$

根轨迹渐近线与实轴的交点

$$-\sigma_a = \frac{(0-2-4)-0}{3} = -2$$

系统特征方程为

$$s(s+2)(s+4) + K_g = s^3 + 6s^2 + 8s + K_g = 0$$

令$s = j\omega$，得

$$(j\omega)^3 + 6(j\omega)^2 + 8(j\omega) + K_g = 0$$

分离实部与虚部

$$K_g - 6\omega^2 = 0; 8\omega - \omega^3 = 0$$

解上面方程组得

$$\omega = \pm 2.83, K_g = 48$$

根据计算结果绘制根轨迹，如图 4-13 所示。

（2）稳定性分析。

由根轨迹可知，当 $K_g > 48$ 时系统不稳定；$K_g < 48$ 时，3 个闭环极点均位于 S 平面的左半边，系统稳定。其中，当 $4.1 < K_g < 48$ 时，有两条根轨迹位于 S 平面上，有一对负实部的共轭复根，系统的响应为正弦衰减振荡；当 $0 < K_g < 4.1$ 时，3 条根轨迹均位于负实轴上，3 个根均为负实数，系统响应为单调上升。

（3）静态性能分析。

由根轨迹可知，坐标原点有一个开环极点，因此系统为 I 型。阶跃信号输入时，稳态误差为 0；单位斜坡信号输入时，会有稳态误差，$e_{ss} = 1/k_v = 1/K = 1$；加速度信号输入时稳态误差无穷大，系统不能输入加速度信号。

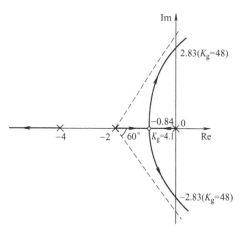

图 4-13　例 4-8 系统根轨迹

（4）动态性能分析与计算。

因为根轨迹增益 $K_g = 8$ 时，根轨迹处于 S 平面的左半边，其中两条在 S 平面上，对应有

一对共轭复根 $\alpha \pm j\omega$，另一条在$(-4 \sim -\infty)$区段上，对应有一个负实根 S_1。

在$(-4 \sim -\infty)$区段上选几个值，用试探方法去除特征方程。

$$s^3 + 6s^2 + 8s + 8 = 0$$

可求得 $s_1 \approx -4.66$。

复数极点的实部 α 可由代数方程（特征方程）根之和求出

$$s_1 + 2\alpha = -6$$

$$\alpha = \frac{-6-s_1}{2} = \frac{-6+4.66}{2} = -0.67$$

复数极点的虚部可由特征方程根之积求出

$$s_1 s_2 s_3 = 8$$

$$-4.66(-0.67+j\omega)(-0.67-j\omega) = 8$$

解得
$$\omega \approx 1.5$$

于是复数极点为

$$s_{2,3} = -0.67 \pm j1.5$$

因为 s_3 与 s_1 的实部之比为 $4.66/0.67 \approx 7$，所以 s_3、s_2 是**主导极点**，s_1 对动态过程的影响可以忽略不计，可按二阶系统来计算。于是有

$$(s+s_2)(s+s_3) = s^2 + 1.34s + 2.7 = 0$$

由上面方程得

$$\omega_n = 1.6 \text{rad/s}, \zeta = 0.4$$

由相关公式得

$$\delta_p\% = e^{-\frac{\zeta\pi}{\sqrt{1-\zeta^2}}} \times 100\% \approx 25\%$$

$$t_s = \frac{3}{\zeta\omega_n} = \frac{3}{0.4 \times 1.6}\text{s} \approx 4.7\text{s}$$

例 4-9 单位反馈系统的开环传递函数

$$G_k(s) = \frac{K^*}{(s+3)(s^2+2s+2)}$$

要求系统的最大超调量 $\sigma_p\% \leq 25\%$，调节时间 $t_s \leq 10\text{s}$，试用根轨迹分析法选择 K^* 的值。

解 （1）绘制系统根轨迹。

1）系统有 3 条根轨迹：起点 -3，$-1 \pm j1$ 均趋于无穷远处。

2）实轴上的根轨迹为 $-3 \sim -\infty$。

3）渐近线有 3 条，它们与实轴的交点和夹角分别为

$$\begin{cases} -\sigma_a = \dfrac{-3-1+j1-1-j1}{3} = -\dfrac{5}{3} \\ \varphi_a = \dfrac{(2k+1)\pi}{3} = \pm\dfrac{\pi}{3}, \pi \end{cases}$$

4）出射角
$$180° - (90°+27°) = 63°$$

5）计算与虚轴交点。

系统闭环特征方程为

$$D(s) = s^3 + 5s^2 + 8s + 6 + K^* = 0$$

把 $s = j\omega$ 代入特征方程并整理，令实部和虚部分别为 0 有

$$\begin{cases} -5\omega^2 + 6 + K^* = 0 \\ -\omega^3 + 8\omega = 0 \end{cases}$$

解得

$$\begin{cases} \omega = \pm 2.83 \\ K^* = 34 \end{cases}$$

根据绘制根轨迹的相关规则，系统的根轨迹如图 4-14 所示。

（2）求 K^* 值。

设系统存在一对主导复数极点。当要求 $\sigma_p\% \leqslant 25\%$ 时，系统的阻尼系数 $\zeta \geqslant 0.4$，取 0.4。由 $\zeta = \cos\theta$，阻尼角 $\theta = \arccos 0.4 = 66.4°$。

过坐标原点做等阻尼线 OA，使之与负实轴夹角为 $\pm 66.4°$。OA 线与根轨迹相交的点为 λ_1。由图量得 λ_1 的坐标为 $\lambda_1 = -0.7 + j1.6$，于是 $\lambda_2 = -0.7 - j1.6$。

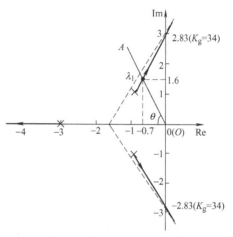

图 4-14　例 4-9 系统根轨迹

第 3 个根为实数根 λ_3。系统的特征方程为

$$s^3 + 5s^2 + 8s + 6 + K^* = (s - \lambda_1)(s - \lambda_2)(s - \lambda_3)$$
$$= s^3 + (1.4 - \lambda_3)s^2 + (3.05 - 1.4\lambda_3)s - 3.05\lambda_3$$

比较方程两边系数有

$$\lambda_3 = -3.6, K^* = 4.98 \approx 5$$

检验主导极点。由于复数极点 λ_1、λ_2 的实部为 -0.7，而实数极点为 -3.6，两者相距 5 倍以上，故复数极点 λ_1、λ_2 可视为闭环主导极点，系统性能主要由其决定，上面假设正确。

检验调节时间。由

$$t_s = \frac{4}{\zeta\omega_n} = \frac{4}{0.7}s = 5.7s < 10s$$

所以，当取 $K^* = 5$ 时，能满足性能要求。

强调指出，K^* 值的准确性完全依赖于根轨迹图的精确度，但要手工绘制出精准的根轨迹图很困难，这是**根轨迹分析法**的缺点。

例 4-10　已知系统开环传递函数

$$G_k(s) = \frac{K_g}{s(s+1)(s+4)}$$

要求系统具有正弦衰减的动态过程，且在单位斜坡信号输入下的稳态误差 $e_{ss} \leqslant 0.5$。用根轨迹分析法求 K_g 的取值。

解　（1）按相关规则绘制系统根轨迹，如图 4-15 所示。

（2）由图 4-15 可知，系统处于正弦衰减状态时其根轨迹线应处在由分离点至虚轴交点

之间。分离点 $s_d = -0.465$，对应的 $k_{gd} = 0.88$。

于是，K_g 的范围为

$$0.88 < K_g < 20$$

由于系统为 I 型，其单位斜坡输入时稳态误差

$$e_{ss} = \frac{1}{k_v} = \frac{1}{K} = \frac{1}{K_g/4} = \frac{4}{K_g} \leqslant 0.5$$

故 $K_g \geqslant 8$

于是，满足动态、静态特性要求的 K_g 取值范围为

$$8 \leqslant K_g < 20$$

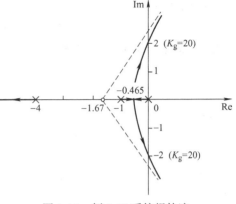

图 4-15 例 4-10 系统根轨迹

二、系统根轨迹的改造

根轨迹的形状由系统开环零、极点的分布决定。若开环零、极点分布改变，根轨迹形状就改变，系统的性能也就随之改变。因此，当系统的性能不能满足要求时，可在系统中增加适当的开环零点或极点。了解这种影响对系统设计或校正(综合)大有好处。

（1）增加开环零点对根轨迹的影响　增加开环零点，根轨迹将向该零点的方向弯曲。如果增加的零点位置位于左半平面，根轨迹会向左偏移，将改善系统的稳定性和动态性能，如果增加的零点位置越靠近虚轴，改善系统的动态性能越强；如果增加的零点位置位于右半平面，将使系统的动态性能变差；若增加的零点和极点距离很近，则两者的作用将相互抵消(称两者为开环偶极子)，因此，也常用**增加零点的方法来抵消有损于系统性能的极点**。

（2）增加开环极点对根轨迹的影响　增加开环极点后，根轨迹会向右偏移，使系统的精度提高但稳定性变差，甚至不稳定。

（3）增加开环"零点-极点"对根轨迹的影响　在系统设计或校正时，也常在负实轴上引入开环"零点-极点"方法。其传递函数为

$$G_c(s) = k_c \frac{s + z_c}{s + p_c}$$

若零点$(-z_c)$位置比极点$(-p_c)$更靠近虚轴，则零点的作用强于极点，这时称它为"**超前**"的微分校正；反之，若极点的作用强于零点，这时称它为"**滞后**"的积分校正。

系统设计或校正时，若把超前的"零点-极点"放置在原系统轨迹的左边，会使原轨迹向左偏移来调整主导极点的位置，改善系统的动态性能。若把滞后的"零点-极点"放置在虚轴左侧的原点附近，可用来增加系统的精度，又能使系统的原根轨线受的影响小，几乎保持原动态性能不变。

值得指出的是，在系统中加入开环零点，相当于第三章时域分析法中在系统中串入比例微分(PD)环节；加入极点，相当于在系统中串入比例积分(PI)环节。

表 4-1 给出了增加开环零点和开环极点前后对根轨迹的大致影响。

表 4-1　增加开环零、极点对根轨迹的影响

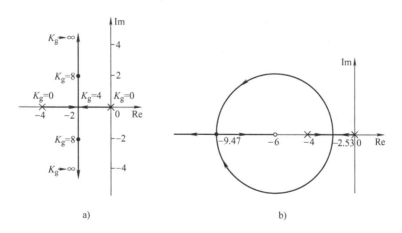

例 **4-11**　在图 4-1 所示的二阶系统中增加一个开环零点（ -6 ）。绘制系统根轨迹并分析增加的零点对系统性能的影响。

解　增加开环零点后系统的开环传递函数为

$$G_{\mathrm{k}}(s) = \frac{K_{\mathrm{g}}(s+6)}{s(s+4)}$$

（1）绘制根轨迹。

依相关绘制规则及证明，增加零点后的系统根轨迹是一个圆，圆心为 $-\sigma_{\mathrm{b}} = -6$ ， $\omega = 0$ ，如图 4-16 所示。这个圆与实轴的交点即为分离点和会合点。

图 4-16　例 4-11 根轨迹

a）未加零点　b）增加零点

下面分析增加的零点对系统性能的影响。

105

（2）校正前后性能比较。

未增加零点时，系统根轨迹如图 4-16a 所示。在 S 平面上为一条垂线 $\sigma_b = -2$，根轨迹线较靠近虚轴。因此闭环系统是稳定的，但动态性能较差。

增加零点后，系统根轨迹如图 4-16b 所示。系统根轨迹沿圆弧向左弯曲，且与虚轴的距离变远。系统的稳定性和动态性能都会得到改善。

习　　题

4-1　已知系统的开环传递函数为

$$G(s)H(s) = \frac{K^*}{s(s+2)(s+4)}$$

试用根轨迹条件分析点 $s_1 = 0.5 + j3$ 是否在根轨迹上，若是，求出相应的根轨迹增益 K^*。

4-2　已知开环零、极点如图 4-17 所示，试概略绘制相应的根轨迹。

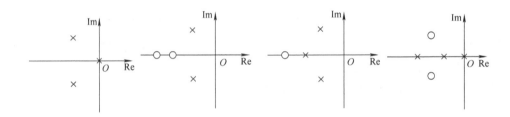

图 4-17　题 4-2 图

4-3　已知单位反馈系统的开环传递函数，试概略绘出系统根轨迹。

（1）$G(s) = \dfrac{K^*}{s(s+1)(2s+1)}$　　（2）$G(s) = \dfrac{K^*(s+5)}{s(s+2)(s+4)}$

（3）$G(s) = \dfrac{K^*}{s(s+1)(s+3.5)(s+3+j2)(s+3-j2)}$

4-4　已知系统的开环传递函数为

$$G(s) = \frac{K^*}{s(s^2+3s+9)}$$

试用根轨迹法确定使闭环系统稳定的开环增益 K^* 值范围。

4-5　设特征方程分别为

（1）$s^3 + 2s^2 + 3s + Ks + 2K = 0$　　（2）$s^3 + 3s^2 + (K+2)s + 10K = 0$

试分别绘出其根轨迹。

4-6　已知单位反馈系统的开环传递函数，试绘制参数 b 从零变化到无穷大时的根轨迹。

（1）$G(s) = \dfrac{20}{(s+4)(s+b)}$　　（2）$G(s) = \dfrac{30(s+b)}{s(s+10)}$

4-7　已知系统结构图如图 4-18 所示，试绘制时间常数 T 变化时系统的根轨迹，并分析参数 T 的变化对系统动态性能的影响。

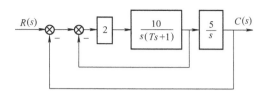

图 4-18　题 4-7 图

4-8　某单位反馈系统的开环传递函数为

$$G(s) = \frac{K}{(0.5s+1)^4}$$

试根据系统根轨迹分析系统稳定性，并估算 $\sigma_p\% = 16.3\%$ 时的 K 值。

第五章

控制系统的频率特性分析法

频率特性分析法与根轨迹分析法同属系统的"**工程图解计算**"方法。频率特性分析法是用系统的**开环频率特性**去分析、研究**闭环系统动态响应**的一套完整的方法，绘图容易且准确性远比根轨迹分析法高。

频率特性分析法具有明显的物理概念，尤其是可以通过仪器测量获取系统的频率特性图，这对那些难以用解析方法求取数学模型的元部件或系统而言，具有很大的实际意义。因此，**频率特性分析法**在控制工程上获得了广泛的应用。**数学模型、时域分析法**和频率特性分析法是经典控制理论中最基本又最重要的**核心内容**。

第一节　频率特性的基本概念

一、频率特性的定义

首先分析一个稳定的线性定常系统在正弦输入信号作用下其输出量与输入量之间的关系。

设线性定常系统的框图如图 5-1 所示。

图 5-1　线性定常系统框图

输入信号为 $r(t)$，输出信号为 $y(t)$，描述系统的闭环传递函数为

$$\Phi(s) = \frac{Y(s)}{R(s)} = \frac{b_m s^m + b_{m-1} s^{m-1} + \cdots + b_1 s + b_0}{s^n + a_{n-1} s^{n-1} + a_{n-2} s^{n-2} + \cdots + a_1 s + a_0}$$

$$= \frac{b_m s^m + b_{m-1} s^{m-1} + \cdots + b_1 s + b_0}{(s+s_1)(s+s_2)(s+s_3)\cdots(s+s_n)} \tag{5-1}$$

其中，$n \geqslant m$，$-s_1$、$-s_2$、$-s_3$、$\cdots$、$-s_n$ 是系统闭环传递函数的极点，即系统特征方程的根。对于稳定的系统，它们均是负数或负实部的共轭复数。

当输入为正弦信号时，即

$$r(t) = X\sin\omega t \tag{5-2}$$

或写成

$$R(s) = \frac{X\omega}{s^2 + \omega^2} = \frac{X\omega}{(s-j\omega)(s+j\omega)} \tag{5-3}$$

式中，X 为正弦函数的振幅；ω 为角频率。

系统输出的拉普拉斯变换式为

$$Y(s) = R(s)\Phi(s) = \frac{X\omega}{(s-\mathrm{j}\omega)(s+\mathrm{j}\omega)}\Phi(s)$$

$$= \frac{A_1}{s+\mathrm{j}\omega} + \frac{A_2}{s-\mathrm{j}\omega} + \frac{B_1}{s+s_1} + \frac{B_2}{s+s_2} + \cdots + \frac{B_n}{s+s_n}$$

$$= \frac{A_1}{s+\mathrm{j}\omega} + \frac{A_2}{s-\mathrm{j}\omega} + \sum_{i=1}^{n}\frac{B_i}{s+s_i} \tag{5-4}$$

式中，$A_1 \, \text{、} A_2 \, \text{、} B_1 \, \text{、} \cdots \text{、} B_n$ 为待定系数。

对式(5-4)两边分别取拉普拉斯反变换，系统对正弦输入的响应为

$$y(t) = (A_1 \mathrm{e}^{-\mathrm{j}\omega t} + A_2 \mathrm{e}^{\mathrm{j}\omega t}) + \sum_{i=1}^{n} B_i \mathrm{e}^{-s_i t} \quad t \geq 0 \tag{5-5}$$

由于系统是稳定的，极点 $-s_i(i=1,2,\cdots,n)$ 均是负数或负实部的共轭复数。因此，当时间 t 趋于无穷时，$y(t)$ 的第二部分将衰减到零。系统的稳态输出为

$$y_{\mathrm{s}}(t) = A_1 \mathrm{e}^{-\mathrm{j}\omega t} + A_2 \mathrm{e}^{\mathrm{j}\omega t} \tag{5-6}$$

式中

$$A_1 = \frac{X\omega\Phi(s)}{(s+\mathrm{j}\omega)(s-\mathrm{j}\omega)}(s+\mathrm{j}\omega)\bigg|_{s=-\mathrm{j}\omega} = -\Phi(-\mathrm{j}\omega)\frac{X}{2\mathrm{j}} \tag{5-7}$$

$$A_2 = \frac{X\omega\Phi(s)}{(s+\mathrm{j}\omega)(s-\mathrm{j}\omega)}(s-\mathrm{j}\omega)\bigg|_{s=\mathrm{j}\omega} = \Phi(\mathrm{j}\omega)\frac{X}{2\mathrm{j}} \tag{5-8}$$

而 $\Phi(\mathrm{j}\omega)$ 是一个复数，可以通过模

$$|\Phi(\mathrm{j}\omega)| = \sqrt{[\mathrm{Re}\Phi(\mathrm{j}\omega)]^2 + [\mathrm{Im}\Phi(\mathrm{j}\omega)]^2} \tag{5-9}$$

及辐角

$$\angle\Phi(\mathrm{j}\omega) = \varphi(\omega) = \arctan\frac{\mathrm{Im}\Phi(\mathrm{j}\omega)}{\mathrm{Re}\Phi(\mathrm{j}\omega)} \tag{5-10}$$

来表示，即

$$\Phi(\mathrm{j}\omega) = |\Phi(\mathrm{j}\omega)|\mathrm{e}^{\mathrm{j}\varphi(\omega)} \tag{5-11}$$

在式(5-9)、式(5-10)中，$\mathrm{Re}\Phi(\mathrm{j}\omega)$ 和 $\mathrm{Im}\Phi(\mathrm{j}\omega)$ 分别表示复数 $\Phi(\mathrm{j}\omega)$ 的实部和虚部。

用同样的方法，可将复数 $\Phi(-\mathrm{j}\omega)$ 表示为

$$\Phi(-\mathrm{j}\omega) = |\Phi(\mathrm{j}\omega)|\mathrm{e}^{-\mathrm{j}\varphi(\omega)} \tag{5-12}$$

将式(5-7)、式(5-8)、式(5-11)和式(5-12)代入式(5-6)，求得

$$y_{\mathrm{s}}(t) = -|\Phi(\mathrm{j}\omega)|\mathrm{e}^{-\mathrm{j}\varphi(\omega)}\frac{X\mathrm{e}^{-\mathrm{j}\omega t}}{2\mathrm{j}} + |\Phi(\mathrm{j}\omega)|\mathrm{e}^{\mathrm{j}\varphi(\omega)}\frac{X\mathrm{e}^{\mathrm{j}\omega t}}{2\mathrm{j}}$$

$$= |\Phi(\mathrm{j}\omega)|X\frac{\mathrm{e}^{\mathrm{j}[\omega t+\varphi(\omega)]} - \mathrm{e}^{-\mathrm{j}[\omega t+\varphi(\omega)]}}{2\mathrm{j}}$$

$$= |\Phi(\mathrm{j}\omega)|X\sin[\omega t+\varphi(\omega)]$$

$$= Y\sin[\omega t+\varphi(\omega)] \tag{5-13}$$

式中，$Y = |\Phi(\mathrm{j}\omega)|X$ 为输出稳态值的振幅，是角频率 ω 的函数。

从式(5-13)可看出，稳定的线性定常系统在正弦输入信号 $r(t) = X\sin\omega t$ 的作用下，其稳态输出也是同频率的正弦信号，但振幅不同，振幅比为 $Y/X = |\Phi(\mathrm{j}\omega)|$，是 ω 的函数；相位不同，相位差为 $\Delta\varphi = \varphi(\omega)$，是 ω 的函数。

输入信号与输出信号之间的关系如图5-2所示。

根据上面分析，有关频率特性的定义如下：

定义 稳定的线性定常系统正弦信号输入下的稳态输出，称为**频率响应**。系统稳态输出的复变量与输入的复变量之比，称为系统的**频率特性**，用符号表示为 $G(j\omega)$ 或 $\Phi(j\omega)$，即

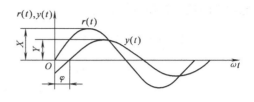

图 5-2 输入、输出正弦信号

$$\Phi(j\omega) = \frac{Y(j\omega)}{R(j\omega)} = |\Phi(j\omega)|e^{j\varphi(j\omega)} = |\Phi(j\omega)|\angle\varphi(j\omega) \tag{5-14}$$

式中，$|\Phi(j\omega)|$ 为**幅频特性**，它描述了系统以不同频率的正弦信号输入时，系统的稳态输出幅值的衰减（或放大）特性；$\varphi(\omega)$ 为**相频特性**，它描述了系统以不同频率的正弦信号输入时，系统的稳态输出在相位上滞后（或超前）的特性。

二、频率特性与传递函数的关系

对比式(5-1)和式(5-14)可以看出：频率特性 $\Phi(j\omega)$ 是将传递函数 $\Phi(s)$ 中的 "s" 用 "$j\omega$" 代替后得到的，即

$$\Phi(j\omega) = \Phi(s)\big|_{s=j\omega} \tag{5-15}$$

因此，频率特性就是在 $s = j\omega$ 时的传递函数，它和微分方程以及传递函数一样，是系统或环节的一种数学模型，也描述了系统的运动规律及其性能。这就是频率响应法能够从频率特性出发去研究系统的理论根据。

式(5-15)也是通过传递函数求取频率特性的解析法。系统或环节的频率特性也可以用专门仪器、通过实验的方法求取。有关这方面的内容可参阅本章第十节或有关资料。

例 5-1 某系统结构图如图 5-3 所示，试根据频率特性的物理意义，求 $r(t) = \sin 2t$ 输入信号作用时，系统的稳态输出 $y_s(t)$。

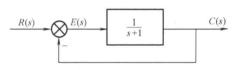

解 系统闭环传递函数为

$$\Phi(s) = \frac{1}{s+2}$$

图 5-3 例 5-1 图

频率特性为

$$\Phi(j\omega) = \frac{1}{j\omega+2} = \frac{2}{4+\omega^2} + j\frac{-\omega}{4+\omega^2}$$

幅频特性为

$$|\Phi(j\omega)| = \frac{1}{\sqrt{4+\omega^2}}$$

相频特性为

$$\varphi(\omega) = \arctan\left(\frac{-\omega}{2}\right)$$

当 $r(t) = \sin 2t$ 时，$\omega = 2$，$X = 1$。

则 $|\Phi(j\omega)|_{\omega=2} = \frac{1}{\sqrt{8}} = 0.35$，$\varphi(j2) = \arctan\left(\frac{-2}{2}\right) = -45°$

依频率特性的基本概念，系统的稳态输出

$$y_s(t) = |\Phi(j2)|X\sin(2t+\varphi) = 0.35\sin(2t - 45°)$$

第二节 频率特性的表示方法

系统或环节的频率特性表示方法有多种，总体上说有两大类，一是代数解析式，二是图形。

一、代数解析式

设系统或环节的传递函数为

$$\Phi(s) = \frac{b_m s^m + b_{m-1} s^{m-1} + \cdots + b_1 s + b_0}{a_n s^n + a_{n-1} s^{n-1} + \cdots + a_1 s + a_0}$$

根据式(5-15)，令 $s = j\omega$ 代入上式，可得相应系统或环节的频率特性

$$\Phi(j\omega) = \frac{b_m(j\omega)^m + b_{m-1}(j\omega)^{m-1} + \cdots + b_1(j\omega) + b_0}{a_n(j\omega)^n + a_{n-1}(j\omega)^{n-1} + \cdots + a_1(j\omega) + a_0}$$

上式是一复数，可表示成实部和虚部两部分

$$\Phi(j\omega) = P(\omega) + jQ(\omega) \tag{5-16}$$

或指数

$$\Phi(j\omega) = \sqrt{P^2(\omega) + Q^2(\omega)}\ e^{j\arctan\frac{Q(\omega)}{P(\omega)}} = A(\omega)e^{j\varphi(\omega)} \tag{5-17}$$

式(5-16)和式(5-17)中：

$P(\omega)$ 为频率特性的实部，又称为**实频特性**；$Q(\omega)$ 为频率特性的虚部，又称为**虚频特性**；$A(\omega)$ 为频率特性的幅值，即模，又称为**幅频特性**；$\varphi(\omega)$ 为频率特性的辐角或相角，又称为**相频特性**。

例 5-2 设系统的传递函数为

$$\Phi(s) = \frac{K}{Ts + 1}$$

求其频率特性。

解 将 $s = j\omega$ 代入，求得频率特性为

$$\Phi(j\omega) = \frac{K}{j\omega T + 1} = \frac{K}{1 + \omega^2 T^2} - j\frac{K\omega T}{1 + \omega^2 T^2}$$

由上式求得幅频特性为

$$A(\omega) = |\Phi(j\omega)| = \left|\frac{K}{j\omega T + 1}\right| = \frac{K}{\sqrt{1 + \omega^2 T^2}}$$

相频特性为

$$\varphi(\omega) = \angle\Phi(j\omega) = \angle\left(\frac{K}{j\omega T + 1}\right) = -\arctan\omega T$$

二、图形

工程上常用图形来表示频率特性，常用的有：

1. 极坐标图

极坐标图也称奈奎斯特(Nyquist)图、幅相频率特性图。

上面指出，频率特性 $\Phi(j\omega)$ 是一个复数，它可以表示成实部与虚部的形式，也可以表示成模与辐角的形式，对某一特定的频率 ω_1，可以在复数平面上以一矢量表示。矢量的长度等于模 $A(\omega_1)$，矢量与正实轴的夹角等于辐角 $\varphi(\omega_1)$，如图 5-4 所示。

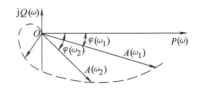

图 5-4　幅相频率特性表示法

随着频率 ω 的变化，相应的矢量长度和辐角也改变。当频率 ω 从零变化到无穷大时，图 5-4 的矢量端点便在平面上画出一条曲线。这条曲线表示出 ω 为参变量、模与辐角之间的关系。通常，这条曲线称为**幅相频率特性曲线或奈奎斯特曲线**。这种画有幅相频率特性曲线的图形称为**极坐标图**。

2. 伯德(Bode)图

伯德图又称为对数频率特性图。它由两张图组成：一张是对数幅频图，另一张是对数相频图。两张图的横坐标相同，表示频率 ω，采用对数值 $\lg\omega$ 为标度，单位是 rad/s。注意，分度不是等分的，频率 ω 每变化 10 倍，横坐标就增加一个单位长度。这个单位长度代表 10 倍频的距离，故又称为"**十倍频程**"，记作 dec，如图 5-5 所示。

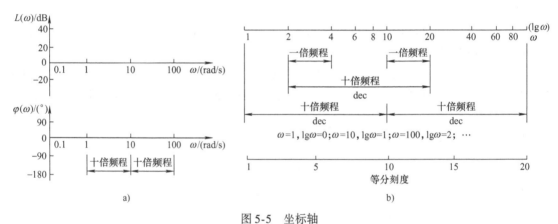

图 5-5　坐标轴
a) 伯德图坐标系　b) 对数与等分分度

对数幅频图的纵坐标是频率特性幅值的对数值乘以 20，即 $L(\omega)=20\lg A(\omega)$ 表示，均匀分度，单位为"分贝"，记作 dB。对数幅频图绘的是对数幅频特性曲线。

对数相频图的纵坐标是相角 $\varphi(\omega)$，均匀分度，单位为"度"。对数相频图绘的是相频特性曲线。

由于两张图的横坐标相同，常把它们合为一张图，横坐标公共，纵坐标的右边为 $L(\omega)$，左边为 $\varphi(\omega)$。

第三节　典型环节的频率特性

自动控制系统的数学模型是由若干典型环节组成的，归纳起来通常有 6 种：比例环节、积分环节、惯性环节、振荡环节、微分环节和延时环节。本节讨论这些典型环节的频率特性。

一、比例环节的频率特性

1. 解析式

比例环节的传递函数为

$$G(s) = K \tag{5-18}$$

以 $j\omega$ 代替 s，频率特性为

$$G(j\omega) = K = K + j0 = Ke^{j0°} \tag{5-19}$$

幅频特性

$$A(\omega) = |\Phi(j\omega)| = K \tag{5-20}$$

相频特性

$$\varphi(\omega) = 0° \tag{5-21}$$

2. 极坐标图

根据式(5-19)，比例环节的幅频特性及相频特性均与 ω 无关，表示在直角坐标中为实轴上的"k"点，如图 5-6 所示。

3. 伯德图

比例环节的对数幅频特性

$$L(\omega) = 20\lg A(\omega) = 20\lg K \tag{5-22}$$

表示在半对数坐标中为一条平行于频率轴的直线，它与频率轴的距离为"$20\lg K$"。当 $K > 1$ 时，它在横轴上方；当 $K < 1$ 时，它在横轴下方。

比例环节的相频特性为

$$\varphi(\omega) = 0° \tag{5-23}$$

在半对数坐标中，相频特性曲线为零度直线，即与横轴重合。

比例环节的伯德图如图 5-7 所示。

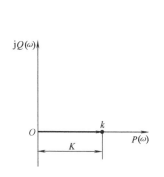

图 5-6   比例环节的极坐标图

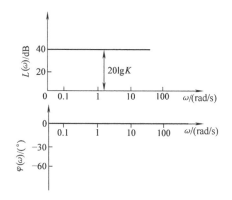

图 5-7   比例环节的伯德图

二、积分环节的频率特性

1. 解析式

积分环节的传递函数为

$$G(s) = \frac{1}{s} \qquad (5\text{-}24)$$

将 $s = j\omega$ 代入式(5-24)，其频率特性为

$$G(j\omega) = \frac{1}{j\omega} = 0 - j\frac{1}{\omega} = \frac{1}{\omega}e^{-j90°} \qquad (5\text{-}25)$$

幅频特性

$$A(\omega) = \frac{1}{\omega} \qquad (5\text{-}26)$$

相频特性

$$\varphi(\omega) = -90° \qquad (5\text{-}27)$$

2. 极坐标图

当 ω 由零变化至无穷大时，由式(5-25)可知，实部为零，虚部由负无穷变化至零。特性曲线由虚轴的 $-\infty$ 处趋向原点，如图 5-8 所示。

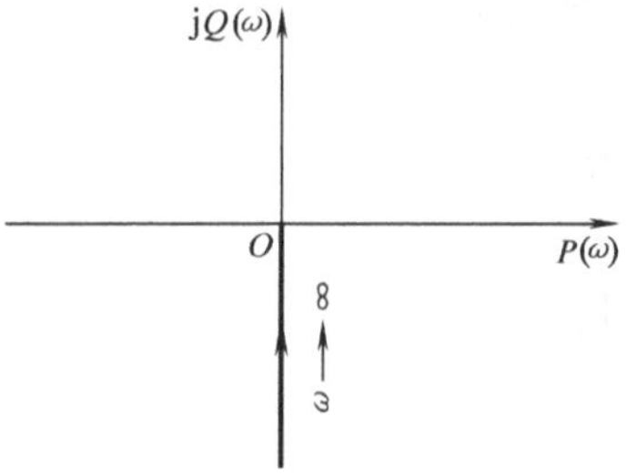

图 5-8　积分环节的极坐标图

3. 伯德图

积分环节的对数幅频特性为

$$L(\omega) = 20\lg A(\omega) = 20\lg\frac{1}{\omega} = -20\lg\omega \qquad (5\text{-}28)$$

由式(5-28)可知，其对数幅频特性曲线为过横轴 $\omega = 1\text{rad/s}$ 处，斜率为 -20dB/dec 的一直线。

相频特性为

$$\varphi(\omega) = -90° \qquad (5\text{-}29)$$

它与频率无关，等于恒值 $-90°$ 与 ω 轴平行的直线。

积分环节的伯德图如图 5-9 所示。

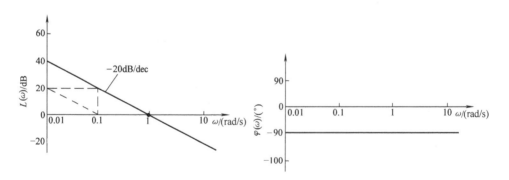

图 5-9　积分环节的伯德图

如果传递函数中含有 υ 个积分环节串联，这时的对数幅频特性为

$$L(\omega) = 20\lg A(\omega) = -\upsilon 20\lg\omega \qquad (5\text{-}30)$$

这是一条在 $\omega = 1\text{rad/s}$ 处通过横轴、斜率为 $-20\upsilon\text{dB/dec}$ 的直线。相频特性为与 ω 无关的常值 $-\upsilon 90°$。

三、惯性环节的频率特性

1. 解析式

惯性环节的传递函数

$$G(s) = \frac{1}{1 + Ts} \tag{5-31}$$

以 $j\omega$ 代替 s，其频率特性为

$$G(j\omega) = \frac{1}{1 + j\omega T} = \frac{1}{1 + T^2\omega^2} - j\frac{T\omega}{1 + T^2\omega^2} = \frac{1}{\sqrt{1 + T^2\omega^2}}\, e^{-j\text{arctan}(T\omega)} \tag{5-32}$$

幅频特性

$$A(\omega) = \frac{1}{\sqrt{1 + T^2\omega^2}} \tag{5-33}$$

相频特性

$$\varphi(\omega) = -\text{arctan}\,T\omega \tag{5-34}$$

2. 极坐标图

根据式（5-32），给出一个频率值 ω_1，算出对应的实部和虚部值或幅值和相位移，在直角坐标中描出相应的一点。当 ω 值取从零变化到无穷的若干个数值时，可以算出对应的一组值，例如令 ω 从 $0 \sim 1/T \sim \infty$，求出相应的实部和虚部值（见表5-1）。

根据表5-1中的数据，可以绘出幅相频率特性曲线。下面证明惯性环节的幅相频率特性曲线实际上为一个半圆。

由式（5-32）可知，频率特性的实部（实频特性）和虚部（虚频特性）分别为

表5-1 不同取值的 ω 对应的频率特性的实部和虚部

ω	0	…	$1/T$	…	∞
实部 $P(\omega)$	1	…	$\frac{1}{2}$	…	0
虚部 $\Phi(\omega)$	0	…	$-\frac{1}{2}$	…	0

$$P(\omega) = \frac{1}{1 + T^2\omega^2}$$

$$Q(\omega) = -\frac{T\omega}{1 + T^2\omega^2}$$

两式相除，有

$$\frac{Q}{P} = -T\omega$$

再将上式代入实部 $P(\omega)$，得

$$P = \frac{1}{1 + T^2\omega^2} = \frac{1}{1 + \dfrac{Q^2}{P^2}}$$

整理上式有

$$P^2 - P + Q^2 = 0$$

配方之后，得到

$$\left(P - \frac{1}{2}\right)^2 + Q^2 = \left(\frac{1}{2}\right)^2 \tag{5-35}$$

式(5-35)是圆的方程。圆心在 $P(\omega)$ 轴(即实轴)上的 $\frac{1}{2}$ 处，半径为 $\frac{1}{2}$。图5-10所示为惯性环节的幅相频率特性。下半圆对应于 $0 \leqslant \omega \leqslant \infty$，上半圆对应于 $-\infty \leqslant \omega \leqslant 0$。

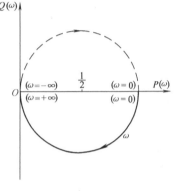

图5-10 惯性环节的幅相频率特性

3. 伯德图

惯性环节的对数幅频特性为

$$L(\omega) = 20\lg A(\omega) = 20\lg \frac{1}{\sqrt{1 + T^2\omega^2}}$$

$$= -20\lg \sqrt{1 + T^2\omega^2} \tag{5-36}$$

给出不同的频率值 ω，按式(5-36)可计算出相对应的 $L(\omega)$ 值，从而在半对数坐标中绘出对数幅频特性曲线。

实际上在控制工程中，常采用分段直线近似来表示对数幅频特性曲线，方法如下：

(1) 低频段 在 $T\omega \ll 1$ 或 $\omega \ll 1/T$ 的区段，可以近似地认为 $(T\omega)^2 \approx 0$，于是，式(5-36)变为

$$L_1(\omega) \approx -20\lg \sqrt{1}\,\mathrm{dB} = 0\mathrm{dB}$$

故在低频区，对数幅频特性曲线是与横轴相重合的直线。

(2) 高频区 在 $T\omega \gg 1$ 或 $\omega \gg 1/T$ 的区段，可以近似地认为

$$L_2(\omega) \approx -20\lg T\omega \quad (\mathrm{dB})$$

这是一条斜率为 $-20\mathrm{dB/dec}$、与横轴交于 $\omega = 1/T$ 的直线。

上述两条直线构成惯性环节对数幅频特性的渐近线，又称为"**渐近对数幅频特性**"。两条直线的交点 $\omega_n = 1/T$，称为"**交接频率**"或"**转折频率**"。在绘制渐近对数幅频特性时，它是一个重要参数。

渐近特性和准确特性相比，存在误差。误差表达式为

$$\Delta L(\omega) = \begin{cases} -20\lg \sqrt{1 + T^2\omega^2} & \omega \leqslant \dfrac{1}{T} \\ -20\lg \sqrt{1 + T^2\omega^2} + 20\lg T\omega & \omega \geqslant \dfrac{1}{T} \end{cases} \tag{5-37}$$

误差最大值出现在转折频率 $\omega = 1/T$ 处，其数值为

$$\Delta L(\omega) = -20\lg \sqrt{2}\,\mathrm{dB} = -3.01\mathrm{dB}$$

图5-11绘出惯性环节的伯德图，图中的实线为准确的特性曲线。一般情况，工程上采用渐近特性。若要求曲线精度高时，可先画出渐近特性，然后按式(5-37)在 $\omega = 1/T$ 附近，或按表5-2中的数值进行修正。

116

表 5-2 惯性环节对数幅频特性误差修正表

$\dfrac{\omega}{1/T}$	0.1	0.25	0.4	0.5	1.0	2.0	2.5	4.0	10.0
误差/dB	-0.04	-0.32	-0.65	-1.0	-3.0	-1.0	-0.65	-0.32	-0.04

惯性环节的相频特性为

$$\varphi(\omega) = -\arctan T\omega \qquad (5\text{-}38)$$

从式（5-38）可以看出，在频率 $\omega = 0$ 时，$\varphi(0) = 0°$；在转折频率 $1/T$ 处，$\varphi(1/T) = -45°$；当频率趋于无穷大时，相角将趋于 $-90°$。由于惯性环节的相移与频率呈反正切函数关系，所以相频特性将对于 $\omega = 1/T$ 时的 $-45°$ 这一点斜对称。因此，在绘制相频特性曲线时，依式（5-38），选择若干频率值，求出相应的相角值在对数相频图中描点，然后用一条光滑的曲线连接，便绘制出其相频特性曲线，如图 5-11 所示。

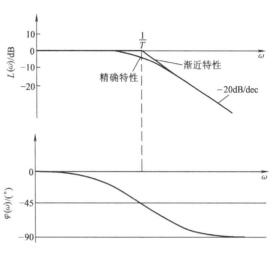

图 5-11 惯性环节的伯德图

四、振荡环节的频率特性

1. 解析式

振荡环节的传递函数

$$G(s) = \frac{1}{T^2 s^2 + 2\zeta Ts + 1} \qquad 0 < \zeta < 1 \qquad (5\text{-}39)$$

将 $s = j\omega$ 代入上式，其频率特性为

$$G(j\omega) = \frac{1}{(1 - T^2\omega^2) + j2\zeta T\omega} = \frac{(1 - T^2\omega^2) - j2\zeta T\omega}{(1 - T^2\omega^2)^2 + (2\zeta T\omega)^2}$$

$$= \frac{1}{\sqrt{(1 - T^2\omega^2)^2 + (2\zeta T\omega)^2}}\, e^{-j\arctan\frac{2\zeta T\omega}{1 - T^2\omega^2}} \qquad (5\text{-}40)$$

幅频特性

$$A(\omega) = |\Phi(j\omega)| = \frac{1}{\sqrt{(1 - T^2\omega^2)^2 + (2\zeta T\omega)^2}} \qquad (5\text{-}41)$$

相频特性

$$\varphi(\omega) = -\arctan\frac{2\zeta T\omega}{1 - T^2\omega^2} \qquad (5\text{-}42)$$

2. 极坐标图

根据式（5-40），以 ζ 为参变量，计算 ω 为不同值时的实部和虚部或幅值和相移，可在

117

复平面上绘出振荡环节的幅相频率特性曲线。曲线形状与 ζ 值有关，如图 5-12 所示。

振荡环节的一个重要特点是，在某一频率 $\omega = \omega_p$ 时产生谐振。谐振时，幅频特性出现峰值。下面求峰值频率 ω_p 和峰值 $A(\omega_p)$。

对式(5-41)中 ω 求微分，并令其等于零，可求得幅频特性出现峰值的频率，即**峰值频率**为

$$\omega_p = \frac{1}{T} \sqrt{1 - 2\zeta^2} \tag{5-43}$$

显然，ω_p 与阻尼系数 ζ 有关。当 $\zeta = \sqrt{2}/2$ 时，$\omega_p = 0$；当 $\zeta > \sqrt{2}/2$ 时，ω_p 为虚数，说明不存在谐振峰值。当 $0 < \zeta < \sqrt{2}/2$ 时，将式(5-43)代入式(5-41)，可求得幅频特性的**谐振峰值**为

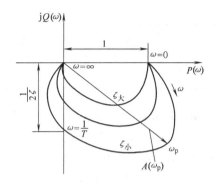

图 5-12 振荡环节的极坐标图

$$A(\omega_p) = M_p = \frac{1}{2\zeta \sqrt{1 - \zeta^2}} \tag{5-44}$$

3. 伯德图

振荡环节的对数幅频特性为

$$L(\omega) = 20\lg A(\omega) = -20\lg \sqrt{(1 - T^2\omega^2)^2 + (2\zeta T\omega)^2} \tag{5-45}$$

在低频段，即 $T\omega \ll 1$ 时，有

$$L_1(\omega) \approx 0 \tag{5-46}$$

它是一条与横轴重合的直线。

在高频段，即 $T\omega \gg 1$ 时，有

$$L_2(\omega) \approx -20\lg(T\omega)^2 = -40\lg(T\omega) \tag{5-47}$$

它是一条斜率为 -40dB/dec、交横轴于 $1/T$ 的直线。

上述两条直线是振荡环节对数幅频特性的渐近线。由此**两条直线衔接起来所构成的折线称为振荡环节的渐近对数幅频特性**，两条直线的交点频率 $\omega_n = 1/T$，称为振荡环节的**交接频率**或**转折频率**。

振荡环节的渐近对数幅频特性，并没有考虑阻尼系数 ζ 的影响。实际上，准确的特性是和 ζ 有关的。根据式(5-45)绘制的准确对数幅频曲线及其渐近线如图 5-13 所示。由图可见，用渐近线来近似准确的对数幅频曲线存在误差。误差计算公式

$$\Delta L_1(\omega) = -20\lg \sqrt{(1 - T^2\omega^2)^2 + (2\zeta T\omega)^2} \quad \omega \leqslant \frac{1}{T} \tag{5-48}$$

$$\Delta L_2(\omega) = -20\lg \sqrt{(1 - T^2\omega^2)^2 + (2\zeta T\omega)^2} + 20\lg T^2\omega^2 \quad \omega \geqslant \frac{1}{T} \tag{5-49}$$

根据式(5-48)和式(5-49)绘出的误差曲线如图 5-14 所示。从图 5-14 可知，当 $0.4 < \zeta < 0.7$ 时，$\Delta L(\omega) < 4\text{dB}$，当 ζ 值在此范围之外时，误差值增加。在工程上，当满足 $0.4 < \zeta < 0.7$ 时，可使用渐近对数幅频特性，在此范围之外，应使用准确的对数幅频特性。准确的对数幅频特性可在渐近对数幅频特性的基础上，用图 5-14 所示的误差曲线修正，或应用式(5-45)直接计算。

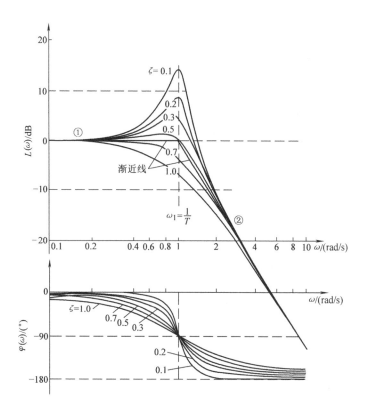

图 5-13　振荡环节的伯德图

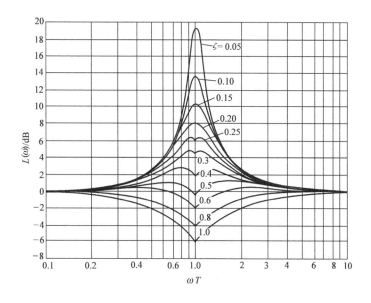

图 5-14　振荡环节的误差 $\Delta L(\omega)$ 修正曲线

振荡环节的对数相频特性可按式(5-42)逐点描述绘出，如图 5-13 所示。其特点是，当

$\omega \to 0$ 时,$\varphi \to 0°$;当 $\omega = 1/T$ 时,$\varphi = -90°$;而 $\omega \to \infty$ 时,$\varphi \to -180°$。除此之外,相频曲线亦随 ζ 值不同而不同。

五、微分环节的频率特性

1. 解析式

微分环节通常包括纯微分、一阶微分和二阶微分。传递函数分别为

$$G_1(s) = s$$
$$G_2(s) = 1 + \tau s$$
$$G_3(s) = 1 + 2\zeta\tau s + \tau^2 s^2$$

将 $s = j\omega$ 代入上面各式,频率特性分别为

$$G_1(j\omega) = j\omega = \omega e^{j90°} \tag{5-50}$$

$$G_2(j\omega) = 1 + j\omega\tau = \sqrt{1 + \tau^2\omega^2}\ e^{j\arctan\tau\omega} \tag{5-51}$$

$$G_3(j\omega) = (1 - \tau^2\omega^2) + j2\zeta\tau\omega = \sqrt{(1 - \tau^2\omega^2)^2 + (2\zeta T\omega)^2}\ e^{j\arctan\frac{2\zeta\tau\omega}{1 - \tau^2\omega^2}} \tag{5-52}$$

2. 极坐标图

纯微分环节的幅相频率特性,由式(5-50)可知,实频为零,与频率 ω 无关;虚频随 ω 变大而变大。因此,在 $0 \leqslant \omega \leqslant \infty$,其幅相频率特性是正虚轴,如图 5-15a 所示。

一阶微分环节的幅相频率特性,由式(5-51)看出,实频为"1",与频率 ω 无关;虚频随 ω 变大而变大。其幅相频率特性如图 5-15b 所示。

二阶微分环节的幅相频率特性,按式(5-52)绘出,如图 5-15c 所示。

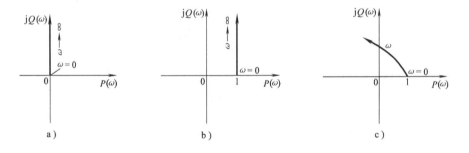

图 5-15 微分环节的极坐标图

3. 伯德图

注意到纯微分、一阶微分和二阶微分的幅频特性和相频特性,在形式上分别是积分、惯性和振荡环节的相应特性的倒数。因此,在半对数坐标中,纯微分环节和积分环节的对数频率特性曲线相对于频率轴(即横轴)互为镜像。图 5-16 所示为纯微分环节的伯德图;一阶微分环节和惯性环节的对数频率特性曲线相对于频率轴互为镜像。图5-17所示为一阶微分环节的伯德图。同理,二阶微分环节和振荡环节的伯德图也相对于频率轴互为镜像,如图 5-18 所示。

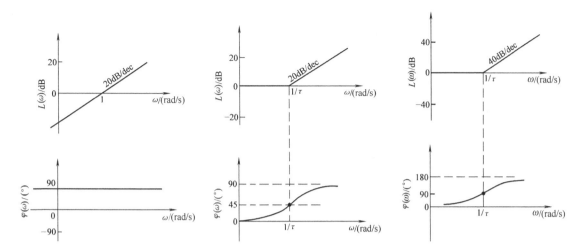

图 5-16 纯微分环节的伯德图　　图 5-17 一阶微分环节的伯德图　　图 5-18 二阶微分环节的伯德图

*六、延时环节的频率特性

1. 解析式

延时环节的运动特性是，输出量 $y(t)$ 完全复现输入量 $r(t)$，但比输入量 $r(t)$ 要滞后一个固定的时间 τ，即

$$y(t) = r(t - \tau) \quad t \geqslant \tau$$

延时环节常出现在化工、造纸、轧钢等控制系统中。延时环节的传递函数为

$$G(s) = \mathrm{e}^{-\tau s} \tag{5-53}$$

以 $\mathrm{j}\omega$ 代替 s，频率特性为

$$G(\mathrm{j}\omega) = \mathrm{e}^{-\mathrm{j}\tau\omega} \tag{5-54}$$

幅频特性

$$A(\omega) = 1 \tag{5-55}$$

相频特性

$$\varphi(\omega) = -\tau\omega \quad (\mathrm{rad}) \tag{5-56}$$

2. 极坐标图

延时环节的幅相频率特性为以坐标原点为圆心、半径为"1"的圆，如图 5-19 所示。

3. 伯德图

延时环节的对数幅频特性和相频特性分别为

$$L(\omega) = 20\lg A(\omega) = 0\mathrm{dB} \tag{5-57}$$

$$\varphi(\omega) = -\tau\omega = -\frac{180°}{\pi}\tau\omega \approx -57.3\omega\tau \quad (°) \tag{5-58}$$

根据式(5-57)、式(5-58)绘出延时环节的对数频率特性，如图 5-20 所示。由图可看出，延时环节的对数幅频特性是与横轴重合的直线，对数相频特性随 ω 增加，滞后也增加。

121

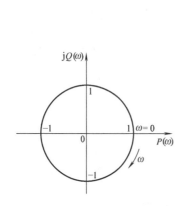

图 5-19 延时环节的极坐标图

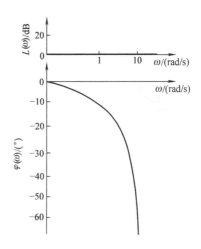

图 5-20 延时环节的伯德图

第四节　系统开环频率特性绘制

通常，自动控制系统是由若干典型环节串联组成的，因此，系统的开环传递函数容易获得。系统开环传递函数可表示为

$$G_k(s) = \frac{K(\tau_1 s + 1)\cdots(\tau_i^2 s^2 + 2\zeta_i \tau_i s + 1)\cdots}{s^v(T_1 s + 1)\cdots(T_j^2 s^2 + 2\zeta_j T_j s + 1)\cdots}$$

将 $s = j\omega$ 代入，系统的开环频率特性为

$$G_k(j\omega) = \frac{K(j\omega\tau_1 + 1)\cdots(1 - \tau_i^2 \omega^2 + j2\zeta_i \tau_i \omega)\cdots}{(j\omega)^v(j\omega T_1 + 1)\cdots(1 - T_j^2 \omega^2 + j2\zeta_j T_j \omega)\cdots}$$

$$= P(\omega) + jQ(\omega) = A(\omega)e^{j\varphi(\omega)} \tag{5-59}$$

幅频特性 $$A(\omega) = |G_k(j\omega)| \tag{5-60}$$

相频特性 $$\varphi(\omega) = \angle G_k(j\omega) \tag{5-61}$$

一、极坐标图

系统开环幅相频率特性曲线的绘制，有如下两种方法。

方法一：根据不同的 ω 值，计算出相应的 $P(\omega)$ 和 $Q(\omega)$ 或 $A(\omega)$ 和 $\varphi(\omega)$，并在直角坐标平面上描出相应的点，然后用光滑曲线连接各点。

方法二：利用典型环节的频率特性，具体步骤如下：

① 分别计算出各典型环节的幅频特性 $A_i(\omega)$ 和相频特性 $\varphi_i(\omega)(i = 1, 2, \cdots)$。

② 各典型环节的幅频特性相乘，得到系统的幅频特性，即 $A(\omega) = A_1(\omega)A_2(\omega)\cdots$；各典型环节的相频特性代数相加，得到系统的相频特性，即 $\varphi(\omega) = \varphi_1(\omega) + \varphi_2(\omega) + \cdots$。

③ 给 ω 不同的数值，计算出相应的 $A(\omega)$ 和 $\varphi(\omega)$，依所得数据，便可画出特性曲线。

例5-3 设系统的开环传递函数为

$$G_k(s) = \frac{K}{(1 + T_1 s)(1 + T_2 s)}$$

122

试画出当 $K=10$、$T_1=1$、$T_2=5$ 时的幅相频率特性曲线。

解　系统的开环频率特性为

$$G_k(j\omega) = G_k(s)\Big|_{s=j\omega} = \frac{K}{(1+jT_1\omega)(1+jT_2\omega)}$$

将上式有理化，得

$$G_k(j\omega) = \frac{K(1-T_1 T_2\omega^2)}{(1+T_1^2\omega^2)(1+T_2^2\omega^2)} + j\frac{-K(T_1+T_2)\omega}{(1+T_1^2\omega^2)(1+T_2^2\omega^2)}$$

$$= P(\omega) + jQ(\omega)$$

给 ω 不同值，计算 $P(\omega)$、$Q(\omega)$ 数值（见表 5-3）。

表 5-3　不同取值的 ω 对应的频率特性的实部和虚部

ω	0	0.05	0.1	0.15	0.2	0.3	0.4	0.6	0.8	1.0	2.0	∞
$P(\omega)$	10.0	9.27	7.5	5.56	3.85	1.55	0.34	−0.59	−0.79	−0.77	−0.38	0
$Q(\omega)$	0	−2.82	−4.75	−5.63	−5.77	−5.08	−4.14	−2.65	−1.72	−1.15	−0.24	0

依表 5-3 中的数值绘出极坐标图，如图 5-21 所示。

用上面两种方法绘制系统的幅相特性是一项麻烦的工作。在不需要准确图形时，如判定稳定性时可绘制草图，但草图应对某些关键点，如曲线的起点、与实轴和虚轴的交点、终点等必须画准确。知道这些关键点，便可画出**幅相频率特性**的简图。

设系统的开环传递函数为

$$G_k(s) = \frac{K\prod_{i=1}^{m}(\tau_i s + 1)}{s^{v}\prod_{j=1}^{n-v}(T_j s + 1)} \qquad n \geq m$$

其频率特性

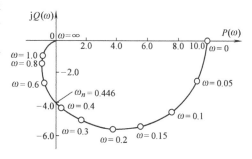

图 5-21　例 5-3 图

$$G_k(j\omega) = \frac{K\prod_{i=1}^{m}(j\omega\tau_i + 1)}{(j\omega)^{v}\prod_{j=1}^{n-v}(j\omega T_j + 1)}$$

开环幅相频率特性的特征点：

① **起点**。当 $\omega=0$ 时，对于 **0** 型（$v=0$）系统，$G_k(0)=Ke^{j0°}$。故其起点在实轴上的 "K" 点；对于非 0 型系统（$v\neq0$），$G_k(0)=\infty e^{j\left(-\frac{\pi}{2}v\right)}$。可见，其起点在无穷远处，而相位角为 $-\frac{\pi}{2}v$。

② **终点**。当 $\omega=\infty$ 时，对于 **0**、**I 及 II** 型系统，$G_k(\infty)=0e^{-j\frac{\pi}{2}(n-m)}$。可见，是按 $-90°(n-m)$ 的角度终止于原点。

③ **与实轴交点**。特性与实轴交点的频率由下式求出，即令虚部 $Q(\omega)=0$

$$\text{Im}[G_k(j\omega)] = Q(\omega) = 0$$

求出的频率值代入实部 $P(\omega)$，其值为与实轴的交点值。

④ **与虚轴交点**。同理，令实部 $P(\omega) = 0$，求出频率值。该频率值代入虚部 $Q(\omega)$，其值为与虚轴的交点值。

图 5-22 绘出了 **0**、**Ⅰ** 和 **Ⅱ** 型等系统幅相频率特性的起点、终点及大致形状。

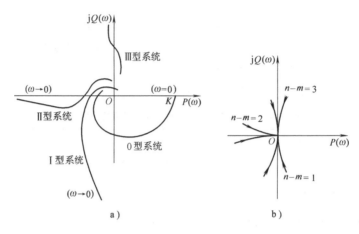

图 5-22　不同类型系统的幅相频率特性起点及终点示意图

a）起点　b）终点

例 5-4 已知开环传递函数如下，简画幅相频率特性曲线。

$$G(s) = \frac{5}{s(s+1)(2s+1)} = \frac{5}{s(2s^2+3s+1)}$$

解

$$G(j\omega) = \frac{5}{j\omega(j\omega+1)(2j\omega+1)} = \frac{5}{j\omega(1-2\omega^2+3j\omega)}$$

$$= \frac{15\omega+5j(1-2\omega^2)}{-\omega(1+5\omega^2+4\omega^4)} = \frac{-15}{1+5\omega^2+4\omega^4} - \frac{5j(1-2\omega^2)}{\omega(1+5\omega^2+4\omega^4)}$$

起点：$\omega = 0$ 时，$G(0) = -15 - j\infty$。

与实轴交点：

令上式的虚部为 0，则 $1-2\omega^2 = 0$，$\omega = 1/\sqrt{2}$。

代入实部，则

$$实部 = \frac{-15}{1+5\times\frac{1}{2}+4\times\frac{1}{4}} = \frac{-15\times2}{9} = -3.33$$

终点：$\omega = \infty$ 时，$G(\infty) = 0 + j0$，以 $-270°$ 角度趋于原点。

根据幅相频率特性曲线的起点、与实轴交点及终点，幅相频率特性曲线如图 5-23 所示。

二、伯德图

1. 对数幅频特性

通常，绘制系统开环对数幅频特性只需画出渐近特

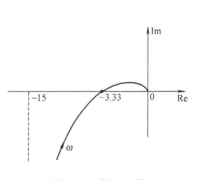

图 5-23　例 5-4 图

性，若需要较精确特性时，就对渐近特性进行适当修正。绘制方法也有两种。

方法一：分别绘出各典型环节的对数幅频特性，然后相加，可得系统的开环对数幅频特性。

方法二：按下面步骤进行：

① 在半对数坐标纸上标出横轴及纵轴的刻度。

② 将开环传递函数化成典型环节乘积因子型式，求出各典型环节的转折频率，标在角频率轴上。

③ 计算 $20\lg K$，K 为系统开环放大系数。

④ 在 $\omega = 1$ 处找出纵坐标等于 $20\lg K$ 的"A"点；过该点做一直线，其斜率等于 $-20v\mathrm{dB/dec}$，当 v 取正号时为积分环节个数，当 v 取负号时为纯微分环节的个数；该直线直到第一个转折频率 ω_1 对应的地方。若 $\omega_1 < 1$，则该直线的延长线经过"A"点。

⑤ 以后每遇到一个转折频率，就改变一次渐近线的斜率：

遇到惯性环节的转折频率，斜率增加 $-20\mathrm{dB/dec}$。

遇到一阶微分的转折频率，斜率增加 $+20\mathrm{dB/dec}$。

遇到振荡环节的转折频率，斜率增加 $-40\mathrm{dB/dec}$。

遇到二阶微分的转折频率，斜率增加 $+40\mathrm{dB/dec}$。

直至经过所有各典型环节的转折频率，便得到系统开环对数幅频渐近特性。**方法二常被采用。**

若要得到较准确的对数幅频特性，可利用典型环节修正的方法对渐近特性进行修正，特别在振荡环节和二阶微分环节的交接频率附近进行修正。

2. 对数相频特性

绘制开环对数相频特性时，也有两种方法。一种方法是先绘出各典型环节的对数相频特性，然后将它们的纵坐标代数相加，就可以得到系统的开环对数相频特性。另一种方法是利用系统的相频特性表达式，直接计算出不同 ω 数值时的相角描点，再用光滑曲线连接，得到开环对数相频特性。

例 5-5　某系统的开环传递函数为

$$G_{\mathrm{k}}(s) = \frac{10}{(0.25s + 1)(0.25s^2 + 0.4s + 1)}$$

试绘制开环对数幅频特性和相频特性。

解　该系统由 3 个典型环节组成。惯性环节，其转折频率 $\omega_{n1} = 1/T = 1/0.25\mathrm{rad/s} = 4\mathrm{rad/s}$；振荡环节，其转折频率 $\omega_{n2} = 1/T = (1/\sqrt{0.25})\ \mathrm{rad/s} = 2\mathrm{rad/s}$；比例环节，$K = 10$，$20\lg K = 20\mathrm{dB}$。在 $\omega = 1\mathrm{rad/s}$ 处找出纵坐标等于 $20\mathrm{dB}$ 的"A"点。因为没有积分或纯微分环节，$v = 0$，所以过 A 点做一条水平线（斜率为 0）直到第一个转折频率"2"的地方。由于"2"是振荡环节的转折频率，因此，在 $\omega = 2\mathrm{rad/s}$ 以后，渐近特性变为斜率为 $-40\mathrm{dB/dec}$ 的直线。当 $\omega \geqslant 4\mathrm{rad/s}$ 时，渐近特性的斜率又增加 $-20\mathrm{dB/dec}$，即变为斜率为 $-60\mathrm{dB/dec}$ 的直线。绘制完毕。

若要得到较精确的特性曲线，对上面绘出的渐近特性进行修正便可获得。在第一个转折频率的附近，按阻尼系数 $\zeta = 0.4/(2 \times 0.5) = 0.4$ 的修正值修正，在第二个转折频率处按惯性环节的修正值修正。

相频特性表达式为

$$\varphi(\omega) = -\arctan 0.25\omega - \arctan \frac{0.4\omega}{1-0.25\omega^2}$$

不同取值的 ω 对应的相频特性见表5-4。

表5-4 不同取值的 ω 对应的相频特性

$\omega /$ (rad/s)	0	0.5	1	1.5	2	3	4	6	10	...	∞
$\varphi(\omega)/(°)$	0	-14	-42	-86	-117	-170	-197	-220	-239	...	-270

系统的伯德图如图5-24所示。

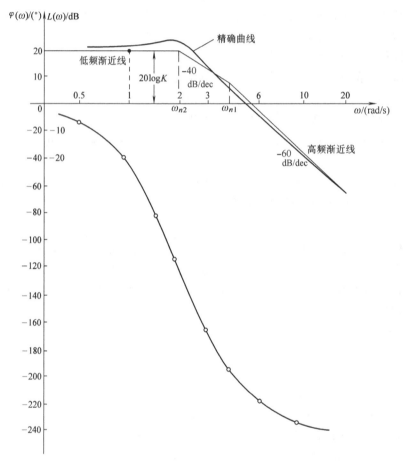

图5-24 例5-5图

例5-6 已知某系统的开环传递函数为

$$G_k(s) = \frac{10^{-3}(1+100s)^2}{s^2(1+10s)(1+0.125s)(1+0.05s)}$$

试绘制系统的开环对数幅频特性。

解 系统由8个典型环节组成。两个积分环节；三个惯性环节，转折频率分别为 $\omega_n =$

$1/10\,\mathrm{rad/s} = 0.1\,\mathrm{rad/s}$，$\omega_n = 1/0.125\,\mathrm{rad/s} = 8\,\mathrm{rad/s}$ 和 $\omega_n = 1/0.05\,\mathrm{rad/s} = 20\,\mathrm{rad/s}$；两个一阶微分环节，其转折频率 $\omega_n = 1/100\,\mathrm{rad/s} = 0.01\,\mathrm{rad/s}$；一个比例环节，开环放大系数 $K = 10^{-3}$，$20\lg K = 20\lg 10^{-3} = -60\mathrm{dB}$。

按方法二的有关步骤，绘出该系统的开环对数幅频特性，如图 5-25 所示。

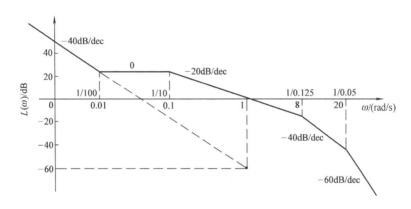

图 5-25　例 5-6 图

第五节　最小相位系统与伯德定理

一、最小相位系统

如果一个系统的全部零、极点都位于 S 平面的左半边(含虚轴)，则称该系统为**最小相位系统**。如果一个系统在 S 平面的右半边有极点和(或)零点，或含有延时环节，则称为**非最小相位系统**。

最小相位的含义是，幅频特性完全相同的系统中，其相位变化范围是最小的。

例 5-7　已知 3 个系统的开环传递函数($T_1 > T_2$)分别为

$$G_a(s) = 10\,\frac{T_2 s + 1}{T_1 s + 1}, \quad G_b(s) = 10\,\frac{T_2 s - 1}{T_1 s + 1}, \quad G_c(s) = 10\,\frac{T_2 s + 1}{T_1 s - 1}$$

判定哪个系统为最小相位系统。

解　3 个系统的频率特性分别为

$$G_a(j\omega) = 10\,\frac{T_2(j\omega) + 1}{T_1(j\omega) + 1} = 10\left|\frac{T_2(j\omega) + 1}{T_1(j\omega) + 1}\right| \angle\left[\arctan(T_2\omega) - \arctan(T_1\omega)\right]$$

$$G_b(j\omega) = 10\,\frac{T_2(j\omega) - 1}{T_1(j\omega) + 1} = 10\left|\frac{T_2(j\omega) - 1}{T_1(j\omega) + 1}\right| \angle\left[-\arctan(T_2\omega) - \arctan(T_1\omega)\right]$$

$$G_c(j\omega) = 10\,\frac{T_2(j\omega) + 1}{T_1(j\omega) - 1} = 10\left|\frac{T_2(j\omega) + 1}{T_1(j\omega) - 1}\right| \angle\left[\arctan(T_2\omega) + \arctan(T_1\omega)\right]$$

可见，3 个系统的幅频相同，但相频不同。对数频率特性如图 5-26 所示。

从对数频率特性图可看出，系统 a 的相位变化范围比其他两个系统的小，故系统 a 为最小相位系统，其他两个系统为非最小相位系统。

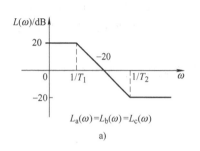
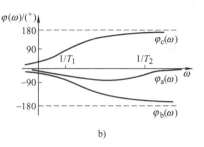

图 5-26 例 5-7 对数频率特性

二、伯德定理

伯德定理指出，对于最小相位系统，其对数幅频特性与相频特性之间存在唯一的对应关系：对数幅频特性的斜率为 $-20N(\mathrm{dB/dec})$ 时，对应的相角为 $-90°N(N=0,\pm1,\pm2,\cdots)$。在某个频率 ω 下的幅频特性斜率，对确定该频率下的相角起最大的作用，离该频率的幅频特性斜率越远，对相角的影响越小。

根据伯德定理，分析研究最小相位系统时，只需单独考虑幅频特性或相频特性。另一方面，也可以根据对数幅频特性的渐近特性曲线，确定最小相位系统的开环传递函数，方法步骤如下：（从伯德图的低频段即最左边开始）。

1）首先根据低频段的斜率 $-20\upsilon(\mathrm{dB/dec})$，可确定出开环传递函数积分环节的个数 "$\upsilon$"。

2）然后根据斜率的变化和对应的转折频率值，可写出系统所含环节的类型和参数。例如，斜率变化 $-20\mathrm{dB/dec}$，对应惯性环节；斜率变化 $-40\mathrm{dB/dec}$，对应两个惯性环节或二阶振荡环节。

3）最后确定出开环放大系数 K 的值。K 的值往往可通过相关的已知条件求出。例如，若已知 $\omega=1\mathrm{rad/s}$ 的分贝数 $L(1)$，可由 $L(1)=20\lg K$ 的反对数求出 K 值。

例 5-8 已知某最小相位系统的开环幅频渐近特性如图 5-27 所示。试求其开环传递函数。

解（1）由开环幅频渐近特性写出开环传递函数

低频段斜率为 $-20\mathrm{dB/dec}$，系统有一个积分环节；根据斜率的变化及转折频率，系统应有一个比例微分环节和一个二阶振荡环节，故有

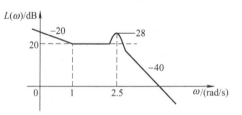

图 5-27 例 5-8 幅频渐近特性

$$G_k(s) = \frac{K(\frac{1}{\omega_1}s+1)}{s\left[\left(\frac{1}{\omega_2}\right)^2 s^2 + 2\zeta\frac{1}{\omega_2}s + 1\right]}$$

式中转折频率 $\omega_1 = 1\mathrm{rad/s}$，$\omega_2 = 2.5\mathrm{rad/s}$。

（2）求阻尼系数

$$M(\omega_n) = -20\lg 2\zeta = 28 - 20 \quad \Rightarrow \quad \zeta = 0.2$$

$$\left(\frac{1}{\omega_2}\right)^2 = T^2 \quad \Rightarrow \quad T = \frac{1}{2.5}\text{s} = 0.4\text{s}$$

（3）求 K

$$20\lg K = 20 \quad \Rightarrow \quad K = 10$$

于是系统开环传递函数为

$$G_k(s) = \frac{10(s+1)}{s\left[(0.4)^2 s^2 + 0.16s + 1\right]}$$

例 5-9 已知最小相位单位反馈系统的开环幅频渐近特性如图 5-28 所示。试求系统的闭环传递函数。

解 （1）由开环幅频渐近特性写出开环传递函数

$$G_k(s) = \frac{K}{s(T_1 s + 1)(T_2 s + 1)}$$

（2）求时间常数

$$T_1 = \frac{1}{\omega_1} = \frac{1}{2}\text{s} = 0.5\text{s}, \qquad T_2 = \frac{1}{\omega_2} = \frac{1}{8}\text{s} = 0.125\text{s}$$

（3）求 K 有两种方法。

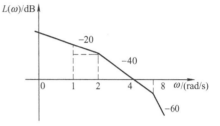

图 5-28　例 5-9 系统开环幅频渐近特性

方法一：由 $\omega = 1\text{rad/s}$ 的分贝数求解。

$\omega = 1$ 时对应的分贝数等于两段相加，见图 5-28 中虚线所示。利用直角三角形边长与斜率间的关系有

$$L(1) = 20\lg K = 40(\lg 4 - \lg 2) + 20(\lg 2 - \lg 1) = 40\lg 2 + 20\lg 2 = 20\lg 2^3$$

所以

$$K = 8$$

方法二：利用 0 分贝时 $L(4) = 0$ 的条件

由于转折频率"8"在频率"4"的后面，其对应特性不会影响 0 分贝值的频率，所以有

$$L(\omega_c = 4) = 20\lg K - 20\lg\omega_c - 20\lg\frac{1}{2}\omega_c = 0$$

即

$$20\lg\frac{K}{0.5 \times 4^2} = 20\lg 1$$

所以

$$K = 8$$

两种方法计算的 K 值相同。于是系统开环传递函数为

$$G_k(s) = \frac{8}{s(0.5s + 1)(0.125s + 1)}$$

（4）闭环传递函数

$$\Phi(s) = \frac{G_k(s)}{1 + G_k(s)} = \frac{8}{s(0.5s + 1)(0.125s + 1) + 8}$$

第六节　用频率法分析系统稳定性

系统稳定性的频率法判据，是奈奎斯特（H. Nyquist）在 1932 年提出的，简称"**奈氏判**

据"。该方法是通过系统**开环正极点的个数**和**开环频率特性**去判别**闭环系统**的**稳定性**。由于系统的频率特性可通过试验方法求取，这对难于用解析方法求取数学模型的复杂系统而言有着特殊的意义，因此，该判据在工程上获得广泛应用。

奈氏判据的严格推导较复杂，需用到复变函数理论的辐角定理（映射定理）。下面仅介绍判据的主要内容及应用方法。

一、极坐标图上的奈氏判据

1. 系统开环传递函数无积分环节（0型系统）

判据1　若系统的开环传递函数在 S 平面的右半边有 P 个极点，则闭环系统稳定的充分必要条件是，开环幅相频率特性曲线 $G_k(j\omega)$，当 ω 从 $-\infty$ 变化到 $+\infty$ 时，**逆时针绕**$(-1,j0)$ 点的圈数 $N = P$。否则，闭环系统不稳定。

判据2　若系统的开环传递函数在 S 平面的右半边没有极点，即 $P = 0$，则闭环系统稳定的充分必要条件是，开环幅相频率特性曲线 $G_k(j\omega)$，当 ω 从 $-\infty$ 变化到 $+\infty$ 时，不包围 $(-1,j0)$ 点，即圈数 $N = 0$。否则，闭环系统不稳定。

用公式表示两个判据

$$Z = P - N \tag{5-62}$$

式中，Z 为闭环传递函数在 S 平面右半边的极点个数；P 为开环传递函数在 S 平面右半边的极点个数；N 为开环幅相频率特性曲线绕 $(-1,j0)$ 点的圈数，一圈为 $360°(2\pi)$，**逆时针绕**时，N 取**正**，**顺时针绕**时，N 取**负**。

推论1　顺时针绕 $(-1,j0)$ 点，闭环系统不稳定。

推论2　若通过 $(-1,j0)$ 点，闭环系统临界稳定。处于临界稳定点时

$$
\begin{aligned}
|G_k(j\omega_g)| &= 1 \\
\angle G_k(j\omega_g) &= -\pi
\end{aligned}
\tag{5-63}
$$

通过式（5-63），可求出处于临界稳定点时的开环放大系数。

实际应用判据时，可以用**简作方法**。只绘制出频率 ω 从 $0 \sim +\infty$ 的特性曲线 $G_k(j\omega)_{\omega:0\to\infty}$，然后，根据 S 平面右半边上开环极点的个数 **P** 和 $G_k(j\omega)$ 特性曲线绕 $(-1,j0)$ 点的圈数 N'，判别闭环系统稳定性。用公式表示两个判据为

$$Z = P - 2N' \tag{5-64}$$

例5-10　某负反馈系统的开环传递函数为

$$G_k(s) = \frac{2}{s-1}$$

用奈氏判据判别闭环系统的稳定性。

解　（1）开环传递函数在 S 平面的右半边极点数为1个，即

$$P = 1$$

（2）绘制 ω 从 $-\infty \sim +\infty$ 的开环幅相频率特性曲线

$$G_k(j\omega) = \frac{2}{j\omega - 1}$$

采用简作：先作 $0 \sim \infty$ 段的曲线；然后，以实轴为对称，可画出 $-\infty \sim 0$ 段的曲线。**起**

点 $\omega = 0 \Rightarrow |G_k(j0)| = 2$，$\angle G_k(j0) = -\pi$；**终点** $\omega = \infty$，$\angle G_k(j\infty) = 0$。其实，可证明它是以 $(-1, j0)$ 为圆心，1 为半径的圆，如图 5-29a。

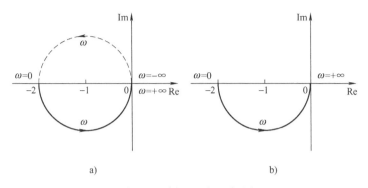

图 5-29　例 5-10 极坐标图

a) $G_k(j\omega) \atop \omega: -\infty \sim +\infty$　　b) $G_k(j\omega) \atop \omega: 0 \to \infty$

（3）计算绕 $(-1, j0)$ 点的圈数

图 5-29a 中，以 $(-1, j0)$ 为支点，ω 从 $-\infty$ 起沿着开环幅相频率特性曲线转至 $+\infty$（坐标原点 0），一共逆时针转了 360°，即一圈，$N = 1$。

图 5-29b 中，以 $(-1, j0)$ 为支点，ω 从 -2 起沿着开环幅相频率特性曲线转至坐标原点 0，一共逆时针转了 180°，即半圈，$N' = 1/2$。

（4）计算位于 S 平面右半边的极点数

由图 5-29a 得　　　　　　　　$Z = P - N = 1 - 1 = 0$

由图 5-29b 得　　　　　　　　$Z = P - 2N' = 1 - 2 \times \dfrac{1}{2} = 1 - 1 = 0$

结果相同，闭环系统稳定。

用代数判据验证：

闭环传递函数

$$\Phi(s) = \frac{G_k(s)}{1 + G_k(s)} = \frac{2}{s + 1}$$

特征根为 -1。闭环系统稳定。

2. 系统开环传递函数有积分环节（非 0 型系统）

对于开环传递函数中含有 υ 个积分环节的非 0 型系统，在应用奈氏判据时，先绘出 $\omega: 0 \to +\infty$ 的 $G_k(j\omega)$ 幅相频率特性曲线，再从 $\omega = 0$ 处开始，逆时针补画一个半径为 ∞，相角为 $90° \times \upsilon$ 的大圆弧**增补线**到实轴上，并视实轴的点为起点，如图 5-30 的虚线所示。再按 **0 型系统**的方法去判别闭环系统的稳定性。

例 5-11　已知 4 个系统的极坐标图如图 5-31 所示，用奈氏判据判别闭环系统的稳定性。

解　系统 a：$P = 0$，奈氏曲线不包围 $(-1, j0)$，$Z = 0$，系统稳定。

系统 b：$P = 2$，奈氏曲线逆时针包围 $(-1, j0)$ 一圈，$Z = 0$，系统稳定。

系统 c：$P = 0$，奈氏曲线顺时针包围 $(-1, j0)$ 一圈，$Z = 2$，系统不稳定。

系统 d：$P = 2$，奈氏曲线顺时针包围 $(-1, j0)$ 一圈，$Z = 4$，系统不稳定。

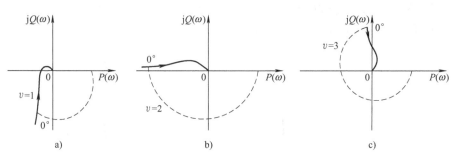

图 5-30 幅相频率特性曲线

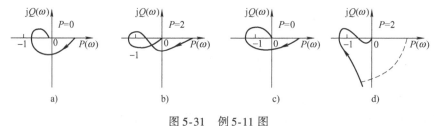

图 5-31 例 5-11 图

例 5-12 某系统开环传递函数及其幅相频率特性，如图 5-32 所示。试用奈氏判据判别闭环系统的稳定性。

$$G_k(s) = \frac{k(\tau_1 s + 1)(\tau_2 s + 1)}{s^3 + as^2 + bs + c}$$

解 利用开环幅相频率特性判稳时，首先要确定开环传递函数的正极点的个数 P。

由开环幅相频率特性图，当 $\underset{0 \to \infty}{\omega}$ 变化时，特性曲线绕原点的辐角变化量为 $3\pi/2$（270°）。

由开环传递函数可知，系统为三阶，有 3 个特征根。设其中有 P 个正根，则有 $3-P$ 个负根。一个正根的辐角当频率从 0 变化到无穷时，变化量为 $-\pi/2$。一个负根的辐角当频率从 0 变化到无穷时，变化量为 $\pi/2$。

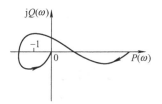

图 5-32 例 5-12 幅相频率特性图

开环幅相频率特性 $G_k(j\omega)$ 当 $\underset{0 \to \infty}{\omega}$ 变化时，总的辐角变化量应等于 $3\pi/2$，于是有

$$\Delta \underset{\omega;0 \to \infty}{\angle G_k(j\omega)} = 2 \times \frac{\pi}{2} - \left[P \times \frac{-\pi}{2} + (3-P)\frac{\pi}{2} \right] = \frac{3\pi}{2}$$

从而得 $P=2$，说明系统有 2 个正根。

根据奈氏判据，系统开环幅相频率特性曲线逆时针绕（-1，j0）点转过了一周，即 360°，于是有 $Z = P - 2N' = 2 - 2 \times 1 = 0$，所以闭环系统稳定。

二、伯德图上的奈氏判据

用奈氏判据判稳时，若采用对数频率特性图，可使绘图工作大大简化。下面讨论怎样通过伯德图，用奈氏判据判别一个闭环系统的稳定性。为此，先介绍相关的两个概念。

1. 穿越

开环幅相频率特性 $G(j\omega)H(j\omega)$ 曲线通过临界点 $(-1,j0)$ 以左的负实轴，称为穿越。其中，沿 ω 增加的方向，$G_k(j\omega)$ 曲线自上向下的穿越称为正穿越。反之，沿 ω 增加的方向，$G_k(j\omega)$ 曲线自下向上的穿越称为负穿越。穿越示意图如图 5-33 所示。

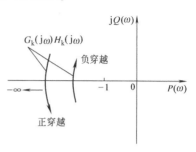

正穿越意味着幅相特性曲线对 $(-1,j0)$ 点的逆时针方向的包围。负穿越意味着幅相特性曲线对 $(-1,j0)$ 点的顺时针方向的包围。从正、负穿越的角度看，奈氏判据叙述如下：

如果系统开环传递函数有 P 个极点在 S 平面的右半边，则当 ω 由 0 变到 $+\infty$ 时，在极坐标图上 $G_k(j\omega)$ 曲线正穿越与负穿越次数之差为 $P/2$，则闭环系统是稳定的，否则闭环系统是不稳定的。

图 5-33　穿越示意图

2. 极坐标图与伯德图的对应关系

对照极坐标图和伯德图，有如下对应关系：极坐标图上以原点为圆心的单位圆，对应于对数幅频图的零分贝线；单位圆外的区域，对应于零分贝线以上的区域；单位圆内的区域，对应于零分贝线以下的区域；极坐标图上的负实轴，对应于对数相频图上的 $-180°$ 线。以上的对应关系，如图 5-34 所示。

根据上述概念，**在伯德图上用奈氏判据**的叙述如下：如果系统开环传递函数有 P 个极点在 S 平面右半边，则闭环系统稳定的充要条件是，在对数幅频特性为正的所有频段内，对数相频特性与 $-180°$ 相位线的正穿越和负穿越次数之差为 $P/2$。若开环传递函数的全部极点在 S 平面左半边，即 $P=0$，在对数幅频特性为正的所有频段内，对数相频特性对 $-180°$ 相位线正、负穿越次数差为零，则闭环系统是稳定的。否则，闭环系统是不稳定的。本判据又称为对数频率稳定性判据。

用对数频率特性判别系统稳定性示意图，如图 5-35 所示。

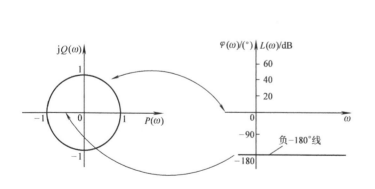

图 5-34　极坐标图与对数坐标图的对应关系

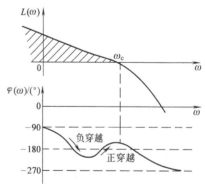

图 5-35　伯德图上奈氏判据示意图

例 5-13　若系统开环传递函数为

$$G_k(s) = \frac{500(s+1)(0.5s+1)}{s(10s+1)(5s+1)(0.1s+1)(0.025s+1)}$$

试用奈氏判据判别闭环系统的稳定性。

解 系统阶数较高，若在极坐标图中用奈氏判据判稳，画开环幅相频率特性麻烦，但画对数频率特性容易得多。系统的伯德图如图5-36所示。

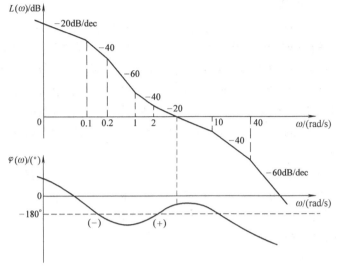

由图5-36可知，在$L(\omega) > 0$dB频段内，对数相频特性对$-180°$的正、负穿越各一次。又由于开环传递函数无正极点，即$P = 0$。根据奈氏判据，闭环系统是稳定的。

图5-36 例5-13图

3. 多环系统稳定性的判别方法

应用对数频率特性的奈氏判据判别多环控制系统的稳定性比较方便。设一多环系统如图5-37所示。

对这类系统，通常用两种方法：一是先求出系统的开环传递函数，并做出对应的对数频率特性曲线，然后，按上面叙述的方法判别系统的稳定性；二是从内环到外环，一环一环地判别各环的稳定性，直至整个系统为止。例如在本例中，先画出内回路的开环传递函数$G(s) = G_2(s)H_2(s)$的对数频率特性曲线，并根据其在S平面右半边的开环极点数和在正的对数幅频特性频段范围内相频特性对$-180°$相位线的

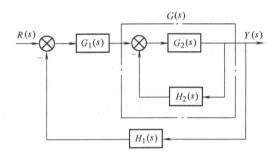

图5-37 多环系统结构图

正、负穿越次数之差，求出内环在S平面右半边的闭环极点数，该极点数加上外环在S平面右半边的极点数，则为整个系统开环时在S平面右半边的总极点数P。然后，绘出$G_1(s)G(s)H_1(s)$的对数频率特性曲线，用奈氏判据判别稳定性。

*三、奈氏判据的数学解释

奈氏判据的详细证明，须用到"复变函数"理论。下面只简述其证明的基本思路及要点。详细过程可参阅相关文献。

1. 辅助函数与系统零极点的关系

考虑图5-38所示的单回路反馈系统。其开环传递函数和闭环传递函数分别为

$$G_k(s) = G(s)H(s) = \frac{N(s)}{D(s)}$$

$$\Phi(s) = \frac{Y(s)}{R(s)} = \frac{G(s)}{1 + G(s)H(s)} = \frac{D(s)G(s)}{D(s) + N(s)}$$

上面两式中，$D(s)$ 和 $[D(s)+N(s)]$ 分别是开环和闭环系统的特征多项式。

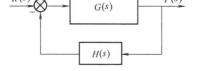

把两个特征多项式相比，用 $F(s)$ 表示，并称之为"辅助函数"，即

$$F(s) = \frac{D(s)+N(s)}{D(s)}$$

图 5-38 单回路反馈系统结构图

考虑到实际的物理系统，其开环传递函数分母多项式 $D(s)$ 的阶数 n 大于或等于分子多项式 $N(s)$ 的阶数 $m(n \geq m)$，故 $F(s)$ 的分子和分母两个多项式的最高阶数必然相同，即均等于 n。

设 $F(s)$ 的零点为 $-z_i (i=1,2,\cdots,n)$，极点为 $-p_j (j=1,2,\cdots,n)$，则辅助函数 $F(s)$ 用零、极点表示时，有

$$F(s) = \frac{D(s)+N(s)}{D(s)} = \frac{(s+z_1)(s+z_2)\cdots(s+z_n)}{(s+p_1)(s+p_2)\cdots(s+p_n)} \tag{5-65}$$

还可得到辅助函数 $F(s)$ 与开环传递函数 $G_k(s)$ 间的关系

$$F(s) = \frac{D(s)+N(s)}{D(s)} = 1 + \frac{N(s)}{D(s)} = 1 + G(s)H(s) = 1 + G_k(s) \tag{5-66}$$

考察上面诸式，辅助函数 $F(s)$ 具有如下特点：

① $F(s)$ 的零点就是闭环系统的极点。

② $F(s)$ 的极点也是开环系统的极点。

③ $F(s)$ 的零、极点的数目相等。

④ $F(s)$ 与开环传递函数 $G_k(s)$，只差常数"1"，两者间的几何关系示意图如图 5-39 所示。

这样，从辅助函数 $F(s)$ 的角度看，控制系统稳定的充分必要条件是，$F(s)$ 的零点都必须具有负实部。下面讨论，$F(s)$ 的零点都必须具有负实部即均位于 S 平面左半边的条件与开环频率特性 $G_k(j\omega)$ 的关系。先介绍一个重要原理——辐角原理。

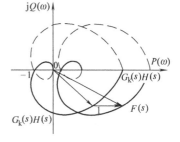

图 5-39 辅助函数与开环传递函数间的几何关系示意图

2. 辐角原理

式 (5-65) 的两边，写成模和辐角的形式有

$$|F(s)| \angle F(s) = \frac{\prod\limits_{i=1}^{n} |s+z_i|}{\prod\limits_{j=1}^{n} |s+p_j|} \left[\sum_{i=1}^{n} \angle(s+z_i) - \sum_{j=1}^{n} \angle(s+p_j) \right] \tag{5-67}$$

比较两边的辐角，有

$$\angle F(s) = \sum_{i=1}^{n} \angle(s+z_i) - \sum_{j=1}^{n} \angle(s+p_j) \tag{5-68}$$

s 是复数，$F(s)$ 是复变函数，它们分别可用复平面上的矢量来表示，其所对应的复平面分别称为 S 平面和 F 平面。由复变函数理论可知，若在 S 平面上选一点（设为 a），通过复变函数 $F(s)$ 的映射关系，可在 F 平面上找到相对应的一点（设为 a'，并称 a' 为 a 的映像）；同

理，对于 S 平面上任一条不通过 $F(s)$ 任何奇异点的封闭曲线 Γ_s，也可以在 F 平面上找到一条与 Γ_s 相对应的封闭曲线 Γ_f（称 Γ_f 为 Γ_s 的映像），并有如下的辐角原理。

辐角原理　若封闭曲线 Γ_s 内有 Z 个 $F(s)$ 的零点和 P 个 $F(s)$ 的极点，则曲线 Γ_s 上的一点 s 依 Γ_s 顺时针转一圈时，在 F 平面上，封闭曲线 Γ_f 绕原点反时针转过的圈数 N 为 P 和 Z 之差，即

$$N = P - Z \tag{5-69}$$

N 若为负，表示 Γ_f 曲线绕原点顺时针转过的圈数。

辐角原理的证明复杂，简单解析如下。

在 S 平面上取一闭合路径 Γ_s，且 Γ_s 上不会有 $F(s)$ 的零点和极点，对于 Γ_s 上的 s 值，$F(s)$ 为单值有理函数。

设 $-Z_1$ 在 Γ_s 外（见图 5-40），则当 s 从 S_1 点顺时针沿着 Γ_s 绕一圈回到 S_1 时，矢量 $s + Z_1$ 的辐角变化为零，即

$$\Delta\angle(s + Z_1) = 0° \tag{5-70}$$

实际上，所有在 Γ_s 外的零点和极点，当 s 沿 Γ_s 顺时针绕一圈时，它们的辐角变化均为零，对 $\angle F(s)$ 的辐角无影响。

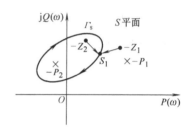

图 5-40　辐角原理推导示意图

设 $-Z_2$ 在 Γ_s 内，则当 s 沿着 Γ_s 从 S_1 顺时针绕一圈回到 S_1 位置时，矢量 $s + Z_2$ 的角度变化按照复变函数关于矢量逆时针旋转角为正的规定，应为负角度，即

$$\Delta\angle(s + Z_2) = -2\pi \tag{5-71}$$

实际上，所有在 Γ_s 内的零点和极点，当 s 沿 Γ_s 绕一圈时，矢量辐角的变化均为"-2π"。

由此可知，当 Γ_s 内有 Z 个 $F(s)$ 的零点和 P 个 $F(s)$ 的极点时，s 沿着 Γ_s 从 S_1 顺时针绕一圈回到 S_1 时，总辐角的变化值由式（5-68）得

$$\Delta\angle F(s) = -2\pi(Z - P) = 2\pi(P - Z) = 2\pi N$$

所以

$$P - Z = N$$

值得注意的是，若知道系统的开环极点数 P 以及 F 平面上 Γ_f 绕原点的圈数 N，则由式（5-69）可以求出 Γ_s 内所具有的 $F(s)$ 的零点数目 Z。

*3. 奈奎斯特稳定性判据

因为辅助函数 $F(s)$ 的零点就是系统的闭环极点，所以若在 S 平面的右半边有一个以上的 $F(s)$ 的零点存在，则闭环系统是不稳定的。

为了应用上面的辐角原理确定在 S 平面的右半边是否存在 $F(s)$ 的零点，把封闭曲线 Γ_s 包围的范围取为整个 S 平面的右半边，即 Γ_s 由图 5-41 所示的虚轴和半径 R 为无穷的半圆组成。这样，辐角原理表达式（5-69）中的 P 和 Z 则分别表示位于 S 平面右半边上的辅助函数 $F(s)$ 的极点数和零点数。

图 5-41 中，包围整个 S 平面右半边的这条封闭曲线 Γ_s，又称为奈奎斯特路径，简称奈氏路径。而在 F 平面上与这条奈氏路径 Γ_s 相对应（影射）的路径 Γ_f，称为奈奎斯特曲线，又简称为奈氏曲线。下面证明，此奈氏曲线 Γ_f 的形状与系统的开环幅相频率特性 $G_k(j\omega)$ 相同，两者只相差一个单位长度。

图 5-41 所示的 Γ_s 曲线，可视为由两部分组成。第一部分为虚轴，即 $s = \mathrm{j}\omega$，ω 由 $-\infty \to 0 \to +\infty$ 变化；第二部分为半径 R 为无穷大的半圆，即 $|s| \to \infty$。

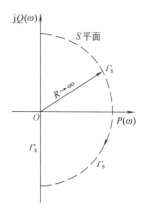

当 s 沿 Γ_s 的第一部分变化时，由式(5-66)有

$$F_1(s) = F(\mathrm{j}\omega) = 1 + G(\mathrm{j}\omega)H(\mathrm{j}\omega) = 1 + G_k(\mathrm{j}\omega) \quad \omega : -\infty \to +\infty$$
$$(5\text{-}72)$$

当 s 沿 Γ_s 的第二部分变化时，由于实际的物理系统，通常其开环传递函数分母的阶数大于分子的阶数，所以当 $|s| \to \infty$ 时，$G(s)H(s) \to 0$，由式(5-66)有

$$F_2(s) = 1 + G(s)H(s) = 1 + 0 = 1 \quad |s| \to \infty \quad (5\text{-}73)$$

式(5-73)表明，s 沿着无穷大半径的半圆路径运动的全过程，在 F 平面上的映射为一个点 $(1, \mathrm{j}0)$。

图 5-41　包围整个 S 平面右半边的封闭曲线 Γ_s

这样，当 s 沿图 5-41 所示的奈氏路径 Γ_s 移动时，其在 F 平面上得到的影射轨迹以及辐角的变化就只由式(5-72)描述。由式(5-72)可知，若把这条影射曲线向左移动"一"个单位，就是当 ω 从 $-\infty$ 变化到 $+\infty$ 时的系统开环幅相频率特性曲线 $G_k(\mathrm{j}\omega)$，示意图如图 5-42 所示。

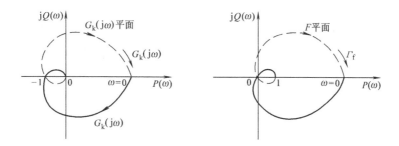

图 5-42　F 平面与 $G_k(\mathrm{j}\omega)$ 平面的关系示意图

比较图 5-42 可看到，Γ_f 曲线绕原点的圈数相等于 $G_k(\mathrm{j}\omega)$ 当 ω 从 $-\infty$ 变化到 $+\infty$ 时特性曲线绕 $(-1, \mathrm{j}0)$ 点的圈数。因此，可以直接利用开环频率特性 $G_k(\mathrm{j}\omega)$ 绕 $(-1, \mathrm{j}0)$ 点的圈数来计算出"N"的值。然后，再根据系统开环极点在 S 平面右半边的数目"P"，就可按式(5-69)计算出辅助函数 $F(s)$ 在 S 平面右半边上的零点个数，即闭环极点个数"Z"。如果闭环是稳定的，必有 $Z = 0$，即 $N = P$。于是，上述的辐角原理可用来判别闭环系统的稳定性，这便是在控制工程中广泛应用的奈氏稳定判据。

奈氏判据：控制系统稳定的充分必要条件是，开环幅相频率特性曲线 $G_k(\mathrm{j}\omega)$，当 ω 从 $-\infty$ 变化到 $+\infty$ 时，逆时针包围临界点 $(-1, \mathrm{j}0)$ 的圈数 N 等于开环传递函数在 S 平面右半边的极点数 P。当开环传递函数没有 S 平面右半边上的极点时，即 $P = 0$ (或称为当开环系统是稳定时)，闭环系统稳定的充分必要条件是，系统的开环幅相频率特性曲线 $G_k(\mathrm{j}\omega)$，当 ω 从 $-\infty$ 变化到 $+\infty$ 时，不包围临界点 $(-1, \mathrm{j}0)$，即 $N = 0$。

若 N 不等于 P，则闭环系统不稳定。这时，闭环正实部特征根的个数"Z"，按下式确定

$$Z = P - N \qquad (5\text{-}74)$$

第七节 用频率法分析系统稳态性能

由时域分析法知道，稳定的系统在阶跃、斜坡和抛物线信号输入作用下，其稳态误差值可通过系统的类型即开环传递函数中积分环节的个数 v 和开环放大系数 K 的值来确定。用频率法分析系统的稳态性能时，通常是在伯德图的开环对数幅频特性图上进行，因为系统的类型和开环放大系数 K 的值很容易直接从该图上求得。知道了系统的类型和 K 值以后，根据第三章表 3-3 便得到该系统的稳态误差。

一、系统类型的确定

在开环对数幅频特性图上，积分环节的个数确定了对数幅频特性低频段的斜率，两者关系为

$$\lambda = -20v \quad (\mathrm{dB/dec}) \tag{5-75}$$

式中，λ 为低频段的斜率；v 为积分环节个数，即系统的类型。

因此，知道了开环对数幅频特性低频段的斜率 λ，就可确定出对应系统的类型。若一系统的开环对数幅频特性低频段的斜率为 0dB/dec，由式(5-75)有，$v=0$，该系统为 **0 型系统**。假如其斜率为 −20dB/dec，可知 $v=1$，该系统为 **I 型系统**。如果是 −40dB/dec 的斜率，则 $v=2$，该系统是 II 型系统。

二、开环放大系数 K 的确定

在开环对数幅频特性图上，开环放大系数 K 的大小影响特性曲线高度。

对于 **0 型系统**，典型的对数幅频特性如图 5-43 所示。其传递函数形式为

$$G_{\mathrm{k}}(s) = \frac{K(\tau_1 s + 1)\cdots}{(T_1 s + 1)(T_2 s + 1)\cdots}$$

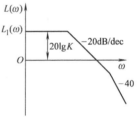

图 5-43 **0 型系统**的
对数幅频特性

频率特性

$$G_{\mathrm{k}}(\mathrm{j}\omega) = \frac{K(\mathrm{j}\omega\tau_1 + 1)\cdots}{(\mathrm{j}\omega T_1 + 1)(\mathrm{j}\omega T_2 + 1)\cdots} \tag{5-76}$$

幅频特性

$$A(\omega) = |G_{\mathrm{k}}(\mathrm{j}\omega)| = \frac{K|(\mathrm{j}\omega\tau_1 + 1)|\cdots}{|(\mathrm{j}\omega T_1 + 1)||(\mathrm{j}\omega T_2 + 1)|\cdots} \tag{5-77}$$

只考虑低频段即 $\omega \ll 1$ 时，有

$$A_1(\omega) \approx K \tag{5-78}$$

对数幅频特性为

$$L_1(\omega) = 20\lg A_1(\omega) = 20\lg K \tag{5-79}$$

由式(5-79)，得

$$K = 10^{\frac{L_1(\omega)}{20}} \tag{5-80}$$

所以，由渐近线的低频段高度 $L_1(\omega)$ 的分贝数可求出开环放大系数 K 的值。

对于 **I 型系统**，典型的对数幅频特性如
图 5-44 所示。典型的开环传递函数形式为

$$G_k(s) = \frac{K(\tau_1 s + 1)\cdots}{s(T_1 s + 1)(T_2 s + 1)\cdots}$$

相应的频率特性

$$G_k(j\omega) = \frac{K(j\omega\tau_1 + 1)\cdots}{(j\omega)(j\omega T_1 + 1)(j\omega T_2 + 1)\cdots}$$

$$\tag{5-81}$$

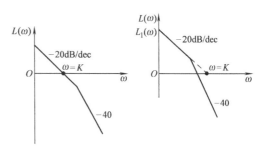

图 5-44　**I 型系统**对数幅频特性

只考虑低频段的幅频特性，即当 $\omega \ll 1$ 时有

$$A_1(\omega) = \frac{K}{\omega} \tag{5-82}$$

由式(5-82)知，相应的对数幅频特性

$$L_1(\omega) = 20\lg A_1(\omega) = 20\lg K - 20\lg\omega \tag{5-83}$$

令 $\omega = 1$，由式(5-83)得

$$L_1(1) = 20\lg K, \quad K = 10^{\frac{L_1(1)}{20}} \tag{5-84}$$

式(5-84)说明，**I 型系统**斜率为 -20dB/dec 的低频渐近特性或其延长线，在 $\omega = 1$ 时的分贝
数由开环放大系数 K 的值决定。

令 $L_1(\omega) = 0$，由式(5-83)得

$$20\lg K = 20\lg\omega, \quad K = \omega$$

上式说明，**I 型系统**斜率为 -20dB/dec 的低频渐近特性或其延长线与横轴交点的频率值，
与开环放大系数 K 的值相等。

对于 **II 型系统**，典型的对数幅频特性如
图 5-45 所示。其传递函数的形式为

$$G_k(s) = \frac{K(\tau_1 s + 1)\cdots}{s^2(T_1 s + 1)(T_2 s + 1)\cdots}$$

频率特性为

$$G_k(j\omega) = \frac{K(j\omega\tau_1 + 1)\cdots}{(j\omega)^2(j\omega T_1 + 1)(j\omega T_2 + 1)\cdots}$$

$$\tag{5-85}$$

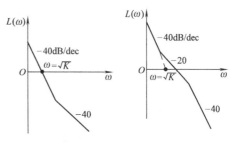

图 5-45　**II 型系统**的对数幅频特性

只考虑低频段即 $\omega \ll 1$ 时的幅频特性，有

$$A_1(\omega) = \frac{K}{\omega^2} \tag{5-86}$$

低频段的对数幅频特性为

$$L_1(\omega) = 20\lg A_1(\omega) = 20\lg K - 20\lg\omega^2 \tag{5-87}$$

令 $\omega = 1$，由式(5-87)有

$$L_1(1) = 20\lg K, \quad K = 10^{\frac{L_1(1)}{20}} \tag{5-88}$$

式(5-88)说明，**II 型系统**斜率为 -40dB/dec 的低频渐近特性或其延长线，在 $\omega = 1$ 时的分贝
数由开环放大系数 K 的值决定。

令 $L_1(\omega)=0$，由式(5-87)有

$$20\lg K=20\lg\omega^2,\quad K=\omega^2 \tag{5-89}$$

式(5-89)说明，**Ⅱ型系统**斜率为 $-40\mathrm{dB/dec}$ 的低频渐近线或其延长线，与横轴交点的频率值的二次方等于开环放大系数 K 的值。

三、正弦信号作用下的稳态误差计算

若系统结构图如图 5-46 所示，其误差传递函数为

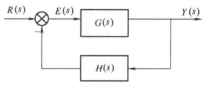

$$\Phi_e(s)=\frac{E(s)}{R(s)}=\frac{1}{1+G(s)H(s)}=\frac{1}{1+G_k(s)}$$

图 5-46 典型系统结构图

频率特性为

$$\Phi_e(j\omega)=\frac{1}{1+G_k(j\omega)}=|\Phi_e(j\omega)|e^{j\varphi_e(\omega)} \tag{5-90}$$

式中

$$|\Phi_e(j\omega)|=\left|\frac{1}{1+G_k(j\omega)}\right|$$

$$\varphi_e(\omega)=\angle\Phi_e(j\omega)=\arctan\left(\frac{\mathrm{Im}\Phi_e(j\omega)}{\mathrm{Re}\Phi_e(j\omega)}\right)$$

当输入信号为正弦函数时，即

$$r(t)=X\sin\omega t$$

根据频率特性定义，其稳态误差为

$$e_{sst}=|\Phi_e(j\omega)|X\sin[\omega t+\varphi_e(\omega)]$$

第八节　用开环频率特性分析系统动态性能

从频域的角度去分析、设计控制系统时，常采用开环频率特性，并通过特性曲线上的某些特征量来表征系统的动态性能。这些特征量常称为系统的**开环频域性能指标**。

一、开环频域性能指标

1. 截止频率 ω_c（幅值穿越频率）

在**极坐标图**上，截止频率的定义是，开环幅相特性曲线与单位圆相交点的频率值，即

$$|G_k(j\omega_c)|=1 \tag{5-91}$$

在**伯德图**上，截止频率的定义是，对数幅频特性与 0 分贝线相交点的频率值，即

$$L(\omega_c)=20\lg|G_k(j\omega_c)|=0\mathrm{dB} \tag{5-92}$$

截止频率反映系统的快速性。截止频率值越高，系统的快速性能越好。

2. 相位裕度 γ

在**极坐标图**上，相位裕度是，连接 ω_c 与坐标原点的直线，该直线与负实轴的夹角。

在**伯德图**上，相位裕度是，相频特性在 ω_c 时的相角 $\varphi(\omega_c)$ 与 $-180°$ 之差，用公式表示为

$$\gamma=\varphi(\omega_c)+180° \tag{5-93}$$

相位裕度的含义是，当 $\varphi(\omega_c)$ 再滞后 γ 时，系统将处于临界稳定状态。

对于最小相位系统，相位裕度与闭环系统稳定性有如下结论：

$\gamma > 0$，系统稳定

$\gamma = 0$，系统临界稳定

$\gamma < 0$，系统不稳定

3. 幅值裕度 K_g

在**极坐标图**上，幅值裕度是，开环幅相特性曲线与负实轴交点幅值的倒数。

$$K_G = \frac{1}{|G_k(j\omega_g)|} \tag{5-94}$$

其中，交点的频率 ω_g 称为相位穿越频率，对应的相角为 $\varphi(\omega_g) = -180°$。

在**伯德图**上，幅值裕度是，相角 $\varphi(\omega_g) = -180°$ 对应的幅频特性的负分贝值。

$$K_G = -20\lg|G_k(j\omega_g)| \tag{5-95}$$

幅值裕度的含义是，如果系统的开环增益放大为 K_g 倍，则系统将处于临界稳定状态。

对于最小相位系统，幅值裕度与闭环系统稳定性有如下结论：

$K_G > 0$，系统稳定

$K_G = 0$，系统临界稳定

$K_G < 0$，系统不稳定

相位裕度、幅值裕度又常称为系统的**"相对稳定性"**，如图 5-47 所示。

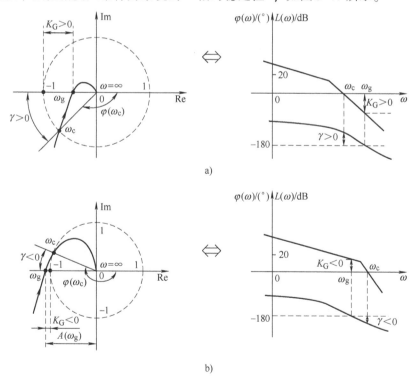

图 5-47　相位裕度、幅值裕度与稳定性

a）闭环系统稳定　b）闭环系统不稳定

例 5-14　已知系统开环传递函数为

$$G_k(s) = \frac{200}{s(s+1)(s+10)}$$

（1）求系统的相位裕度和幅值裕度；

（2）判别闭环系统的稳定性。

解　（1）绘制系统的伯德图

将开环传递函数化为标准式

$$G_k(s) = \frac{20}{s(0.1s+1)(s+1)}$$

两个转折频率为

$$\omega_1 = \frac{1}{0.1}\text{rad/s} = 10\text{rad/s}, \quad \omega_2 = \frac{1}{1}\text{rad/s} = 1\text{rad/s}$$

开环放大系数 $K = 20$，$20\lg 20 = 26\text{dB}$。

斜率分别为 -20dB/dec、-40dB/dec、-60dB/dec。

系统的伯德图，如图 5-48 所示。

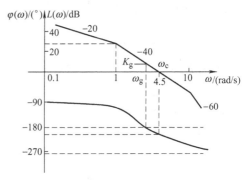

图 5-48　例 5-14 伯德图

（2）计算相位裕度

相位裕度计算**有多种**方法。一是直接从伯德图上量出，但前提是特性曲线必须有足够的准确性。其他方法是通过计算求出。

首先计算截止频率 ω_c。由横轴上的直角三角形边长与斜率关系（不用考虑正负），有

$$\frac{26}{\lg\omega_c - \lg 1} = 40 \quad \Rightarrow \quad 40\lg\omega_c = 26 \quad \Rightarrow \quad \omega_c \approx 4.5\text{rad/s}$$

计算 ω_c 的相角，由相角方程

$$\varphi(\omega_c) = -90° - \arctan(0.1\omega_c) - \arctan(\omega_c) = -191.8°$$

代入公式得

$$\gamma = 180° + (-191.8°) = -11.2°$$

$\gamma < 0$，闭环系统不稳定。

（3）计算幅值裕度

首先计算相位穿越频率 ω_g。由定义

$$\varphi(\omega_g) = -90° - \arctan(\omega_g) - \arctan(0.1\omega_g) = -180°$$

可利用反三角函数相关公式求解，也常用试探法，令 ω_g 为一些值，取最接近满足上面方程的值，则 $\omega_g \approx 3.2\text{rad/s}$。

依直角三角形边长间的关系有

$$\frac{K_G}{\lg\omega_c - \lg\omega_g} = \frac{K_G}{\lg 4.5 - \lg 3.2} = 40 \quad \Rightarrow \quad K_G \approx -6\text{dB/dec}$$

$K_G < 0$，闭环系统不稳定。

例 5-15　已知系统开环传递函数为

$$G_k(s) = \frac{Ke^{-0.8s}}{s+1}$$

试求使系统稳定的 K。

解　系统开环传递函数为

$$G_k(j\omega) = \frac{Ke^{-j0.8\omega}}{1+j\omega} = \frac{K}{\sqrt{1+\omega^2}} \angle (-0.8\omega - \arctan\omega)$$

令 $-0.8\omega_g - \arctan\omega_g = -180°$ $\Rightarrow$ $\omega_g = 2.45\,\text{rad/s}$

由幅值裕度判据得，系统要稳定，必须

$$K_G = \frac{1}{|G_k(j\omega_g)|} = \frac{\sqrt{1+\omega_g^2}}{K} > 1 \qquad \Rightarrow \qquad K < 2.65$$

于是，使系统稳定的 K 值范围为

$$0 < K < 2.65$$

二、性能指标与中频段特性

上面介绍的反映系统动态性能的频域指标，由它们的定义均可看出，都处于开环对数幅频特性截止频率 ω_c 附近的区域。通常，工程界把这一区域称为频率特性的"**中频区**"，把中频区以前的区段，或第一个转折频率以前的区段称为"**低频区**"，中频区以后的区段称为"**高频区**"。因此，可以说中频区集中地反映了控制系统的动态性能。下面对最小相位系统的 3 种中频特性进行分析，以便从中得出一些有益的结论。

1）若中频段的斜率为 -20dB/dec，中频段的宽度 h 足够大，以至可认为低频段和高频段斜率对 ω_c 附近的相频特性影响可忽略。

由伯德定理知道，上面这种情况的相频特性，在 ω_c 附近几乎为 $-90°$。就动态性能而言，可近似认为系统的整个特性为一条斜率是 -20dB/dec 的直线。其对应的传递函数为

$$G_k(s) \approx \frac{K}{s} = \frac{\omega_c}{s}$$

对于单位反馈系统，闭环传递函数为

$$\Phi(s) = \frac{G_k(s)}{1+G_k(s)} \approx \frac{\dfrac{\omega_c}{s}}{1+\dfrac{\omega_c}{s}} = \frac{1}{\dfrac{1}{\omega_c}s + 1}$$

这相当于一阶系统。由第三章时域分析法知道，单位阶跃输入下系统的输出没有超调，没有振荡，而调节时间 $t_s \approx 3/\omega_c$。因此，截止频率 ω_c 越高，t_s 越小，系统的快速性越好。

上面的**分析表明**，若中频段的斜率为 -20dB/dec，中频宽较大，截止频率较高，系统将具有较好的动态性能，超调量和过渡过程的时间会较小。

2）若中频段的斜率为 -40dB/dec，中频段的宽度 h 足够大。

由伯德定理知道，就动态性能而言，可近似认为系统的整个特性为一条斜率是 -40dB/dec 的直线。其对应的传递函数为

$$G_k(s) \approx \frac{K}{s^2} = \frac{\omega_c^2}{s^2}$$

对于单位反馈系统，闭环传递函数为

$$\Phi(s) = \frac{G_k(s)}{1 + G_k(s)} = \frac{\frac{\omega_c^2}{s^2}}{1 + \frac{\omega_c^2}{s^2}} = \frac{\omega_c^2}{s^2 + \omega_c^2}$$

这相当于阻尼系数 $\zeta = 0$ 的二阶系统。系统处于临界稳定状态，动态过程呈现持续振荡。

上面**分析表明**，若中频段的斜率为 $-40\mathrm{dB/dec}$，则中频段的宽度 h 不能过宽。否则，超调量会很大，过渡过程时间会很长。

3）若中频段的斜率为 $-60\mathrm{dB/dec}$，甚至更陡。相位裕度 γ 将会为负值，闭环系统会不稳定。

综合以上的分析，可以得出一个**重要结论**：要使控制系统获得良好的动态性能，系统的开环对数幅频特性中频区即截止频率 ω_c 附近的斜率必须为 $-20\mathrm{dB/dec}$，而且要有一定的宽度（通常 h 取 $5\sim10$）；系统的开环截止频率 ω_c 的高低，反映了系统响应过程的快慢，应以提高 ω_c 来保证系统的快速性。

根据本章第六节分析，频率特性的低频区特性，反映了控制系统的稳态性能，即系统的控制精度；而本节的分析说明，其中频区特性反映了控制系统的相对稳定性，即系统的动态性能；对于高频区特性，对数幅频已完全处于横轴下方，且其下降斜率一般比较大，如 $-60\mathrm{dB/dec}$、$-80\mathrm{dB/dec}$，甚至更大，是一个负的分贝数。这就说明，高频区特性对于较高频率的信号表现出较强的衰减特性。因此，开环对数幅频特性的高频区反映了控制系统抗高频干扰的能力。

值得指出的是，三个频段的划分并没有严格的确定准则。但是，三频段的概念为直接利用开环对数频率特性来分析稳定的闭环系统的动、静态性能，指出了原则和方向。

三、频域性能与时域性能的关系

评价控制系统动态性能优劣的最直观、最主要的是时域指标中的超调量和调节时间。在用开环频率特性来分析或评价、综合控制系统的动态性能时，有必要知道两种指标间的关系。对于二阶系统，γ 与 $\sigma_p\%$ 和 ω_c 与 t_s 之间有确定的对应关系。对于高阶系统，两者之间也有一定的近似关系。下面给予分析。

1. 二阶系统

二阶系统开环传递函数的标准式

$$G_k(s) = \frac{\omega_n^2}{s(s + 2\zeta\omega_n)}$$

相应的开环频率特性为

$$G_k(j\omega) = \frac{\omega_n^2}{j\omega(j\omega + 2\zeta\omega_n)} \tag{5-96}$$

幅频特性和相频特性分别为

$$A(\omega) = \frac{\omega_n^2}{\omega\sqrt{\omega^2 + (2\zeta\omega_n)^2}} \tag{5-97}$$

$$\varphi(\omega) = -90° - \arctan\frac{\omega}{2\zeta\omega_n} \tag{5-98}$$

根据 ω_c 的定义，有

$$A(\omega_c) = \frac{\omega_n^2}{\omega_c \sqrt{\omega_c^2 + (2\zeta\omega_n)^2}} = 1$$

求解上式，得

$$\omega_c = \sqrt{\sqrt{4\zeta^4 + 1} - 2\zeta^2} \, \omega_n \tag{5-99}$$

根据相位裕度的定义，有

$$\gamma = 180° + \varphi(\omega_c) = 180° - 90° - \arctan\frac{\omega_c}{2\zeta\omega_n} = \arctan\frac{2\zeta\omega_n}{\omega_c}$$

将式（5-99）代入上式，得

$$\gamma = \arctan\frac{2\zeta}{\sqrt{-2\zeta^2 + \sqrt{4\zeta^4 + 1}}} \tag{5-100}$$

由第三章时域分析，超调量只与阻尼系数有关

$$\sigma_p(\%) = e^{-\zeta\pi/\sqrt{1-\zeta^2}} \times 100\% \tag{5-101}$$

由式（5-100）、式（5-101）求出，γ 与 $\sigma(\%)$ 关系见表5-5。

表5-5　γ、$\sigma_p(\%)$、ζ 关系

$\gamma/(°)$	0	11.42	22.60	33.25	43.10	51.80	59.20	65.5	69.86	73.50
$\sigma_p(\%)$	100	72.9	52.7	37.2	25.3	16.3	9.5	4.32	1.5	0.15
ζ	0	0.1	0.2	0.3	0.4	0.5	0.6	0.7	0.8	0.9

根据表5-5数据，可以知道：相位裕度增加，超调量下降，系统动态过程的平稳性变好。

根据式（5-99），对不同的 ζ 值计算出 ω_c/ω_n，见表5-6。

表5-6　ζ 与 ω_c/ω_n 关系

ζ	0	0.1	0.2	0.3	0.4	0.5	0.6	0.7	0.8	0.9	1
$\dfrac{\omega_c}{\omega_n}$	1	0.99	0.96	0.91	0.85	0.79	0.72	0.65	0.59	0.53	0.49

根据表5-6所列数据，可以看出：当 $0 \leqslant \zeta \leqslant 0.4$ 时，$0.85 \leqslant \omega_c/\omega_n \leqslant 1$，即 $0.85\omega_n \leqslant \omega_c \leqslant \omega_n$，在此范围内，用 ω_c 代替 ω_n，误差小于15%。因此，ω_c 对 t_s 的影响和 ω_n 对 t_s 的影响相近似。换句话说，当 ζ 不变时，ω_c 越大，t_s 越小，系统的快速性能越好。

2. 高阶系统

高阶系统的频率特性和系统动态过程的性能指标间没有准确的关系式。但是，通过对大量系统的研究，有关文献介绍了下面的性能指标的估算公式。

$$\sigma_p(\%) = 0.16 + 0.4\left(\frac{1}{\sin\gamma} - 1\right) \quad 35° \leqslant \gamma \leqslant 90° \tag{5-102}$$

$$t_s = \frac{K\pi}{\omega_c} \tag{5-103}$$

式中，$K = 2 + 1.5\left(\dfrac{1}{\sin\gamma} - 1\right) + 2.5\left(\dfrac{1}{\sin\gamma} - 1\right)^2$。

* 第九节　用闭环频率特性分析系统性能

控制系统的闭环频率特性是在 $s = j\omega$ 情况下的闭环传递函数，显然闭环频率特性也是系统数学模型的一种表达形式，同样描述了系统所具有的特性。

对于图 5-49 所示的控制系统，闭环传递函数为

$$\Phi(s) = \frac{Y(s)}{R(s)} = \frac{G(s)}{1 + G(s)H(s)} = \frac{G(s)}{1 + G_k(s)}$$

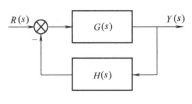

闭环频率特性，以 $s = j\omega$ 代入上式得

$$\Phi(j\omega) = \frac{Y(j\omega)}{R(j\omega)} = \frac{G(j\omega)}{1 + G_k(j\omega)} = M(\omega)e^{j\theta(\omega)} \qquad (5\text{-}104)$$

图 5-49　典型系统结构图

幅频特性为

$$M(\omega) = \left| \Phi(j\omega) \right| = \left| \frac{G(j\omega)}{1 + G_k(j\omega)} \right| \qquad (5\text{-}105)$$

闭环相频特性为

$$\theta(\omega) = \angle \Phi(j\omega) = \angle G(j\omega) - \angle(1 + G_k(j\omega)) \qquad (5\text{-}106)$$

控制系统的典型闭环幅频特性和闭环相频特性的一般形式，如图 5-50 所示。

从图 5-50 可见，闭环幅频特性曲线的低频部分较为平坦，变化缓慢。随着角频率 ω 的增加，首先出现一峰值 M_p，继而以较大的陡度衰减。闭环幅频特性随角频率 ω 变化的这种规律，可用一些特征量来描述。这些特征量便构成了根据闭环频率特性分析、综合控制系统的依据。与开环频率特性的特性量相似，称它们为闭环频域性能指标。

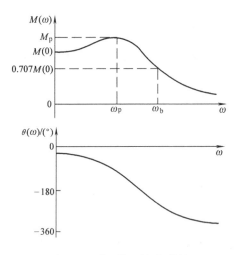

图 5-50　典型闭环幅频特性

一、闭环频域性能指标

（1）零频幅值 $M(0)$　频率为 0（或低频）时的幅值。

（2）谐振峰值 M_p　闭环幅频特性的最大值。

（3）谐振频率 ω_p　出现谐振峰值时的频率值。

（4）频带宽度 $0 \sim \omega_b$　闭环频率特性幅值，由其初始值 $M(0)$ 减小到 $0.707M(0)$ 时的频率，称为截止频率 ω_b。从零频至 ω_b 称为频带宽度。

二、闭环频率特性和系统过渡过程的关系

1. 闭环幅频特性的低频区

闭环幅频特性 $M(\omega)$ 中靠近零频的低频区特性即 $M(0)$ 附近，反映了控制系统的稳态性

能，即控制精度，分析如下：

以单位反馈系统说明。设系统的开环传递函数为

$$G_k(s) = \frac{K}{s^v} G_0(s)$$

式中，K 为系统的开环放大系数；v 为积分环节的个数；$G_0(s)$ 为开环传递函数中，除放大系数 K 和积分环节外剩余的传递函数。

系统的闭环传递函数为

$$\Phi(s) = \frac{G_k(s)}{1 + G_k(s)}$$

闭环频率特性为

$$\Phi(j\omega) = \frac{G_k(j\omega)}{1 + G_k(j\omega)} \tag{5-107}$$

式中

$$G_k(j\omega) = \frac{K}{(j\omega)^v} G_0(j\omega) \tag{5-108}$$

将式(5-108)代入式(5-107)，得

$$\Phi(j\omega) = \frac{KG_0(j\omega)}{(j\omega)^v + KG_0(j\omega)} \tag{5-109}$$

考虑到 $\omega = 0$ 时，有

$$G_0(j\omega) = G_0(j0) = 1 \tag{5-110}$$

当系统开环传递函数不含有积分环节即 $v = 0$ 时，由式(5-109)得

$$M(0) = |\Phi(j0)| = \left| \frac{KG_0(j0)}{1 + KG_0(j0)} \right| = \frac{K}{1+K} < 1 \tag{5-111}$$

当系统开环传递函数含有一个积分环节或两个积分环节时，由式(5-109)得

$$M(0) = |\Phi(j0)| = \left| \frac{KG_0(j0)}{0 + KG_0(j0)} \right| = 1 \tag{5-112}$$

根据式(5-111)，若 $M(0) < 1$，说明系统是 **0** 型的系统。单位阶跃输入下存在稳态误差；根据式(5-112)，若 $M(0) = 1$，说明是 **Ⅰ** 型或 **Ⅱ** 型系统，单位阶跃输入下无稳态误差。

2. 二阶系统的 M_p、ω_p 与 $\sigma_p(\%)$、t_s 间关系

由式(5-43)、式(5-44)给出的 M_p、ω_p 与阻尼系数 ζ 的关系式

$$\omega_p = \frac{1}{T}\sqrt{1 - 2\zeta^2} = \omega_n\sqrt{1 - 2\zeta^2} \tag{5-113}$$

$$M_p = \frac{1}{2\zeta\sqrt{1 - \zeta^2}} \tag{5-114}$$

和第三章式(3-21)超调量 $\sigma_p(\%)$ 计算式

$$\sigma_p(\%) = e^{-\pi\zeta/\sqrt{1-\zeta^2}} \times 100\% \tag{5-115}$$

可求出时域性能指标 $\sigma_p(\%)$ 与频域性能指标 M_p 之间的关系为

$$\sigma_p(\%) = \sqrt{\frac{M_p - \sqrt{M_p^2 - 1}}{M_p + \sqrt{M_p^2 - 1}}} e^{-\pi} \tag{5-116}$$

式(5-114)和式(5-116)说明，闭环幅频特性的谐振峰值 M_p 是反映控制系统阻尼特性即振荡性能的频域性能指标。这表明，闭环幅频特性中在谐振频率 ω_p 邻域的特性反映了控制系统的动态性能。表5-7给出了 M_p 与 $\sigma_p(\%)$ 间的关系。

表5-7　二阶系统 M_p、$\sigma_p(\%)$、ζ 关系

M_p	∞	5.03	4.57	3.37	2.55	1.75	1.36	1.15	1.04	1.00
$\sigma_p(\%)$	100	72.9	70.6	62.1	52.7	37.3	25.3	16.3	9.5	4.32
ζ	0	0.1	0.11	0.15	0.2	0.3	0.4	0.5	0.6	0.707

式(5-113)表明，当 ζ 为定值时，ω_p 与 ω_n 成正比，由第三章式(3-22)调节时间计算式

$$t_s = \frac{3}{\zeta\omega_n}$$

可知，增加谐振频率 ω_p 会减少调节时间 t_s，即加快系统的过渡过程，系统的响应速度得以提高。

类似同样分析可知，频带宽度($0 \sim \omega_b$)与 ω_p 一样也是反映控制系统响应速度的闭环频域性能指标。ω_b(又称闭环截止频率)越大，频带就越宽，系统的响应速度就越高，快速性也就越好。

二阶系统频域与时域性能的关系如图5-51所示。

3. 高阶系统

上面分析了二阶系统闭环频域性能和时域性能的关系。从中可以看出，对于二阶系统而言，可以用分析方法求出两种指标之间的关系。但是，对于高阶系统而言，这两种性能指标之间的关系是很复杂的。如果在高阶系统中存在一对闭环共轭复数主导极点，那么可以将二阶系统暂态响应与频率特性的关系推广应用于高阶系统。这样，高阶系统的分析和设计工作就可以大大简化。

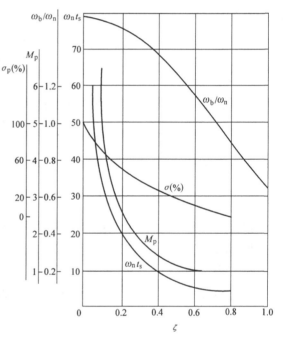

图5-51　二阶系统频域与时域性能的关系

虽然高阶系统闭环频域指标和时域指标之间没有准确的关系式，但是，通过对大量系统的研究，给出了下面两个近似的公式

$$\sigma_p(\%) = 0.16 + 0.4(M_p - 1), \quad 1 \leqslant M_p \leqslant 1.8 \tag{5-117}$$

$$t_s = \frac{K\pi}{\omega_p} \tag{5-118}$$

式中　$K = 2 + 1.5(M_p - 1) + 2.5(M_p - 1)^2$。

第十节　传递函数的实验求取

线性定常系统或环节的数学模型，可用第二章的解析方法求取。但是，当用解析方法求系统的数学模型有困难时，可采用实验分析的方法来确定。通过简单的频率特性实验求取系统或系统中各部件的传递函数，就是其中的一种方法。

对于稳定的控制系统，使用频率特性测试仪器在感兴趣的频率范围内给被测的系统或环节输入不同频率的正弦信号，容易获得该系统或环节的对数频率特性曲线。实验时所用的正弦信号频率，对于大时间常数系统，可考虑采用 0.001 ~ 10Hz；对于小时间常数系统，可考虑采用 0.1 ~ 1000Hz。注意，信号必须确保是正弦函数，不能有波型失真；另外，信号的振幅也必须认真选择，若输入信号的振幅太大，会使系统饱和，若输入信号的振幅太小，由于系统可能存在非线性因素，小的输入信号会由于死区而造成误差，这些都会影响准确性。

由实验获得的对数频率特性通常是**一条平滑的曲线**。在求取其相对应的传递函数前，应先用斜率为 0、±20dB/dec 的倍数斜率的直线去近似该条平滑的对数幅频特性曲线，得到该特性曲线的渐近线。然后根据该渐近线斜率的变化，写出对应环节的传递函数。例如，若斜率从 −20dB/dec 变化到 −40dB/dec，表明系统中含有一个惯性环节；若斜率从 −20dB/dec 变化到 −60dB/dec，表明系统中含有一个振荡环节或是两个惯性环节(不出现谐振峰值时)。根据低频段特性可求出系统的积分环节的个数和开环放大系数。

最后再根据实验获取的相频特性曲线，考察相频特性曲线与幅频特性曲线渐近线的斜率之间的关系是否符合伯德定理，即由实验得到的相角在高频段的值若等于 $-90°(n-m)$，其中 m、n 分别为传递函数分子多项式和分母多项式的阶次，则被测系统可确定是一个最小相位系统；若实验得到的相角在高频段的值不等于 $-90°(n-m)$，则被测系统必定是一个非最小相位系统。例如，若比实验得到的相位要滞后小于 180°，那么在传递函数中一定有一个位于 S 平面右半边内的零点；若与实验得到的相位滞后相差一个定常的相角变化率，则表明系统中含有滞后环节 $e^{-\tau s}$，τ 值的计算如下：

$$\lim_{\omega \to \infty} \frac{d}{d\omega} \angle G(j\omega) e^{-j\omega\tau} = \lim_{\omega \to \infty} \frac{d}{d\omega} [\angle G(j\omega) + \angle e^{-j\omega\tau}]$$

$$= \lim_{\omega \to \infty} \frac{d}{d\omega} [\angle G(j\omega) - \omega\tau]$$

$$= 0 - \tau = -\tau$$

例 5-16　由实验获得的某系统对数频率特性曲线如图 5-52 中的实线所示，求该系统的传递函数。

解　(1) 以标准斜率的直线段逼近实验所得的对数幅频特性曲线，得到对数频率特性的渐近线，如图 5-52 中的虚线所示。由图可见，从低频至高频，渐近线的斜率分别为 −20dB/dec，−40dB/dec，−20dB/dec，−60dB/dec。

(2) 根据渐近特性曲线从低频段至高频段的斜率变化情况，估计出系统所包含的环节的种类和个数。由于低频段的斜率为 −20dB/dec，及其延长线与零分贝线(ω 轴)交点处的频率值为 10，可知系统具有一个积分环节，开环放大系数为 10；由中频段至高频段的斜率变化可知，系统还含有一个惯性、一个一阶微分和一个振荡环节，各个转折频率分别为1rad/s、2rad/s和8rad/s；振荡环节在$\omega = 6\text{rad/s}$附近出现的谐振峰值，估计阻尼系数$\zeta = 0.5$。于是有

$$G(s) = \frac{10\left(\frac{1}{2}s + 1\right)}{s(s+1)\left(\frac{1}{64}s^2 + \frac{1}{8}s + 1\right)}$$

（3）实验所得的相频特性变化与频率特性斜率的变化情况不符合伯德定理，因为（2）中估计出的$G(s)$，其对应的相角曲线应如虚线$\angle G$所示。可以看出它与实验得到的相角曲线存在差别，在高频时两条相角曲线间的差别呈现为一定的变化率，而且在超高频时，两者之间相差-0.2ω，所以系统应还含有一个滞后环节，求滞后时间τ。由相频特性可看出，当$\omega = 20\text{rad/s}$

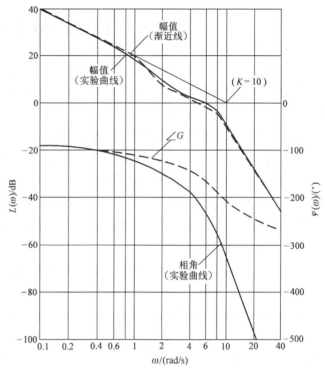

图 5-52　例 5-16 被测系统的伯德图

时，与两条相角特性曲线的交点相角，分别约为240°和480°，相差240°。于是有

$$\varphi(\omega) = \tau\omega \times \frac{360°}{2\pi} = 20\tau \times \frac{360°}{2\pi} = 240° \qquad \Rightarrow \qquad \tau \approx 0.249 \approx 0.2$$

（4）基于上面的分析，被测系统是由6个典型环节组成的。系统的开环传递函数为

$$G_k(s) = \frac{10\left(\frac{1}{2}s + 1\right)e^{-0.2s}}{s(s+1)\left(\frac{1}{64}s^2 + \frac{1}{8}s + 1\right)}$$

例 5-17　某最小相位系统的开环对数幅频特性的渐近特性如图5-53所示。
要求：（1）写出系统开环传递函数。
（2）利用相位裕度判断系统的稳定性。
（3）将其对数幅频特性向右平移十倍频程，试讨论对系统性能的影响。

解　（1）由渐近特性图可以写出系统开环传递函数

$$G(s) = \frac{10}{s\left(\frac{s}{0.1} + 1\right)\left(\frac{s}{20} + 1\right)}$$

（2）系统的开环相频特性为

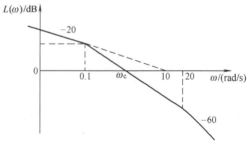

图 5-53　例 5-17 图

$$\varphi(\omega) = -90° - \arctan\frac{\omega}{0.1} - \arctan\frac{\omega}{20}$$

截止频率：由于第二个惯性环节的转折频率 20rad/s 处于截止频率的右边，因此该环节在截止频率处的对数幅频特性为 0dB，于是有

$$L(j\omega_c) = 20\lg 10 - 20\lg \omega_c - 20\lg \frac{1}{0.1}\omega_c = 0$$

解得截止频率为

$$\omega_c = \sqrt{0.1 \times 10}\,\mathrm{s}^{-1} = 1\mathrm{rad/s}$$

相位裕度为

$$\gamma = 180° + \varphi(\omega_c) = 2.85°$$

故系统稳定。

（3）将其对数幅频特性向右平移十倍频程后，可得系统新的开环传递函数为

$$G(s) = \frac{100}{s(s+1)\left(\dfrac{s}{200}+1\right)}$$

其截止频率为 $\qquad\qquad\omega_{c1} = 10\omega_c = 10$

而相位裕度为 $\qquad\qquad\gamma_1 = 180° + \varphi(\omega_{c1}) = 2.85° = \gamma$

故系统稳定性不变，但快速性增加。

由时域指标估算公式，计算超调量、调节时间为

$$\sigma_p(\%) = 0.16 + 0.4\left(\frac{1}{\sin\gamma} - 1\right) = \sigma_1(\%)$$

$$t_s = \frac{K_0\pi}{\omega_c} = \frac{K_0\pi}{10\omega_{c1}} = 0.1t_{s1}$$

所以，系统的超调量不变，调节时间缩短，动态响应加快。

习　　题

5-1　某系统结构图如图 5-54 所示。试根据频率特性的概念，求下列输入信号作用下系统的稳态输出和稳态误差。

（1）$r(t) = 4\sin 3t$

（2）$r(t) = \sin(t + 30°) - 2\cos(2t - 45°)$

5-2　若系统单位阶跃响应

$$y(t) = 1 - 1.8\mathrm{e}^{-4t} + 0.8\mathrm{e}^{-9t} \qquad t \geqslant 0$$

试求系统频率特性。

5-3　简作下列系统的极坐标图

$$G_1(s) = \frac{4}{s(s+2)}$$

$$G_2(s) = \frac{25(0.25s+1)}{s^2 + 2s + 1}$$

5-4　绘制下列传递函数的幅相特性

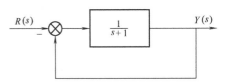

图 5-54　题 5-1 图

$$G(s) = \frac{1}{s(16s^2 + 2 \times 4 \times 0.8s + 1)}$$

5-5　绘制下列传递函数的近似对数频率特性：

（1）$G(s) = \dfrac{2}{(2s+1)(8s+1)}$

（2）$G(s) = \dfrac{100}{s(s+1)(10s+1)}$

（3）$G(s) = \dfrac{50}{s^2(s^2+s+1)(6s+1)}$

（4）$G(s) = \dfrac{40(s+0.5)}{s(s+0.2)(s^2+s+1)}$

5-6　设系统的开环对数幅频特性分段直线近似表示如图 5-55 所示（设为最小相位系统）。试写出系统的开环传递函数。

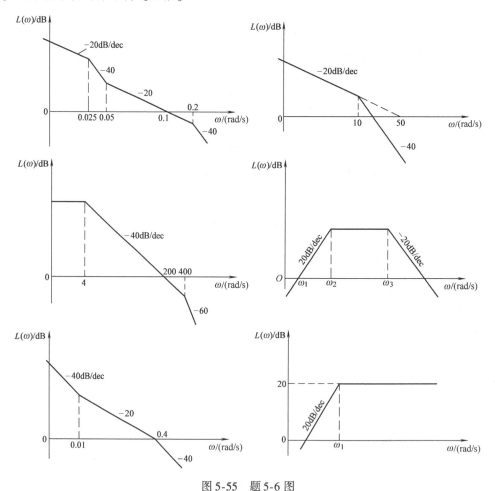

图 5-55　题 5-6 图

5-7　设系统的开环幅相频率特性如图 5-56 所示。试判断闭环系统的稳定性。图中，p 表示系统开环极点在右半 S 平面上的数目。若闭环不稳定，试计算在右半 S 平面的闭环极点数。

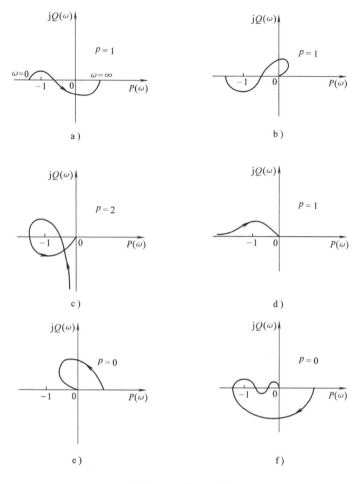

图 5-56　题 5-7 图

5-8　画出下列开环传递函数的幅相特性，并判断其闭环系统的稳定性。

（1）$G(s) = \dfrac{250}{s(s+50)}$

（2）$G(s) = \dfrac{250}{s^2(s+50)}$

（3）$G(s) = \dfrac{250}{s(s+5)(s+15)}$

（4）$G(s) = \dfrac{250}{s^2(s+5)(s+15)}$

5-9　已知系统开环传递函数分别为

（1）$G(s) = \dfrac{6}{s(0.25s+1)(0.06s+1)}$

（2）$G(s) = \dfrac{75(0.2s+1)}{s^2(0.025s+1)(0.006s+1)}$

试绘制伯德图，求相位裕量及增益裕量，并判断闭环系统的稳定性。

5-10 设单位负反馈系统的开环传递函数为

$$G(s) = \frac{2}{s(0.1s+1)(0.5s+1)}$$

当输入信号 $r(t) = 5\sin2\omega$ 时，求系统的稳态误差。

5-11 已知单位负反馈系统的开环传递函数，试绘制系统的闭环频率特性，试计算系统的谐振频率及谐振峰值。

(1) $G(s) = \dfrac{16}{s(s+2)}$

(2) $G(s) = \dfrac{60(0.5s+1)}{s(5s+1)}$

5-12 单位负反馈系统的开环传递函数为

$$G(s) = \frac{7}{s(0.087s+1)}$$

试用频域和时域关系求系统的超调量 $\sigma_{\text{p}}(\%)$ 及调节时间 t_{s}。

5-13 设一单位负反馈控制系统的开环传递函数

$$G(s) = \frac{K}{s(s+1)(0.1s+1)}$$

(1) 确定使系统的谐振峰值 $M_{\text{p}} = 1.4$ 的 K 值。

(2) 确定使系统的幅值裕度 $G_1 M_1 = 20\text{dB}$ 的 K 值。

(3) 确定使系统的相角裕度 $\gamma(\omega_{\text{c}}) = 60°$ 的 K 值。

第 六 章

控制系统设计与校正

控制系统设计主要包含分析和校正两大内容。

分析就是依据实际的被控对象和提出的性能指标，选择应采用的基本元部件，如执行部件、功率放大器件，测量元件等，把它们组成基本的控制系统，并通过控制理论的某种方法分析其性能。注意的是，这样的基本控制系统绝大多数是不能全面满足性能指标的。

校正就是在未能全面满足性能指标要求的基本控制系统的结构中引入一些新的附加环节，并从理论上分析和选择这些附加环节的类型、计算出相关参数值，从而使系统全面地满足提出的性能指标。

经典控制理论中，理论分析及校正方法有时域法、根轨迹法和频率法，时域法、频率法是重点内容。

第一节 概 述

一、系统的性能指标

控制系统设计所关注的核心问题是，性能指标以及系统是否能满足所提出的指标要求。系统的性能指标在经典控制理论设计系统时，主要有如下两种。

1. 时域指标

（1）静态指标 静态误差 e_{ss}、无差度 v 和开环放大系数 K。

（2）动态指标 调节时间 t_s 和超调量 $\sigma_p\%$。

2. 开环频域指标

截止频率 ω_c、相位稳定裕度 γ 和中频宽度 h。

在对系统进行设计时，给出的性能指标可以是时域指标或开环频域指标，用频率法校正系统时，若给出的是时域指标，则应将此指标换算成开环频域指标。用频率法校正可用尼柯尔斯图法和伯德图法，由于伯德图绘制简单，容易看出校正网络的效果，所以本书只介绍伯德图法校正方法。

二、校正方式

按校正装置在系统中的联结方式，有两种最常用的校正方式。一种是校正装置在系统的前向通路之中与被校正对象相串联，称为串联校正，如图 6-1 所示。图中 $G_0(s)$ 是被校正对象的传递函数，$G_c(s)$ 是校正装置传递函数。另一种是在局部反馈通路中接入校正装置，称为局部反馈校正，如图 6-2 所示。图中 $G_0(s)$ 为被校正对象的传递函数，$G_c(s)$ 为校正装置的传递函数。

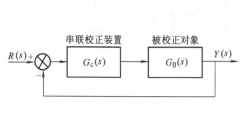

图 6-1 串联校正方式

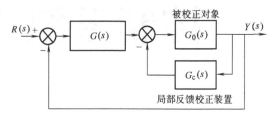

图 6-2 局部反馈校正方式

一般的系统可采用串联校正或局部反馈校正。对于复杂的、性能要求较高的系统可同时采用串联校正和局部反馈校正。

第二节 串联超前校正

一、相位超前校正装置

无源网络的相位超前校正装置如图 6-3a 所示。其传递函数为

$$G(s) = \frac{R_2}{\dfrac{R_1}{1 + R_1 Cs} + R_2} = \alpha \frac{Ts + 1}{\alpha Ts + 1} \tag{6-1}$$

式中，$\alpha = \dfrac{R_2}{R_1 + R_2} < 1$；$T = R_1 C$。

传递函数的零极形式

$$G(s) = \frac{s + z}{s + p}$$

式中，$z = \dfrac{1}{T}$，$p = \dfrac{1}{\alpha T}$。

$-z$、$-p$ 为校正装置的零、极点，它们在复平面上的位置如图 6-3b 所示。由于其传递函数中的分子的时间常数比分母的时间常数要大，即零点较极点更靠近原点，对输入信号具有明显的微分作用，故又称为**微分校正装置**。

微分校正装置的频率特性为

$$G(j\omega) = \alpha \frac{jT\omega + 1}{j\alpha T\omega + 1} \quad \alpha < 1 \quad (6-2)$$

当 α 为不同值时，其频率特性曲线如图 6-4 所示。

可见，该频率特性的主要特点是

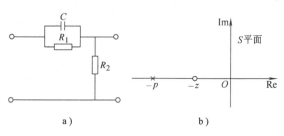

图 6-3 RC 超前网络

所有频率下相频曲线具有正相移，这表明网络在正弦信号作用下的稳态输出电压，在相位上超前于输入，故微分校正装置通常又称为相位超前校正装置。计算相位超前校正装置的相频特性，可以得到的最大超前相角 φ_m 及出现最大超前相角所对应的频率 ω_m，其值分别为

$$\varphi_m = \arctan \frac{1 - \alpha}{2\sqrt{\alpha}} \tag{6-3}$$

而

$$\omega_m = \frac{1}{\sqrt{\alpha}T} \quad 或 \quad \omega_m = \sqrt{\left(\frac{1}{T}\right)\left(\frac{1}{\alpha T}\right)} \tag{6-4}$$

可知它正好位于对数幅频特性两个转折频率 $1/T$ 和 $1/(\alpha T)$ 的几何中点。

将式(6-3)进行变换，有

$$\alpha = \frac{1 - \sin\varphi_m}{1 + \sin\varphi_m} \quad 或 \quad \frac{1}{\alpha} = \frac{1 + \sin\varphi_m}{1 - \sin\varphi_m} \tag{6-5}$$

图6-5绘出了 φ_m 和 α 的关系曲线。

由图6-4可见，超前网络的对数幅频特性在频率 $1/T \sim 1/(\alpha T)$ 范围内的斜率为 20dB/dec。而低频段的对数幅频特性为 $20\lg\alpha < 0$，即出现低频衰减。将超前网络串接于系统的前向通道时，会使系统的开环增益减小，稳态误差增大。因此，为了保证稳态误差不变，就要在加入超前网络的同时，串进放大倍数为 $1/\alpha(>1)$ 的放大器。经这种增益补偿后，相位超前校正装置的频率特性变为

$$\frac{1}{\alpha}G_c(j\omega) = \frac{jT\omega + 1}{j\alpha T\omega + 1} \tag{6-6}$$

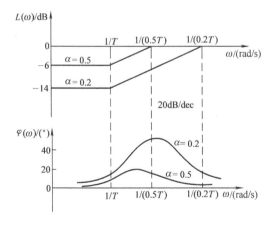

图6-4　微分校正装置的频率特性曲线

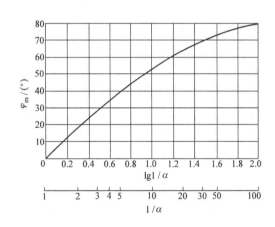

图6-5　φ_m 和 α 的关系曲线

图6-6给出了经增益补偿后超前网络的对数幅频特性曲线，其相频特性不变。由图6-6可见，当 $\omega > 1/T$ 时，超前网络的高频部分的对数幅频特性为 $20\lg1/\alpha > 0$，当 $\omega = \omega_m = 1/(\sqrt{\alpha}T)$ 时，对数幅频特性为

$$L(\omega_m) = 10\lg\frac{1}{\alpha} \tag{6-7}$$

α 值的选取不宜过小，否则，超前网络的衰减严重，系统进行增益补偿时较困难。并且 α 值越小，高频噪声的影响也越大。所以，通常 α 值应选不小于 0.07。

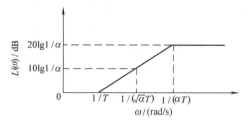

图 6-6　增益补偿后超前网络的
对数幅频特性曲线

二、相位超前校正装置所起的作用

对于已补偿低频衰减的相位超前校正装置

$$G_c(j\omega) = \frac{jT\omega + 1}{j\alpha T\omega + 1} \quad (\alpha < 1) \quad (6-8)$$

其作用可以用图 6-7 来说明。

设单位反馈系统未校正时的开环对数幅频特性、相频特性、截止频率、相位稳定裕度分别为 L_0、φ_0、ω_c 和 γ_0，校正装置的对数幅频特性和相频特性为 L_c 和 φ_c，校正后系统的开环对数幅频特性和相频特性为 L_k 和 φ_k。

从图 6-7 中可以看出，原系统的对数幅频特性在截止频率附近的斜率为 -40dB/dec。相位稳定裕度 γ_0 为负，系统不稳定。

在原系统串入超前校正，校正环节的转折频率 $1/T$ 及 $1/(\alpha T)$ 分别设在原截止频率 ω_c 的两侧，ω_m 为校正环节出

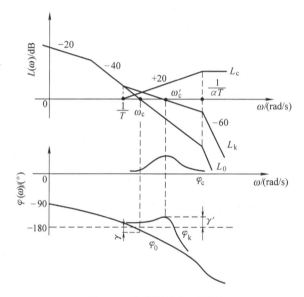

图 6-7　串联超前校正原理

现最大正相角的频率。由于正斜率的作用，校正后系统对数幅频特性中频段斜率变为 -20dB/dec，截止频率增大到 ω'_c；而由于正相移的作用，截止频率附近的相位明显上移，使系统具有较大的稳定裕度。可见，超前校正装置的作用在于：

① 使校正后系统的截止频率增大，通频带变宽，提高了系统响应的快速性。

② 使校正后系统的相位稳定裕度增大，提高了系统的相对稳定性。为了得到最佳的相位超前校正效果，通常选取 ω_m 位于校正后系统的截止频率处（或附近）。

采用未经增益补偿的相位超前校正环节，其低频段衰减使系统的稳态性能降低。但采用具有增益补偿的相位超前校正环节，其高频段幅频特性的上移，会削弱抗高频干扰的能力。故相位超前校正对提高系统稳态精度的作用很小。

三、校正方法

下面举例说明相位超前校正的过程。

例 6-1　若单位反馈系统未校正系统的开环传递函数为

$$G_0(s) = \frac{K}{s(0.25s + 1)(0.01s + 1)}$$

要求校正后系统的速度误差系数为50，相位稳定裕度为45°。试确定串联相位超前校正的传递函数。

解　根据要求的 $K_v = 50$，可得 $K = K_v = 50$。

① 绘制 $K = 50$ 时未校正系统的开环对数幅频特性和相频特性，如图 6-8 L_0、φ_0 所示。由此可以查出校正系统的 $\omega_c = 14\text{rad/s}$，$\gamma = 5°$。

② 选用式(6-6)所示的相位超前校正装置，其参数为 α、T。要使系统满足相位裕度 $\gamma = 45°$，超前校正网络的最大超前相角

$$\varphi_m \geqslant 45° - 5° = 40°$$

由于校正后新的截止频率 $\omega'_c > \omega_c$，对应于 ω'_c，系统的相位裕度显然小于45°，所以需要更大的超前相角，试取 $\varphi_m = 55°$。

③ 根据式(6-5)可解出

$$\frac{1}{\alpha} = \frac{1 + \sin\varphi_m}{1 - \sin\varphi_m} = \frac{1 + \sin 55°}{1 - \sin 55°} = 10.1$$

将求出的 $1/\alpha$ 代入式(6-7)，则有

$$L(\omega_m) = 10\lg\frac{1}{\alpha} = 10\lg 10.1 = 10.05\text{dB}$$

由图 6-8 可知，$L_0 = -10.05\text{dB}$ 时，$\omega = 27\text{rad/s}$。

若 $\omega_m = \omega'_c = 27\text{rad/s}$，校正后系统的相位裕度 $\gamma' = 46°$，满足要求。

由 $\frac{1}{\alpha} = 10.1$，$\omega_m = \frac{1}{\sqrt{\alpha}T} = 27\text{rad/s}$，可计算得校正装置的参数 $\alpha = 0.099$，$T = 0.11765$。

校正装置的传递函数为

$$G_c(s) = \frac{Ts + 1}{\alpha Ts + 1} = \frac{0.118s + 1}{0.0117s + 1}$$

相位超前校正装置由如图 6-9 所示的有源校正网络实现。图 6-9 的传递函数为

$$G_c(s) = -\frac{K(\tau s + 1)}{Ts + 1}$$

式中，$K = \dfrac{R_3}{R_1}$，$\tau = (R_1 + R_2)C$，$T = R_2 C$。

令　　　　$C = 2\mu\text{F}$

则　　　　$R_2 = \dfrac{T}{C} = 5850\Omega$，

　　　　　取 $R_2 = 5.8\text{k}\Omega$

$R_1 = \dfrac{\tau}{C} - R_2 = \left(\dfrac{0.118}{2 \times 10^{-6}} - 5800\right)\Omega$

$= 53200\Omega$，取 $R_1 = 51\text{k}\Omega$

得　　　　$R_3 = KR_1 = 51K\text{k}\Omega$

从例 6-1 可得频率法设计超

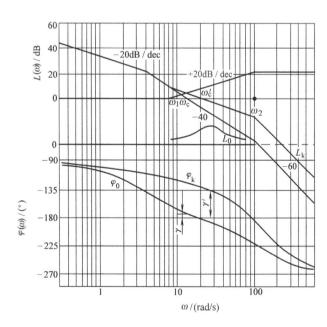

图 6-8　系统串联相位超前校正

前校正装置的步骤为：

① 先按要求的稳态精度所确定的系统开环放大倍数 K 值，绘制未校正系统的对数频率特性。

② 根据性能指标的要求选择超前网络的最大超前相角 φ_m。

③ 计算校正后系统的性能指标并设计校正装置。

④ 绘制校正后系统的开环对数频率特性，检查其性能指标是否满足设计要求，若不满足，应重新选取 φ_m，重复以上设计过程。

⑤ 确定超前网络的结构及参数。

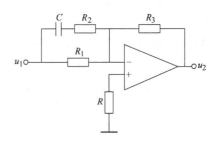

图 6-9　有源超前校正网络

由例 6-1 可以看出，串联相位超前校正是有一定适应范围的。首先由图 6-5 可以看出，随 $1/\alpha$ 的增大，最大超前相角 φ_m 也增大，且 $1/\alpha$ 越大，校正装置越不容易实现，通常 $1/\alpha$ 取 $4\sim20$。若要求超前相角超过 $70°\sim80°$ 时，应考虑使用两个中间带隔离放大器的超前校正装置。此外，若未校正系统在截止频率 ω_c 附近的相位特性下降迅速，超前网络的正相角不足以使其补偿到要求的数值，则超前网络的作用不明显。这时不宜采用这种校正方式，应考虑其他的校正方式。

第三节　串联滞后校正

一、校正装置

无源网络的滞后校正装置如图 6-10a 所示。其传递函数为

$$G(s) = \frac{R_2 Cs + 1}{(R_1 + R_2) Cs + 1} = \frac{\alpha Ts + 1}{Ts + 1} = \alpha \frac{s + z}{s + p} \tag{6-9}$$

式中，$\alpha = \dfrac{R_2}{R_1 + R_2} < 1$；$T = (R_1 + R_2)C$；$z = \dfrac{1}{\alpha T}$；$p = \dfrac{1}{T}$。

零、极点在 S 平面的位置如图 6-10b 所示，可见分母的时间常数比分子的时间常数要大得多，极点比零点更靠近原点。该网络对输入有明显的积分作用，故又称为**积分校正装置**。

滞后校正装置的频率特性为

$$G(j\omega) = \frac{1 + j\alpha T\omega}{1 + jT\omega} \qquad \alpha < 1 \tag{6-10}$$

其对数频率特性曲线如图 6-11 所示，图中 $\omega_1 = 1/T$，为惯性环节的转折频率，$\omega_2 = 1/(\alpha T)$，为一阶微分环节的转折频率。因 $\alpha < 1$，网络具有滞后相位，故该装置又称为相位滞后校正装置。

从图 6-11 可以看出，相位滞后校正装置高频段的幅频特性具有较大的衰减，在频率 $1/T \sim 1/(\alpha T)$ 范围内，幅频特性的斜率为 -20dB/dec；相位滞后，其最大滞后相角及相应的频率仍可按式(6-3)和式(6-4)计算。

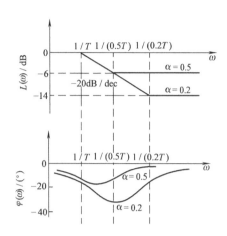

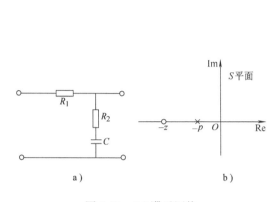

图 6-10　RC 滞后网络　　　　　　　　　　图 6-11　滞后网络频率特性曲线

将相位滞后校正装置与前面介绍的相位超前校正装置进行比较，可以看出，相位超前校正装置是一个高通滤波器，相位滞后校正装置是一个低通滤波器。

二、相位滞后校正装置的作用

相位滞后校正装置的作用可用图 6-12 来说明。

设单位负反馈系统原有的开环对数幅频和相频特性为 L_0、φ_0，如图 6-12 所示。可以看出，L_0 在中频段截止频率 ω_c 附近为 -40dB/dec，系统动态响应的平稳性很差。从相频曲线可知，系统接近于临界稳定。

在原系统中串入频率特性如式(6-10)所示的相位滞后校正装置时，为了不对系统的相位裕度产生不良影响，通常是使校正装置产生相位滞后的最大频率 ω_m 处于未校正系统的低频段，即校正环节的两个转折频率 $1/T$ 和 $1/(\alpha T)$ 均设置在远离 ω_c

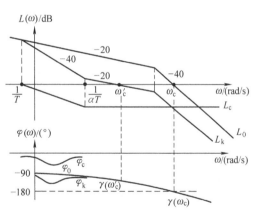

图 6-12　相位滞后校正原理

的低频段。则校正后系统的开环对数幅频特性曲线和相频特性曲线分别为 L_k 和 φ_k。

由图 6-12 可以看出，由于校正装置的高频衰减作用，校正后系统的截止频率下降，通频带变窄，降低了系统的快速性。但因在新截止频率附近系统的相位裕度增大，提高了系统的相对稳定性。因此，相位滞后校正是以牺牲快速性换取了系统的稳定性。

另外，串入相位滞后校正环节后并没有改变原系统最低频段的特性，故不会影响原系统的稳态精度。如果在加入上述滞后校正装置的同时，适当提高开环增益，可进一步改善系统的稳态性能。故高稳定、高精度的系统如恒速、恒温系统等，常采用滞后校正。

采用相位滞后校正时，要确定校正装置的参数 α 和 T。为减小校正装置的相位滞后对中频段特性的影响，可取校正后系统的截止频率 $\omega'_c \geqslant 10/(\alpha T)$。当取 $\omega'_c = 10/(\alpha T)$ 时，校正装置在该处产生的相位滞后与 $1/\alpha$ 的关系如图 6-13 所示。

另外，若 α 的取值太小，系统的快速性将下降太多，故 α 的取值不应小于 0.05，一般选择 $\alpha = 0.1$。

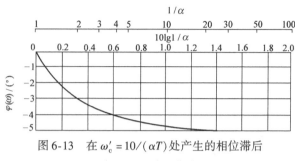

图 6-13 在 $\omega'_c = 10/(\alpha T)$ 处产生的相位滞后
与 $1/\alpha$ 的关系曲线

三、校正方法

下面举例说明串联相位滞后校正方法。

例 6-2 设某控制系统被控对象的传递函数为

$$G_0(s) = \frac{K}{s(0.1s+1)(0.2s+1)}$$

要求校正后系统的速度误差系数为 30，相位稳定裕度 $\gamma \geqslant 40°$。试确定串联相位滞后校正装置的传递函数。

解 ① 根据稳态精度指标的要求，绘出未校正系统的对数频率特性，L_0 和 φ_0 如图 6-14 所示。

② 为使校正后系统具有 $\gamma \geqslant 40°$ 的相位裕度，再考虑到相位滞后校正在校正后截止频率处将有 5°左右的相位滞后影

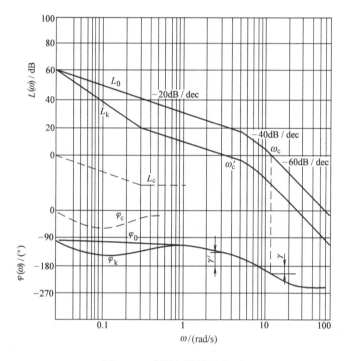

图 6-14 串联相位滞后校正

响，从 φ_0 上找出对应相角 $-180° + (40° + 5°) = -135°$ 处的频率 $\omega'_c \approx 3\text{rad/s}$，将 ω'_c 作为校正后系统的截止频率。

③ 在 L_0 上查出相应于 ω'_c 时的对数幅值为 20dB。为使校正后系统的对数幅值在 ω'_c 处为 0dB，则滞后网络产生的幅值衰减量应等于 20dB。故可由 $20\lg\alpha = -20\text{dB}$ 计算出 $\alpha = 0.1$。

④ 取相位滞后校正环节的转折频率

$$\omega_2 = \frac{1}{\alpha T} = \frac{1}{10}\omega'_c, \qquad 即 \qquad \frac{1}{\alpha T} = 0.3\text{rad/s}$$

由此求得 $T = 33.3\text{s}$，以及另一转折频率 $\omega_1 = 1/T = 0.03\text{rad/s}$。

⑤ 于是校正装置的传递函数为

$$G_c(s) = \frac{\alpha Ts + 1}{Ts + 1} = \frac{3.33s + 1}{33.3s + 1}$$

校正后开环系统和校正装置的对数幅相特性如图 6-14 所示。

⑥ 若采用图 6-15 所示无源校正网络，其传递函数为

$$G_c(s) = \frac{\alpha Ts + 1}{Ts + 1}$$

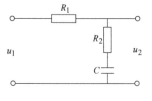

式中，$\alpha T = R_2 C$；$\alpha = \dfrac{R_2}{R_1 + R_2}$；$T = (R_1 + R_2)C$。

令 $C = 100\mu F$，则 $R_2 = \dfrac{\alpha T}{C} = \dfrac{3.3}{100 \times 10^{-6}}\Omega = 33000\Omega$。

图 6-15　滞后网络

取 $R_2 = 33k\Omega$。

$$R_1 = \frac{T}{C} - R_2 = \left(\frac{33.3}{100 \times 10^{-6}} - 33000\right)\Omega = 300000\Omega，\ \text{取}\ R_1 = 300k\Omega$$

从例 6-2 可归纳出利用伯德图设计相位滞后校正装置的步骤：

① 画出满足稳态精度指标的未校正系统开环对数频率特性，并查出 ω、γ 的数值。

② 根据要求的相位裕度，确定校正后系统的截止频率 ω_c'。

③ 根据原系统应衰减的分贝数，及按滞后校正的转折频率应远离校正后截止频率的原则，确定校正装置的传递函数 $G_c(s)$。

④ 确定滞后网络的结构及物理参数。

第四节　串联滞后–超前校正

一、相位滞后–超前校正装置

无源网络的相位滞后–超前校正装置，如图 6-16a 所示。其传递函数为

$$G(s) = \frac{(R_1 C_1 s + 1)(R_2 C_2 s + 1)}{(R_1 C_1 s + 1)(R_2 C_2 s + 1) + R_1 C_2 s}$$

设 $T_1 = R_1 C_1$，$T_2 = R_2 C_2$，$T_{12} = R_1 C_2$ 以及 $T_1 + T_2 + T_{12} = \dfrac{T_1}{\beta} + \beta T_2 (\beta > 1)$，则上式写成因式乘积形式，得

$$G(s) = \frac{(T_1 s + 1)(T_2 s + 1)}{\left(\dfrac{T_1 s}{\beta} + 1\right)(\beta T_2 s + 1)} \tag{6-11}$$

根据 $T_1 + T_2 + T_{12} = \dfrac{T_1}{\beta} + \beta T_2$，可得

$$\beta = \frac{T_1 + T_2 + T_{12} + \sqrt{(T_1 + T_2 + T_{12})^2 - 4T_1 T_2}}{2T_2}$$

若满足 $\beta \gg 1$，可近似求得

$$T_{12} = (\beta - 1)T_2 - T_1$$

若把传递函数表示为 $G(s) = G_1(s)G_2(s)$，其中

$$G_1(s) = \frac{T_1 s + 1}{\dfrac{T_1 s}{\beta} + 1} = \beta \frac{s + z_1}{s + p_1}, \qquad G_2(s) = \frac{(T_2 s + 1)}{(\beta T_2 s + 1)} = \frac{1}{\beta} \frac{s + z_2}{s + p_2}$$

式中，$z_1 = \dfrac{1}{T_1}$；$p_1 = \beta \dfrac{1}{T_1}$；$z_2 = \dfrac{1}{T_2}$；$p_2 = \dfrac{1}{\beta T_2}$。

图 6-16b 给出了该无源网络的零、极点位置，可见，$G_1(s)$ 部分零点较极点更接近原点，具有微分校正装置的特性。$G_2(s)$ 部分极点较零点更接近原点，具有积分校正装置的特性。故图 6-16a 的无源网络又称为积分-微分校正装置。

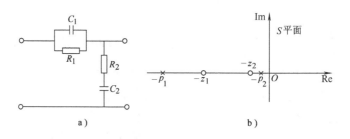

图 6-16　相位滞后-超前校正装置

相位滞后-超前校正装置的频率特性为

$$G(j\omega) = \frac{(jT_1\omega + 1)(jT_2\omega + 1)}{\left(j\dfrac{T_1\omega}{\beta} + 1\right)(j\beta T_2\omega + 1)} \quad (\beta > 1) \tag{6-12}$$

其对数频率特性曲线如图 6-17 所示。可以看出，当 $\omega = \omega_1 = 1/\sqrt{T_1 T_2}$ 时，相角为零。在 $\omega < \omega_1$ 的频段范围内，特性具有负斜率、负相移，起滞后作用；在 $\omega > \omega_1$ 的频段范围内，特性具有正斜率、正相移，起超前校正作用。相位滞后-超前校正装置也叫作积分-微分校正装置。

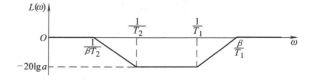

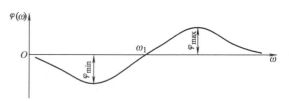

图 6-17　滞后-超前网络频率特性曲线

若令 $T_2/T_1 > 10$，则可近似求出最大滞后相角和最大超前相角，即

$$\varphi_{\min} \approx -\arcsin\frac{\beta - 1}{\beta + 1} \tag{6-13}$$

$$\varphi_{\max} \approx \arcsin\frac{\beta - 1}{\beta + 1} \tag{6-14}$$

在实际控制系统中，多采用由运算放大器组成的有源校正装置，各种校正装置的线路、对数幅频特性和参数之间的关系见表 6-1、表 6-2。

表 6-1 无源校正网络

电 路 图	传 递 函 数	对数幅频特性(分段直线表示)
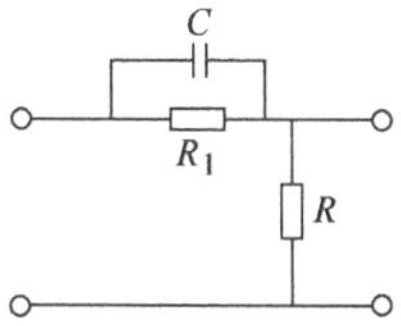	$G(s) = \alpha \dfrac{Ts+1}{\alpha Ts+1}$ $T = R_1 C$ $\alpha = \dfrac{R_2}{R_1+R_2}$	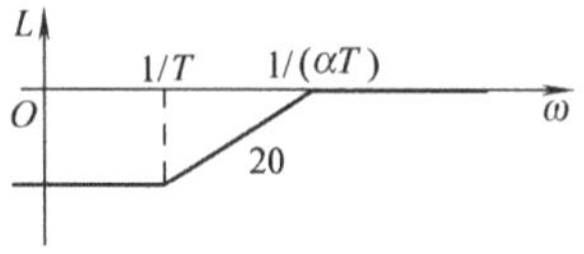
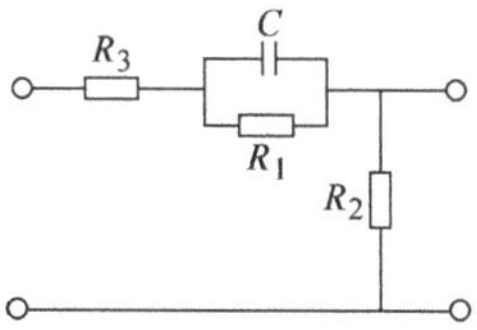	$G(s) = \alpha_1 \dfrac{Ts+1}{\alpha_2 Ts+1}$ $\alpha_1 = \dfrac{R_2}{R_1+R_2+R_3}$ $T = R_1 C$ $\alpha_2 = \dfrac{R_2+R_3}{R_1+R_2+R_3}$	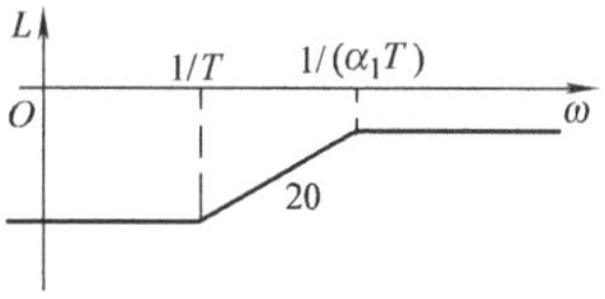
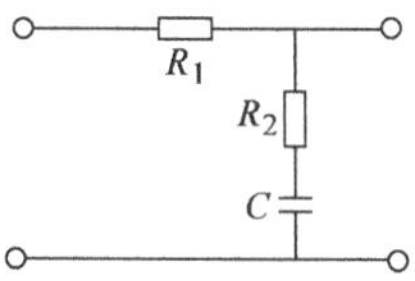	$G(s) = \dfrac{\alpha Ts+1}{Ts+1}$ $T = (R_1+R_2)C$ $\alpha = \dfrac{R_2}{R_1+R_2}$	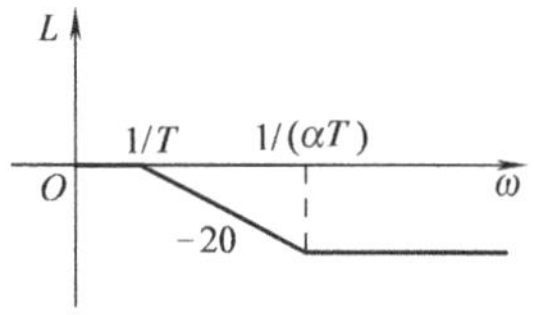
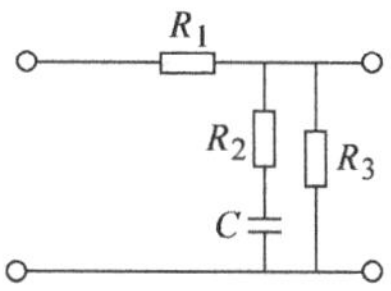	$G(s) = \alpha \dfrac{\tau s+1}{Ts+1}$ $T = \left(R_2+\dfrac{R_1 R_3}{R_1+R_3}\right)C$ $\tau = R_2 C \quad \alpha = \dfrac{R_3}{R_1+R_3}$	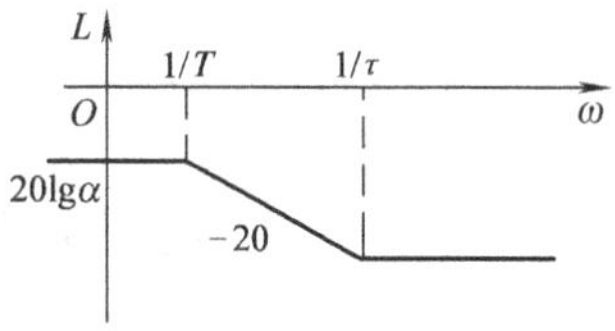
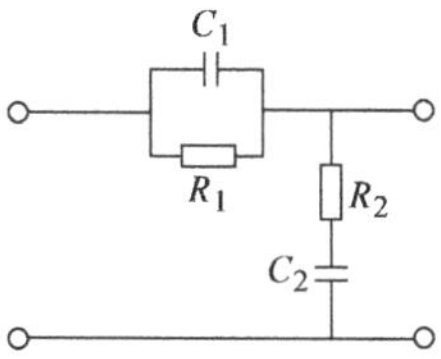	$G(s) = \dfrac{T_1 T_2 s^2 + (T_1+T_2)s+1}{T_1 T_2 s^2 + (T_1+T_2+T_{12})s+1}$ $T_1 = R_1 C_1$ $T_2 = R_2 C_2$ $T_{12} = R_1 C_2$	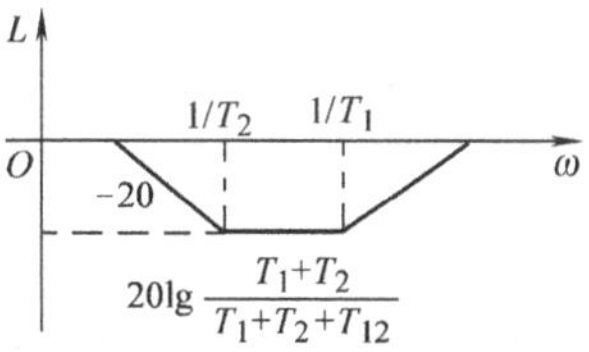

表 6-2 由运算放大器组成的有源校正网络

电 路 图	传 递 函 数	对数幅频特性(分段直线表示)
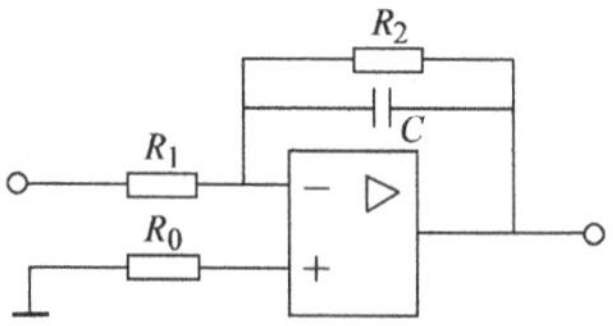	$G(s) = -\dfrac{K}{Ts+1}$ $T = R_2 C_1 \quad K = \dfrac{R_2}{R_1}$	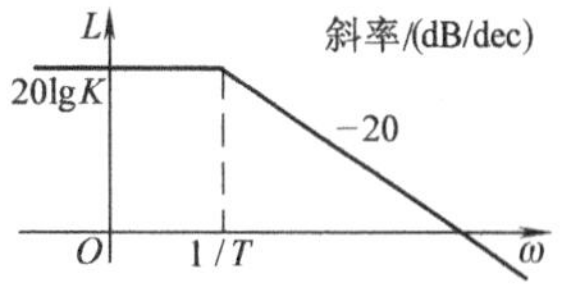
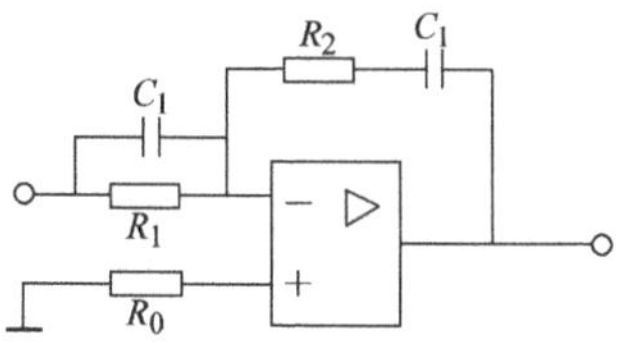	$G(s) = -\dfrac{(\tau_1 s+1)(\tau_2 s+1)}{Ts}$ $\tau_1 = R_1 C_1, \quad \tau_2 = R_2 C_2$ $T = R_1 C_2$	

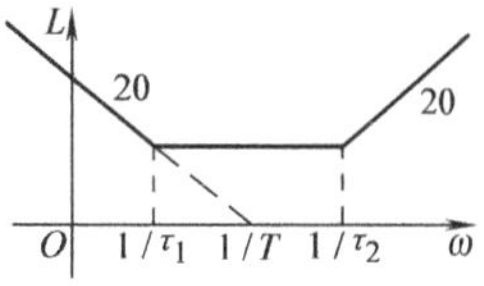

（续）

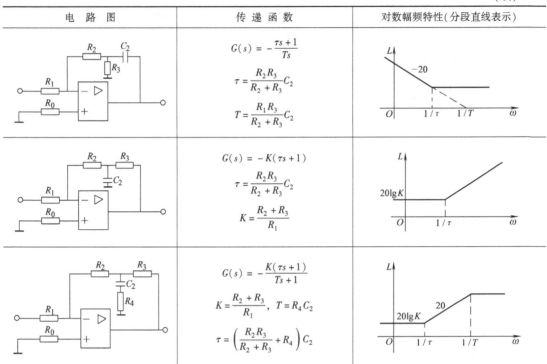

电　路　图	传　递　函　数	对数幅频特性(分段直线表示)
	$G(s) = -\dfrac{\tau s + 1}{Ts}$ $\tau = \dfrac{R_2 R_3}{R_2 + R_3} C_2$ $T = \dfrac{R_1 R_3}{R_2 + R_3} C_2$	
	$G(s) = -K(\tau s + 1)$ $\tau = \dfrac{R_2 R_3}{R_2 + R_3} C_2$ $K = \dfrac{R_2 + R_3}{R_1}$	
	$G(s) = -\dfrac{K(\tau s + 1)}{Ts + 1}$ $K = \dfrac{R_2 + R_3}{R_1}, \; T = R_4 C_2$ $\tau = \left(\dfrac{R_2 R_3}{R_2 + R_3} + R_4 \right) C_2$	

二、滞后-超前校正装置所起的作用和校正方法

如前所述，引入相位超前校正可以扩大频带宽度，提高系统的快速性和增加稳定裕度；而引入相位滞后校正可以提高系统的稳态精度和改善系统稳定性，但使系统频带缩小，系统响应变慢。所以，当用以上两种方法中任一方法校正不能满足给定指标或实现困难时，可以考虑采用滞后-超前校正。滞后-超前校正兼有滞后、超前两种校正的优点。下面举例说明滞后-超前校正的作用及校正方法。

例6-3　若单位反馈系统的开环传递函数为

$$G_0(s) = \frac{K}{s(0.2s + 1)(0.1s + 1)}$$

试设计一个串联校正装置，使其满足指标 $K_v = 40$，$\omega_c = 6\text{rad/s}$，$\gamma = 40°$。

解　(1) 根据稳态精度要求给出 $K = 40$ 时，未校正系统的开环对数频率特性，如图6-18曲线1所示，查出 $\omega_c = 12.5\text{rad/s}$，$\gamma = -32°$，系统不稳定。

(2) 首先确定校正装置滞后部分的参数。由曲线1可以看出，若用滞后部分将未校正系统的中、高频段衰减16dB，则 $\omega'_c = 5.5\text{rad/s}$，$\gamma' = 12°$。这时截止频率接近要求值，而相位裕度不足，可通过超前部分校正使相位裕度达到要求。因此试选 $\omega'_c = 5.5\text{rad/s}$，这时滞后部分参数为

$$\omega_2 = \frac{1}{T_2} = 0.1\omega'_c = 0.1 \times 5.5\text{rad/s} = 0.55\text{rad/s}$$

$$T_2 = \frac{1}{0.55}\text{s} = 1.82\text{s}$$

而根据图 6-18 则有

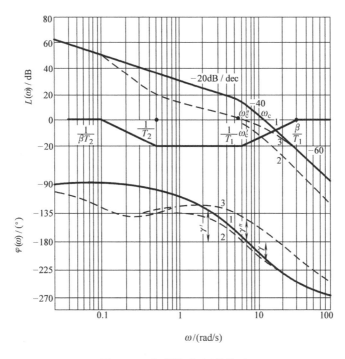

$$\omega/(\text{rad/s})$$

图 6-18 串联滞后-超前校正

$$20\lg\beta = 16\text{dB}, \quad \beta = 6.3, \quad \beta T_2 = 6.3 \times 1.82\text{s} = 11.5\text{s}$$

得滞后部分的传递函数为

$$G_{c1}(s) = \frac{T_2 s + 1}{\beta T_2 s + 1} = \frac{1.82s + 1}{11.5s + 1} \tag{6-15}$$

绘出滞后校正后的开环系统对数频率特性如图 6-18 中曲线 2 所示。由曲线 2 查出 $\omega_c' = 5.5\text{rad/s}$, $\gamma = 7°$。

（3）现确定校正装置超前部分参数。从曲线 2 上可知，在 $\omega = 5\text{rad/s}$ 处，对数幅频特性的斜率由 -20dB/dec 变成 -40dB/dec。若将超前部分的第一个转折频率选为 $\omega_1 = 1/T = 5\text{rad/s}$，则 -20dB/dec 斜率的直线将延长，并以此斜率穿过 0dB 线，使系统相位裕度增加。因此选取 $\omega_1 = 5\text{rad/s}$，即 $T_1 = 1\text{s}/5 = 0.2\text{s}$。超前校正部分的第二个转折频率为

$$\frac{\beta}{T_1} = 5 \times 6.3\text{rad/s} = 31.5\text{rad/s}, \quad 而 \quad \frac{T_1}{\beta} = \frac{1}{31.5}\text{s} = 0.032\text{s}$$

得超前校正部分传递函数

$$G_{c2}(s) = \frac{T_1 s + 1}{\dfrac{T_1}{\beta}s + 1} = \frac{0.2s + 1}{0.032s + 1} \tag{6-16}$$

滞后-超前网络的传递函数为

$$G_c(s) = G_{c1}(s)G_{c2}(s) = \frac{(1.82s + 1)(0.2s + 1)}{(11.5s + 1)(0.032s + 1)} \tag{6-17}$$

（4）校正后开环系统对数频率特性如图 6-18 中曲线 3 所示，可以查出此时的 $\omega_c'' = $

6.3rad/s，$\gamma' = 40°$，满足设计要求。

（5）若选用图 6-19 所示的无源校正网络，其传递函
数为

$$G_c(s) = \frac{(T_1 s + 1)(T_2 s + 1)}{\left(\dfrac{T_1 s}{\beta} + 1\right)(\beta T_2 s + 1)} \qquad (6\text{-}18)$$

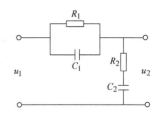

式中，$T_1 = R_1 C_1$；$T_2 = R_2 C_2$；$T_{12} = R_1 C_2$。

$$\beta = \frac{T_1 + T_2 + T_{12} + \sqrt{(T_1 + T_2 + T_{12})^2 - 4T_1 T_2}}{2T_2} \approx \frac{T_1 + T_2 + T_{12}}{T_2}$$

图 6-19 无源校正网络

将 T_1、T_2、β 已知数值代入上式，可得各元件的物理参数。

令　$C_2 = 20\mu F$，则 $R_2 = \dfrac{T_2}{C_2} = \dfrac{1.82}{20 \times 10^{-6}}\Omega = 91000\Omega$，取 $R_2 = 90k\Omega$。

$$T_{12} = (\beta - 1)T_2 - T_1 = \left[(6.3 - 1) \times 1.82 - 0.2\right]s = 9.446s$$

$$R_1 = \frac{T_{12}}{C_2} = \frac{9.446}{20 \times 10^{-6}}\Omega = 472300\Omega，取 R_1 = 470k\Omega$$

$$C_1 = \frac{T_1}{R_1} = \frac{0.2}{470 \times 10^3}F = 0.425 \times 10^{-6}F，取 C_1 = 0.4\mu F$$

从例 6-3 可归纳出设计滞后-超前校正网络的步骤如下：
① 画出满足稳态精度指标的未校正系统开环对数频率特性，并查出 ω_c、γ 的数值。
② 按滞后校正的方法确定校正装置中滞后部分参数。
③ 保证对数幅频特性在 0dB 附近的斜率为 -20dB/dec，确定超前部分参数。
④ 绘制校正后系统开环对数频率特性，并检验系统指标。若不满足要求，重复上述步骤。
⑤ 确定滞后-超前校正网络的结构和参数。

第五节　PID 校正装置及其原理

在工业控制系统中，由于 PID 校正装置结构简单、调整方便、对受控模型的依赖性较少、适应性及鲁棒性较强（控制的性能对受控对象参数的变化影响较小），因而得到非常广泛的应用。PID 校正装置，又常称为 PID 调节器或 PID 控制器，它是比例（Proportion）、积分（Integral）和微分（Differential）三种控制方式相结合的一种校正装置，用三个英文单词第一个字母组合来表达。PID 校正属于串联方式，结构图如图 6-20 所示。

PID 调节器的微分方程式

$$u(t) = k\left[e(t) + \frac{1}{T_i}\int_0^t e(t)\,dt + \tau_d \frac{de(t)}{dt}\right]$$

传递函数的**通用表达式**为

$$G(s) = \frac{U(s)}{E(s)} = K_P + \frac{K_I}{s} + K_D s \qquad (6\text{-}19)$$

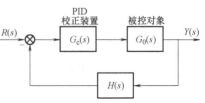

图 6-20　PID 校正系统结构图

式中，K_P、K_I、K_D 分别是比例、积分、微分环节的参数。

改变参数值，便能方便改变校正型式和调节系统的性能。

PID 校正装置中最常用的是 PI（比例积分），其次是 PD（比例微分）和 PID（比例积分微分）。

一、PI 调节器

式（6-19）中令 K_D 为 0，就是 PI 调节器的传递函数。

1. 电路构成

由运算放大器构成的一种 PI 调节器，如图 6-21 所示。

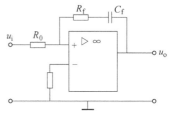

图 6-21　PI 调节器

2. 数学模型

由模拟电路，并采用算子阻抗的方法，容易求出其传递函数

$$G(s) = K_P + \frac{K_I}{s} = K_P\left(1 + \frac{1}{T_i s}\right) = K_P\left(\frac{T_i s + 1}{T_i s}\right) \tag{6-20}$$

式中，$K_P = R_f/R_0$；$T_i = R_f C_f$。

3. 频率特性

PI 调节器的对数频率特性，如图 6-22 所示。

由对数频率特性图看出，PI 调节器具有低通滤波、相位滞后特性，类似于相位滞后校正装置，只是低频段的斜率一直保持 −20dB/dec 而已。PI 调节器提供了一个积分环节特性，增加了系统无差度，提高了控制精度；若加大增益值，特性曲线向上平移，可进一步减少系统误差；但相位滞后带来的负相角，会影响系统的相位裕度，使稳定性变差。因此，对原开环传递函数中已含有两个积分环节的系统，则不宜采用 PI 校正。

为了避免 PI 调节器的相位滞后过大地影响系统的稳定性，转折频率的取值 $1/T_i$ 应靠近系统的低频段，即要注意 R_f、C_f 参数值的选取。

4. 校正原理

采用 PI 调节器校正系统的原理，可通过图 6-23 所示的伯德图进一步说明。L_0 是原系统的对数幅频特性，由其特性可知，原系统具有"Ⅰ型系统"的稳态性能；由于 0dB 段的斜率为 −40dB/dec，因此，平稳性较差，超调量较大。L_c 是 PI 调节器的对数幅频特性（放大系数取小于 1），L_k 是校正后系统的对数幅频特性。可见，校正后的低频段斜率，由 −20dB/dec 变成了 −40dB/dec，系统具有"Ⅱ型系统"的稳态性能；提高了系统的控制精度；0dB 段的斜率由 −40dB/dec 变成了 −20dB/dec，增加了系统的平稳性，减小了超调量；高频段斜率虽然不变，但同一频率下的

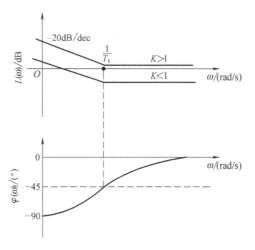

图 6-22　PI 调节器的对数频率特性

负分贝数值增大，表明抗干扰能力变强；但截止频率下降，意味着调节时间增加，系统的快速性变差。

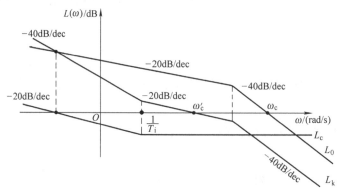

图 6-23　PI 调节系统对数幅频特性

5. 校正方法与步骤

由于类似于相位滞后校正装置，因此，求取 PI 参数值可按相位滞后的校正方法。

二、PD 调节器

式(6-19) 中令 K_I 为 0，就是 PD 调节器的传递函数。

1. 电路构成

由运算放大器构成的一种 PD 调节器如图 6-24 所示。

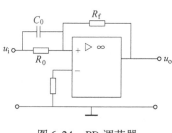

图 6-24　PD 调节器

2. 数学模型

由模拟电路，用算子阻抗的方法，容易求出其传递函数

$$G(s) = K_P + K_D s = K_P \left(\frac{K_D}{K_P} s + 1 \right) = K_P (\tau_d s + 1)$$

式中，$K_P = R_f / R_0$；$\tau_d = R_0 C_0$。

3. 频率特性

PD 调节器的对数频率特性如图 6-25 所示。

由图可看出，PD 调节器具有高通滤波、正相位特性。在转折频率点后的斜率为 +20dB/dec，而整条相频曲线都处于正相角位移，最大趋于 90°。因此，若参数选得合适，便能提升中频、较高频段处的斜率及增益值，增加该频段的相位，使相位裕度增加，提高系统稳定性；也能使系统的频带增宽，截止频率变大，使系统的快速性加快，调节时间减小；但也因具有高通滤波特性，易受高频干扰。其作用类似于相位超前校正环节。

为了利用 PD 调节器的正斜率、正相位特性，转折

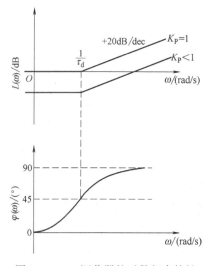

图 6-25　PD 调节器的对数频率特性

频率 $1/\tau_d$ 的取值应放在中频段合适的位置上。

4. 校正原理

图 6-26 表示系统采用 PD 校正的伯德图，其中，L_c 是 PD 调节器的放大系数取为 1 时的特性。从校正后系统的对数幅频特性 L_k 可见，低频段斜率保持不变；中频段斜率由 -40dB/dec 变成了 -20dB/dec，提高了系统的平稳性，减小了超调量；截止频率上升，意味着调节时间减小，系统的快速性变好；高频段斜率变小，抗干扰能力变差。

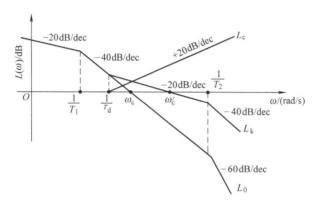

图 6-26　PD 调节系统对数幅频特性

5. 校正方法与步骤

由于类似于相位超前校正装置，因此，求取 PD 参数值可按相位超前的校正方法。

三、PID 调节器

PID 调节器的硬件电路有两种。

1. 由一个集型放大器构成

由一个集型放大器构成的模拟 PID 调节器电路，如图 6-27 所示。
传递函数为

$$G(s) = \frac{U_o(s)}{U_i(s)} = \frac{(R_0C_0s+1)(R_fC_fs+1)}{R_0C_fs} = K_P\left(1 + \frac{1}{T_is} + \tau_ds\right)$$

式中，$K_P = \dfrac{R_0C_f + R_0C_0}{R_0C_f}$；$T_i = (R_0C_0 + R_fC_f)$；

$\tau_d = \dfrac{R_0C_0R_fC_f}{R_0C_0 + R_fC_f}$。

频率特性如图 6-28 所示。

本方案的优点是，电路构成只需一只集成放大器，调节器简单；缺点是，变更一个电阻或电容值，PID 的三个调节参数都受到影响，给系统的设计尤其是调试工作带来困难。

2. 由三个集型放大器构成

由三个集型放大器构成的 PID 调节器电路，如图 6-29

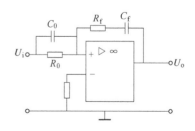

图 6-27　一个集型放大器
构成的 PID 调节器

所示。由于每个集型放大器构成的电路参数只单独承担一种调节作用，因此不会相互干扰，给系统的设计、调试工作带来很大的方便。

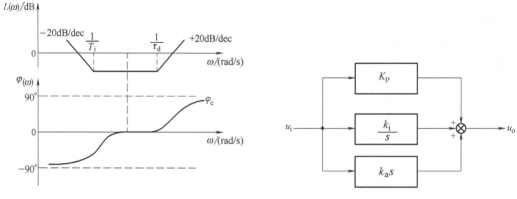

图 6-28　PID 调节器的频率特性　　　　图 6-29　三个集型放大器构成的 PID 调节器

PID 调节器的传递函数，可以表示为 PD 调节器与 PI 调节器相串联，其调节系统效果可视为 PD 与 PI 调节器的综合效果，类似于相位滞后-超前校正装置，因此具有更好的调节系统能力。

值得注意的是，PI、PD 及 PID 参数的**整定方法**，其实有很多，但可分为两大类：一是**理论计算**，例如，上面介绍的频率法，以及时域法、根轨迹法等；另一类是**经验法**，它是在理论分析基础上通过实践总结出来的一种方法，常用的有临界比例法、动态特性参数法、衰减曲线法等。下面简要介绍临界比例法，其他方法的具体内容可参阅相关资料。

临界比例法，首先将调节器选为纯比例调节器，改变比例系数值使系统对阶跃输入的响应达到临界状态(稳定边缘)。将这时的比例系数值记为 k_r，临界振荡周期记为 T_r，根据这两个基准值计算出不同类型调节器的参数值，见表 6-3。

表 6-3　临界比例法确定模拟调节器参数

调节器类型	K_P	T_i	τ_d
P 调节器	$0.5k_r$		
PI 调节器	$0.45k_r$	$0.85T_r$	
PID 调节器	$0.6k_r$	$0.5T_r$	$0.12T_r$

按表 6-3 中数值确定调节器参数、运行系统，观察控制效果，并再适当调整参数，直到系统性能满意为止。

* 第六节　并　联　校　正

前面讨论了串联校正方法，本节讨论并联校正方法(也称为局部反馈校正方法)。

一、局部反馈对系统的影响

图 6-30 为典型局部反馈的结构图。从系统固有部分 $G_2(s)$ 的输出端引出反馈信号，经

局部反馈装置 $H(s)$，回到 $G_2(s)$ 的输入端，由 $G_2(s)$ 和 $H(s)$ 构成的回路称为局部闭环或内环回路。

局部反馈的校正对系统的影响可由以下几个例子看出。

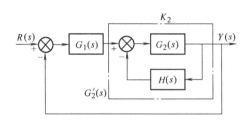

图 6-30　局部反馈

1）比例反馈包围积分环节。如图 6-31a 所示，回路的传递函数为

$$G(s) = \frac{\dfrac{K}{s}}{1 + \dfrac{KK_H}{s}} = \frac{\dfrac{1}{K_H}}{\dfrac{1}{KK_H}s + 1}$$

可见，环节由原来的积分环节变成了惯性环节。这降低了系统的无差度，有利于提高系统的稳定性。

2）比例反馈包围惯性环节。如图 6-31b 所示，回路的传递函数为

$$G(s) = \frac{\dfrac{K}{Ts+1}}{1 + \dfrac{KK_H}{Ts+1}} = \frac{\dfrac{K}{1+KK_H}}{\dfrac{T}{1+KK_H}s + 1}$$

可见，结果仍为一惯性环节，但时间常数和放大系数均减小了。

3）微分反馈包围惯性环节。如图 6-31c 所示，回路传递函数为

$$G(s) = \frac{\dfrac{K}{Ts+1}}{1 + \dfrac{KK_t s}{Ts+1}} = \frac{K}{(T+KK_t)s + 1}$$

可见结果也为惯性环节，但时间常数增大了。

4）微分反馈包围振荡环节。如图 6-31d 所示，整理后回路传递函数为

$$G(s) = \frac{K}{T^2 s^2 + (2\zeta T + KK_t)s + 1}$$

可见结果也为振荡环节，但阻尼系数增大，可减弱小阻尼环节的不利影响。

因此，利用局部反馈能等效地改变被包围环节的动态结构、参数。

5）利用反馈校正取代局部结构。如图 6-30 所示，局部闭环的频率特性为

$$G_2'(j\omega) = \frac{G_2(j\omega)}{1 + G_2(j\omega)H(j\omega)}$$

在一定频率范围内，当满足

$$|G_2(j\omega)H(j\omega)| \ll 1 \tag{6-21}$$

时，则有

$$G_2'(j\omega) \approx G_2(j\omega) \tag{6-22}$$

当满足

$$|G_2(j\omega)H(j\omega)| \gg 1 \tag{6-23}$$

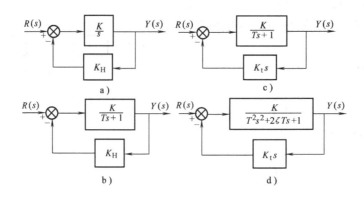

图6-31　局部反馈回路

时，则有

$$G_2'(j\omega) \approx \frac{1}{H(j\omega)} \tag{6-24}$$

从以上可知，满足式(6-21)的频段为反馈校正装置不起作用的频段，满足式(6-23)的频段为反馈校正装置起主要作用的频段。在校正装置起主要作用的频段里，被校正装置所包围的局部闭环的特性主要取决于校正装置的特性，而与被包围部分原固有系统特性无关。因此反馈校正的这种作用，常被用来改造某些不希望的环节，消除或削弱一些不利因数，使系统满足所要求的性能指标。

由于有以上这些优点，局部反馈校正得到了广泛应用。

二、局部反馈校正方法

图6-30所示系统的开环频率特性

$$G_k(j\omega) = \frac{G_1(j\omega)G_2(j\omega)}{1 + G_2(j\omega)H(j\omega)} = \frac{G_0(j\omega)}{1 + G_2(j\omega)H(j\omega)}$$

式中，$G_0(j\omega)$ 为未校正系统的开环频率特性。

在对数频率特性图上，若满足式(6-21)，即

$$20\lg|G_2(j\omega)H(j\omega)| \ll 0$$

则有

$$20\lg|G_k(j\omega)| = 20\lg|G_0(j\omega)| \tag{6-25}$$

若满足式(6-23)，即

$$20\lg|G_2(j\omega)H(j\omega)| \gg 0$$

则有

$$20\lg|G_k(j\omega)| = 20\lg|G_0(j\omega)| - 20\lg|G_2(j\omega)H(j\omega)| \tag{6-26}$$

在校正装置起作用的频段中，如果已知 $20\lg|G_k(j\omega)|$ 和 $20\lg|G_0(j\omega)|$，则可由式(6-26)求得该频段内特性 $20\lg|G_2(j\omega)H(j\omega)|$。在校正装置不起作用的频段中，特性 $G_k(j\omega)$ 等于特性 $G_0(j\omega)$，与 $H(j\omega)$ 无关，故在该频段中，$G_2(j\omega)H(j\omega)$ 的特性可以任取。为使校正装置简单，可将校正装置起作用频段内的特性 $20\lg|G_2(j\omega)H(j\omega)|$ 延伸到校正装置不起作用的频段。

应该指出，利用上述方法得到的 $20\lg|G_2(j\omega)H(j\omega)|$ 是近似的。特别是在 $20\lg|G_2(j\omega)H(j\omega)|=0$ 附近，显然有一定的误差，但在工程上这种误差一般是允许的。

现举例说明局部反馈校正的过程。

例 6-4　未校正系统结构图如图 6-32 所示。为使系统的速度误差系数为 $200s^{-1}$，未校正系统开环传递函数为

$$G_0(s)=\frac{200}{s(0.1s+1)(0.025s+1)}$$

对系统提出的瞬态性能指标，最大超调量 $\sigma_p\%\leqslant25\%$，调节时间 $t_s\leqslant0.5s$。试确定加入系统中的局部反馈 $H(s)$ 校正装置的特性。

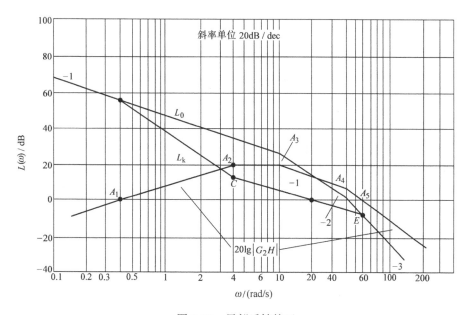

图 6-32　局部反馈校正

L_0—未校正系统的对数幅频特性　L_k—期望对数幅频特性　G_2H—校正装置及其包围部分的特性

解　（1）绘制未校正系统的对数幅频特性，如图 6-32 中 L_0 所示。

（2）做出校正后系统的期望对数幅频特性，依 $t_s\leqslant0.5s$，取 $\omega_c=20\text{rad/s}$；$\sigma_p(\%)\leqslant25\%$，取 $h=15$。过 $\omega_c=20\text{rad/s}$ 做一条斜率为 -20dB/dec 的直线至 C 点（$\omega=4\text{rad/s}$ 对应的点）。过 C 点做一条斜率为 -40dB/dec 的直线与原特性相交，并取低频段与原特性相同（满足 $k_v=200$）。为使校正装置简单，将中频段特性延长，与 L_0 相交于 E 点。E 点以后，期望对数频率特性的高频段与未校正系统高频段特性相同。由此做出的期望对数频率特性如图 6-32 中 L_k 所示。

（3）根据 L_0 和 L_k，可做出局部闭环的开环对数频率特性 $20\lg|G_2(j\omega)H(j\omega)|$。由图 6-32 可得，当 $0.4\text{rad/s}<\omega<60\text{rad/s}$ 时，为校正装置起作用频段，则 $20\lg|G_2(j\omega)H(j\omega)|$ 可由式（6-24）得到，如图 6-32 中分段直线 $A_1A_2A_3A_4A_5$ 所示。在 $\omega<0.4\text{rad/s}$ 和 $\omega>60\text{rad/s}$ 校正装置不起作用的频段，分别将 A_1A_2 和 A_4A_5 延长。这样可得局部闭环的开环传递函数为

$$G_2(s)H(s) = \frac{K_2 s}{(\tau_1 s + 1)(\tau_2 s + 1)(\tau_3 s + 1)} \tag{6-27}$$

式中的 K_2 可由 A_1 点的频率 0.4rad/s 求得，即 $K_1 = \frac{1}{0.4}s = 2.5s$。$\tau_1$、$\tau_2$、$\tau_3$ 可由 A_2、A_3、A_4 点的转折频率求得，即 $\tau_1 = \frac{1}{4}s = 0.25s$，$\tau_2 = \frac{1}{10}s = 0.1s$，$\tau_3 = \frac{1}{40}s = 0.025s$。

当校正装置所包围的特性 $G_2(s)$ 确定后，可由式(6-25)得到 $H(s)$。为使校正装置简单，$H(s)$ 应包围对应于 A_3、A_4 两点转折频率的环节，如图 6-32 所示。设

$$G_2(s) = \frac{25}{(0.025s + 1)(0.1s + 1)} \tag{6-28}$$

则

$$H(s) = \frac{G_2(s)H(s)}{G_2(s)} = \frac{\dfrac{2.5s}{(0.25s + 1)(0.1s + 1)(0.025s + 1)}}{\dfrac{25}{(0.025s + 1)(0.1s + 1)}} = \frac{0.1s}{(0.25s + 1)} \tag{6-29}$$

由以上可归纳出确定局部反馈校正装置的一般步骤是：

① 绘制满足系统稳态性能要求的未校正系统的对数频率特性。

② 依动态性能指标，绘制开环频率特性。

③ 根据未校正系统和期望开环频率特性，得出局部闭环的开环频率特性，并注意该频率特性中低频段和中高频段的选择，以及高频段转折频率的选择，应使局部反馈装置在物理上易于实现。

④ 最后由得到的特性 $G_2(s)H(s)$ 和校正装置所包围部分的特性 $G_2(s)$，得到校正装置特性 $H(s)$。

⑤ 设计校正装置。

系统局部反馈校正结构图如图 6-33 所示。

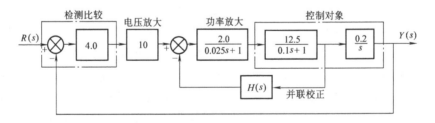

图 6-33　系统局部反馈校正结构图

第七节　控制工程系统的"模型"（最佳）设计

20 世纪 70 年代起，由于半导体集成运算放大器和功率器件的应用，国际上控制工程界兴起一种"电子最佳模型"工程系统设计方法。该方法只需用到经典控制的一般理论但又不必绘制根轨迹图或伯德图，而是通过简单的公式及查找相关表格，便能完成系统的设计，使用十分方便，还可以使所设计的系统达到某种条件下的最佳。

该方法提出工程系统中的两种"**典型模型**"。设计的思路是，**首先**选择**调节器**结构，使

176

非典型系统"**典型化**",使系统满足稳态精度;**然后**进行该调节器的"**参数计算**",使系统满足动态性能。

一、两种典型的"工程模型"系统

1. 典型 I 型系统模型及最佳设计

典型 I 型系统模型结构及开环对数幅频特性如图 6-34 所示。

图 6-34 中,T_0 是被控对象已知的参数,K 是唯一待定的设计参数。

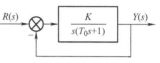

a) 典型 I 型系统模型结构

系统的开环、闭环传递函数为

$$G_k(s) = \frac{K}{s(T_0 s + 1)}, \Phi(s) = \frac{K}{T_0 s^2 + s + K} = \frac{K/T_0}{s^2 + (1/T_0)s + K/T_0}$$

由第 3 章时域分析法,系统阻尼系数 ζ 及自然振频率 ω_n 为

$$\zeta = \frac{1}{2}\sqrt{\frac{1}{KT_0}}, \ \omega_n = \sqrt{\frac{K}{T_0}} \qquad (6\text{-}30)$$

阶跃响应为正弦衰减,性能指标为

$$\sigma_p(\%) = e^{-\zeta\pi/\sqrt{1-\zeta^2}} \times 100\% \qquad (6\text{-}31)$$

$$t_s = \frac{3 \sim 4}{\zeta\omega_n} \qquad (6\text{-}32)$$

系统在 $0 \leqslant \zeta \leqslant 0.707$ 时有谐振峰值

$$M_p = \frac{1}{2\zeta\sqrt{1-\zeta^2}}, \ \omega_p = \omega_n\sqrt{1-2\zeta^2}$$

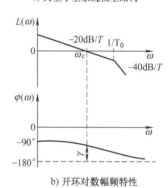

b) 开环对数幅频特性

图 6-34　典型 I 型系统模型结构及开环对数幅频特性

阻尼系数对控制系统的动态性能起着决定性的作用。由式(6-31)可知,按照超调量的要求值就唯一地确定了阻尼系数值,把该阻尼系数值代入式(6-30)就可算出 K 值。表 6-4 列出了典型 I 型系统参数选择与系统性能指标间的关系。

表 6-4　典型 I 型系统参数选择与系统性能指标间的关系

参数 KT_0	0.25	0.31	0.39	0.5	0.69	1.0
阻尼系数 ζ	1.0	0.9	0.8	0.707	0.6	0.5
超调量 $\sigma_p(\%)$	0	0.15%	1.5%	4.3%	9.5%	16.3%
调节时间 t_s	$9.4T_0$	$7.2T_0$	$6T_0$	$6T_0$	$6T_0$	$6T_0$
相位裕度 γ	76.3°	73.5°	69.9°	65.5°	59.2°	51.8°
截止频率 ω_c	$0.23/T_0$	$0.29/T_0$	$0.37/T_0$	$0.46/T_0$	$0.6/T_0$	$0.79/T_0$

当阻尼系数 $\zeta = 0.707$ 时,系统称为典型 I 型**最佳系统**(二阶最佳系统)。

最佳系统性能:

稳态误差　阶跃输入下,$e_{ss} = 0$。

动态性能　超调量 $\sigma_p(\%) = 4.3\%$,$t_s = 6T_0$。

2. 典型 II 型系统

典型 II 型系统结构如图 6-35a 所示。

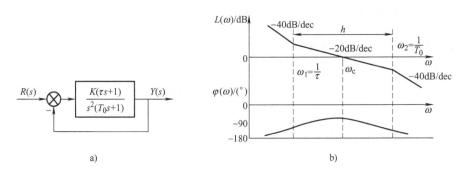

图 6-35 典型 II 型系统结构及伯德图
a) 系统结构 b) 伯德图

T_0 是被控对象已知的参数，K、τ 是待定的设计参数。

开环传递函数为

$$G_k(s) = \frac{K(\tau s + 1)}{s^2(T_0 s + 1)} \qquad \tau > T_0 \tag{6-33}$$

开环对数幅频特性如图 6-35 b 所示。由第五章，图中 h 称为**中频宽**，是过横轴斜率为 -20dB/dec 的中频段的宽度，有

$$h = \frac{\omega_2}{\omega_1} = \frac{\tau}{T_0} \tag{6-34}$$

中频宽是系统的动态性能指标。因此，只要按照动态性能指标的要求确定了 h 值，就可以求出设计参数 K、τ 值。

数学上对两个参数 K、τ 进行求值，较为困难。国内外许多学者曾做过大量的研究工作，提出过确定这两个参数的一些准则或方法。较有代表性的是 "**最大相位裕度**" 和 "**最小谐振峰值**" 准则。比较这两个不同准则设计的系统，其性能接近。本文采用**最大相位裕度准则**。

相位裕度

$$\gamma = 180° + \varphi(\omega_c) = \arctan(\tau \omega_c) - \arctan(T_0 \omega_c)$$

要使相位裕度值最大，对上式求导后令其为零

$$\frac{\mathrm{d}\gamma}{\mathrm{d}t} = 0 \qquad \Rightarrow \qquad \omega_c = \sqrt{\frac{1}{\tau T_0}} \tag{6-35}$$

可见，截止频率 ω_c 恰好处于两个转折频率的几何中心值上。

由于 $h = \tau/T_0$，可求出相位裕度最大值

$$\gamma_{\max} = \arctan \frac{\omega_0}{T_0} \tag{6-36}$$

及相位裕度最大值时的开环增益

$$K = \frac{1}{h\sqrt{h}\,T_0^2} \tag{6-37}$$

由式(6-37)，只要按照动态性能指标的要求确定出 h 值，就可以算出 K 值。表 6-5 列出

了典型Ⅱ型参数选择与系统性能间的关系。

表 6-5　典型Ⅱ型参数选择与系统性能间的关系

性能 h 选择	2.5	3	4	5	7.5	10
超调量 $\sigma_\mathrm{p}(\%)$	58%	53%	43%	37%	28%	23%
调节时间 t_s	$21T_0$	$19T_0$	$16.6T_0$	$17.5T_0$	$19T_0$	$26T_0$
上升时间 t_r	$2.5T_0$	$2.7T_0$	$3.1T_0$	$3.5T_0$	$4.4T_0$	$5.2T_0$
相位裕度 γ	25°	30°	37°	42°	50°	55°

当选 $h=4$ 时，既有较小的超调量，又有较短的上升时间和调整时间。于是，把具有这种参数配合的典型Ⅱ型系统称为**最佳系统**（又称**三阶最佳系统**）。它适用于要求响应速度快又不允许过大超调量的场合。

由此可得，典型Ⅱ型系统**最佳系统**相关参数选取为

$$h=\frac{\omega_2}{\omega_1}=\frac{\tau}{T_0}=4 \qquad \Rightarrow \qquad \tau=4T_0,K=\frac{1}{8T_0^2}$$

开环、闭环传递函数为

$$G_\mathrm{k}^*(s)=\frac{K(\tau s+1)}{s^2(T_0s+1)}=\frac{1}{T_0\sqrt{h^3}}\frac{(hT_0s+1)}{s^2(T_0s+1)}=\frac{4T_0s+1}{8T_0^2s^2(T_0s+1)}$$

$$\varPhi^*(s)=\frac{4T_0s+1}{8T_0^3s^3+8T_0^2s^2+4T_0s+1}$$

性能：**稳态误差**　阶跃、斜坡输入下，$e_\mathrm{ss}=0$。

动态性能　超调量 $\sigma_\mathrm{p}(\%)=43\%$，$t_\mathrm{s}=16.6T_0$。

由于闭环传递函数分子项存在 $(4T_0s+1)$，是一个零点。根据控制原理，闭环零点会使超调量增大。为了限制超调量，通常在典型Ⅱ系统的输入通道中串入传递函数为 $1/(4T_0s+1)$ 的"**给定滤波器**"，如图 6-36 所示。

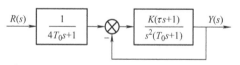

图 6-36　带给定滤波器的典型Ⅱ系统结构

系统的闭环传递函数为

$$\varPhi^*(s)=G_+\varPhi(s)=\frac{1}{4T_0s+1}\frac{4T_0s+1}{8T_0^3s^3+8T_0^2s^2+4T_0s+1}=\frac{1}{8T_0^3s^3+8T_0^2s^2+4T_0s+1}$$

最佳典型Ⅱ型系统带与不带给定滤波器时的性能指标见表 6-6。

表 6-6　带与不带给定滤波器时的性能指标

	带给定滤波器	不带给定滤波器
t_r/T_0	7.6	3.1
t_s/T_0	13.3	16.6
$\sigma_\mathrm{p}(\%)$	8.1	43.4

3. 两种典型系统比较

典型Ⅰ型系统和典型Ⅱ型系统除了在稳态误差上的区别以外，在动态性能中，典型Ⅰ型

系统在跟随性能上可以做到超调量小，但抗扰性能稍差；典型 II 型系统的超调量相对较大，但抗扰性能却比较好。这是设计时选择典型系统的重要依据。

二、非典型系统的典型化

上面讨论了两类典型系统及其参数与性能指标的关系，然而实际系统与典型系统之间往往有不同。这种情况下往往采用两种方法把实际系统变成上述两种典型系统，然后利用上面的典型系统方法进行设计。

非典型系统典型化的两种方法，一是在实际系统中串入调节器校正变换，如图 6-37 所示。二是对实际系统进行工程上的近似处理。

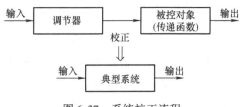

图 6-37 系统校正流程

1. 调节器结构的选择

调节器结构选择的基本方法是，将控制对象校正成为典型系统。几种校正成典型 I 型系统和典型 II 型系统的控制对象和相应的调节器传递函数列于表 6-7 和表 6-8 中，表中还给出了参数配合关系。

表 6-7　校正成典型 I 型系统调节器选择（1）

控制对象	$\dfrac{K_2}{(T_1s+1)(T_2s+1)}$ $T_1 > T_2$	$\dfrac{K_2}{Ts+1}$	$\dfrac{K_2}{s(Ts+1)}$	$\dfrac{K_2}{(T_1s+1)(T_2s+1)(T_3s+1)}$ $T_1、T_2 > T_3$	$\dfrac{K_2}{(T_1s+1)(T_2s+1)(T_3s+1)}$ $T_1 \gg T_2、T_3$
调节器	$\dfrac{K_{pi}(\tau_1 s+1)}{\tau_1 s}$	$\dfrac{K_i}{s}$	K_p	$\dfrac{(\tau_1 s+1)(\tau_2+1)}{\tau s}$	$\dfrac{K_{pi}(\tau_1 s+1)}{\tau_1 s}$
参数配合	$\tau_1 = T_1$			$\tau_1 = T_1,\ \tau_2 = T_2$	$\tau_1 = T_1$ $T_\Sigma = T_2 + T_3$

表 6-8　校正成典型 II 型系统调节器选择（2）

控制对象	$\dfrac{K_2}{s(Ts+1)}$	$\dfrac{K_2}{(T_1s+1)(T_2s+1)}$ $T_1 \gg T_2$	$\dfrac{K_2}{s(T_1s+1)(T_2s+1)}$ $T_1、T_2$ 相近	$\dfrac{K_2}{s(T_1s+1)(T_2s+1)}$ $T_1、T_2$ 都很小	$\dfrac{K_2}{(T_1s+1)(T_2s+1)(T_3s+1)}$ $T_1 \gg T_2、T_3$
调节器	$\dfrac{K_{pi}(\tau_1 s+1)}{\tau_1 s}$	$\dfrac{K_{pi}(\tau_1 s+1)}{\tau_1 s}$	$\dfrac{(\tau_1 s+1)(\tau_2+1)}{\tau s}$	$\dfrac{K_{pi}(\tau_1 s+1)}{\tau_1 s}$	$\dfrac{K_{pi}(\tau_1 s+1)}{\tau_1 s}$
参数配合	$\tau_1 = hT$	$\tau_1 = hT_2$ 认为： $\dfrac{1}{T_1 s+1} \approx \dfrac{1}{T_1 s}$	$\tau_1 = hT_1$（或 hT_2） $\tau_2 = hT_2$（或 T_1）	$\tau_1 = h(T_1 + T_2)$	$\tau_1 = h(T_2 + T_3)$ 认为： $\dfrac{1}{T_1 s+1} \approx \dfrac{1}{T_1 s}$

2. 传递函数的近似处理

若靠串入调节器方法不能满足要求时，就要对被控对象的环节传递函数进行一些近似处理，或者采用更复杂的控制规律。

（1）高频段小惯性环节的近似处理 实际系统中往往有若干个小时间常数的惯性环节，这些小时间常数所对应的频率都处于频率特性的高频段，形成一组小惯性群。当系统有一组小惯性群时，在一定的条件下，可以将它们近似地看成是一个小惯性环节，其时间常数等于小惯性群中各时间常数之和。

$$\frac{1}{\cdots(T_3 s + 1)(T_4 s + 1)} \quad \Rightarrow \quad \frac{1}{\cdots(T_3 + T_4)s + 1} \tag{6-38}$$

近似条件

$$\omega_c \leqslant \frac{1}{3} \frac{1}{\sqrt{T_3 T_4}}$$

（2）高阶系统的降阶近似处理

$$\frac{1}{as^3 + bs^2 + cs + 1} \quad \Rightarrow \quad \frac{1}{cs + 1} \tag{6-39}$$

近似条件

$$\omega_c \leqslant \frac{1}{3} \min\left(\sqrt{\frac{1}{b}}, \sqrt{\frac{c}{a}}\right)$$

（3）低频段大惯性环节的近似处理

当系统中存在一个时间常数特别大的惯性环节时，可以近似地将它看成是积分环节，即

$$\frac{K}{(T_1 s + 1)(T_2 s + 1)} \quad \Rightarrow \quad \frac{K/T_1}{s(T_2 s + 1)} \tag{6-40}$$

近似的条件

$$T_1 > hT_2 \text{ 或 } \omega_c \geqslant \frac{3}{T}$$

注意以下问题：

1）用典型工程系统方法设计系统，都是针对单位负反馈系统结构的。因为只有单位负反馈系统其开环和闭环传递函数之间才有确定的对应关系，即

$$\Phi(s) = \frac{G_k(s)}{1 + G_k(s)}$$

非单位反馈系统其开环和闭环传递函数之间没有确定的对应关系

$$\Phi(s) = \frac{1}{H(s)} \frac{G(s)H(s)}{1 + G(s)H(s)} = \frac{1}{H(s)} \frac{G_k(s)}{1 + G_k(s)} = \frac{1}{H(s)} \Phi_1(s)$$

由上式可看出，非单位反馈的闭环传递函数相当于具有开环传递函数 $G(s)H(s)$ 的单位反馈系统和传递函数 $1/H(s)$ 环节的串联。因此，在对非单位反馈系统进行设计时，要把它先变换为等效的单位反馈后，对虚构的单位反馈系统进行设计。当考虑原系统性能时，必须注意还有 $1/H(s)$ 的影响。

2）从表6-7、表6-8可看出，同样校正为Ⅰ或Ⅱ型系统，调节器的考虑及选择是不唯一的。

例6-5 已知系统如图6-38所示，要求 $r(t) = e_{ss}(t) = 0$，$\sigma_p\% \leqslant 10\%$，设计调节器。

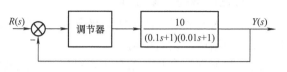

图6-38 例6-5图

解 根据性能要求，该系统可校正为典型Ⅰ型，也可以校正为典型Ⅱ型系统后再加给定滤波器。考虑到典型Ⅱ型比典型Ⅰ型抗干扰较强些，把系统校正为典型Ⅱ型，并选取 $h = 4$。

（1）环节的处理

由于 $T_1 = 0.1$，$hT_2 = 4 \times 0.01 = 0.04$，$T_1 > hT_2$，因此可以把大惯性环节视为积分环节，$1/(0.1s+1) \Rightarrow 1/(0.1s) = 10/s$，被控对象传递函数近似为

$$G_0(s) = \frac{100}{s(0.01s+1)}$$

（2）调节器选择

查表6-8，采用PI调节器

$$G_c(s) = k_p \frac{\tau s + 1}{\tau s}$$

则系统开环传递函数为

$$G_k(s) = k_p \frac{\tau s + 1}{\tau s} \times \frac{100}{s(0.01s+1)} = \frac{(100k_p/\tau)(\tau s + 1)}{s^2(0.01s+1)} = \frac{K(\tau s + 1)}{s^2(0.01s+1)}$$

式中

$$K = \frac{100k_p}{\tau}$$

（3）调节器参数计算

按最大相位裕度准则有

$$\tau = 4T_0 = 0.04$$

$$K = \frac{100k_p}{\tau} = \frac{1}{8T_0^2} \quad \Rightarrow \quad \frac{100k_p}{0.04} = \frac{1}{8(0.01)^2}$$

则

$$k_p = \frac{0.04}{100 \times 8 \times (0.01)^2} = 0.5$$

于是，调节器传递函数为

$$G_c(s) = 0.5 \frac{0.04s+1}{0.04s} = 12.5 \frac{0.04s+1}{s}$$

查表6-6，这时系统的超调量、调节时间分别为

$$\sigma_p(\%) = 43\%, t_s = 16.6 \times 0.01s \approx 0.167s$$

为了减小超调量，引入给定滤波器

$$H_+(s) = \frac{1}{4T_0 s + 1} = \frac{1}{4 \times 0.01s + 1} = \frac{1}{0.04s + 1}$$

这时系统的超调量 $\sigma_p(\%) = 8.1\% < 10\%$，满足性能要求。

习　题

6-1　考虑如图6-39所示的发电机励磁控制系统。图中给定参数为

图6-39　题6-1图

$$G_1(s) = \frac{K}{1 + T_1 s}, \quad G_2(s) = \frac{1}{1 + T_f s}, \quad G_3(s) = \frac{K}{1 + T_d s}$$

$T_d = 5\text{s}$，$T_f = 0.5\text{s}$，$T_1 = 0.05\text{s}$，$K = 40$。要求采用超前校正，校正后系统的相位裕度为50°。

6-2　某单位反馈小功率随动系统的对象特性为

$$G_0(s) = \frac{5}{s(s+1)(0.1s+1)}$$

为使系统具有性能指标为：输入频率为1rad/s时稳态误差小于2.5°，最大超调量小于25%，调节时间小于1s，试确定串联校正装置特性。

6-3　系统结构如图6-40所示，其中

$$G_1(s) = 10, \quad G_2(s) = \frac{10}{s(0.25s+1)(0.05s+1)}$$

要求校正后系统开环传递函数为

$$G_K(s) = \frac{100(1.25s+1)}{s(16.67s+1)(0.03s+1)^2}$$

试确定校正装置的特性$H(s)$。

6-4　某系统结构图如图6-41所示，其中

$$G_1(s) = 200, \quad G_2(s) = \frac{10}{(0.1s+1)(0.01s+1)}, \quad G_3(s) = \frac{0.1}{s}$$

要求校正后系统具有如下性能：速度误差系数$K_v = 200$，超调量小于等于25%，调节时间小于等于2s，试确定局部反馈校正装置特性。

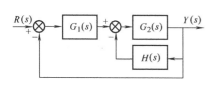

图6-40　题6-3图

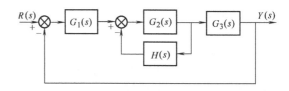

图6-41　题6-4图

第七章

非线性控制系统分析

前面章节讨论的都是有关线性定常控制系统的内容。本章讨论有关非线性控制系统的内容。

第一节　非线性控制系统概述

一、非线性控制系统

系统中具有本质非线性(不能线性化)部件的系统,称为非线性控制系统。

对于非线性控制系统,若采用线性系统理论去分析、设计,将会产生很大的误差,甚至出现严重错误的结果。因此,须有专门理论和方法对这类系统进行分析。

二、非线性系统的特征

与线性系统相比,非线性系统主要有如下特征:

1)描述系统的数学模型是非线性方程。

2)非线性系统不具有叠加和齐次性质。

3)非线性系统的稳定性和输出响应,不但与系统的结构、参数有关,还与初始值有关。

4)非线性系统有可能在没有输入信号情况下,在系统内部产生稳定的自激振荡。

三、非线性系统的分析方法

到目前为止,理论上还没有统一方法,只有适用于某些特定类型**非线性系统**的近似方法,例如分段线性近似法、李雅普诺夫法、描述函数法、相平面法等。工程上最普通使用的是描述函数法,它适用于任何阶次的系统。其次是相平面法,但只适用于二阶系统,且作图的工作量大,不过由它引出的系统响应、极限环、节点等概念对认识高阶非线性系统的运动特性起到帮助作用。本章将重点介绍描述函数法,对相平面分析法的重点内容也将做必要的介绍和讨论。

值得指出的是,近十多年来在计算机中用 MATLAB 的函数命令尤其是用其内含的 Simulink绘图仿真软件,模拟非线性系统进行图形化的仿真分析和研究,获得了广泛重视和使用。该方法绘图容易、使用方便、结果直观，且适用于任何非线性系统。该方法将在第九章介绍和讨论。

第二节　非线性特性

一、典型非线性特性的类型

常见典型的非线性特性有 4 种，分别是饱和、死区、间隙和继电特性。

1. 饱和特性

饱和特性如图 7-1a 所示。当输入信号达到某一数值后，输出信号不再随输入信号变化，而是保持某一常值。控制系统中的运算放大器就具有饱和特性。饱和特性的存在会使系统的开环增益下降，从而使系统的快速性和跟踪精度变差，但也会使超调量降低，提高系统的平稳性。

2. 死区特性

死区特性如图 7-1b 所示。当输入信号较小时，输出信号为零。死区特性的存在会使系统精度变差，并造成系统输出滞后，影响跟踪精度。但如果干扰信号处于死区区域内，也会使系统的抗干扰性能变强。

3. 间隙特性

间隙特性如图 7-1c 所示。在机械传动中，运动部件之间总会存在间隙，例如齿轮与齿轮之间存在间隙是不可避免的。由于间隙的存在，当传动机构由正向运动改为反向运动时，主动部件要经过空隙行程后，才能和从动部件相接触，从而带动从动部件运动。间隙特性降低了系统的定位精度，增大了系统的稳态误差，会使系统的动态性能变差，振荡加剧。

4. 继电特性

继电特性有多种，有理想继电特性、带死区继电特性、滞环继电特性等。理想继电特性如图 7-1d 所示。继电特性常常会使系统产生

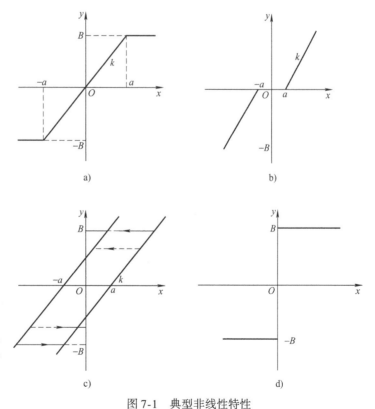

图 7-1　典型非线性特性
a）饱和特性　b）死区特性　c）间隙特性　d）理想继电特性

185

振荡现象。

二、非线性特性的等效

1. 非线性特性串联

非线性环节串联，常用作图方法求出等效特性。

例7-1 两个串联的非线性特性元件如图7-2所示，求其等效特性。

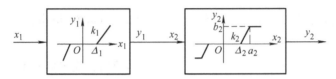

图7-2　例7-1串联非线性特性元件($\Delta_1 < \Delta_2$)

解　求等效串联非线性特性的作图过程，见图7-3所示。

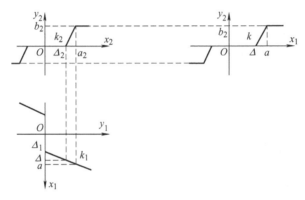

图7-3　例7-1串联等效非线性特性

等效后的特性为死区饱和特性（等效特性的死区、饱和区域与原特性有关）。斜率 $k = k_1 k_2$。

2. 非线性特性并联

非线性环节并联，等效特性为非线性特性（同坐标）叠加。图7-4表示死区非线性与死区继电特性相并联后的等效特性。

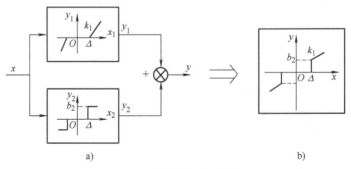

图7-4　非线性环节并联
a）并联特性　b）等效特性

第三节　描述函数及其计算

一、描述函数定义

非线性元件输入为正弦波时，其输出为非正弦波。将输出非正弦波的一次谐波（即基波，正弦波）与输入正弦波的复数比，定义为非线性元件的**描述函数**。

设一个非线性元件，其输入信号为正弦信号

$$x(t) = A\sin\omega t \tag{7-1}$$

输出信号一般为非正弦周期信号。其傅里叶级数展开式可表示为

$$y(t) = A_0 + \sum_{n=1}^{\infty}(A_n\cos n\omega t + B_n\sin n\omega t) \tag{7-2}$$

式中

$$A_n = \frac{1}{\pi}\int_0^{2\pi} y(t)\cos n\omega t \mathrm{d}\omega t \quad n = 0,1,2,\cdots \tag{7-3}$$

$$B_n = \frac{1}{\pi}\int_0^{2\pi} y(t)\sin n\omega t \mathrm{d}\omega t \quad n = 0,1,2,\cdots \tag{7-4}$$

式(7-2)表明，非线性元件输出信号中含有直流分量、基波及高次谐波。若非线性特性具有中心对称性，则输出为对称奇函数，即直流分量为0；如果非线性元件后的线性部件都具有低通滤波特性（工程系统均能满足），则输出信号中高次谐波分量将衰减到很小。此时，非线性元件的输出可认为是只有基波分量。于是有

$$y(t) \approx y_1(t) = A_1\cos\omega t + B_1\sin\omega t = Y_1\sin(\omega t + \varphi_1) \tag{7-5}$$

式中
$$Y_1 = \sqrt{A_1^2 + B_1^2}, \varphi_1 = \arctan\frac{A_1}{B_1} \tag{7-6}$$

这时，非线性元件的输入、输出信号为

$x(t) = A\sin\omega t = Ae^{j0°}$

$y(t) = Y_1\sin(\omega t + \varphi_1) = Y_1e^{j\varphi_1}$

于是，由上两式求出复数比，便得到该非线性元件的描述函数，常用符号"$N(A)$"表示

$$N(A) = \frac{Y_1}{A}e^{j\varphi_1} = \frac{B_1 + jA_1}{A} \quad (7-7)$$

二、描述函数计算

根据描述函数定义，求非线性元件的描述函数常用作图方法，具体步骤如下：

（1）根据非线性特性，画出在正弦输入下其输出的波形图。

（2）根据输出的波形图，写出其

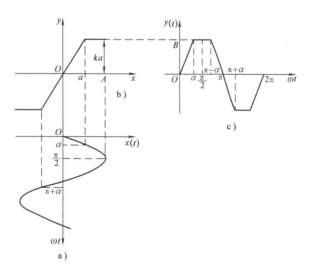

图7-5　饱和特性的输入输出波形

数学表达式。

（3）按式(7-3)、式(7-4)计算 A、B。

（4）按式(7-7)计算出描述函数 $N(A)$。

下面通过求饱和非线性的描述函数为例，具体说明方法与步骤。

例 7-2 求饱和特性的描述函数。

解 根据饱和非线性特性，画出在正弦输入下其输出的波形图，如图 7-5 所示。

根据输出的波形图，写出其数学表达式

$$y(t) = \begin{cases} kA\sin\omega t & 0 < \omega t < \alpha \\ B & \alpha < \omega t < \pi - \alpha \\ kA\sin\omega t & \pi - \alpha < \omega t < \pi \end{cases}$$

式中，k 为饱和特性线性段的斜率；a 为饱和特性线性段的宽度，$a = \arcsin\dfrac{a}{A}$。

计算 A、B。由于 $y(t)$ 为单值对称函数，故有

$$A_1 = 0, A_0 = 0$$

$$\begin{aligned} B_1 &= \frac{1}{\pi}\int_0^{2\pi} y(t)\sin\omega t \mathrm{d}\omega t \\ &= \frac{4}{\pi}\int_0^{2\pi} y(t)\sin\omega t \mathrm{d}\omega t \\ &= \frac{4}{\pi}\left(\int_0^{\alpha} kA\sin^2\omega t \mathrm{d}\omega t + \int_{\alpha}^{\frac{\pi}{2}} ka\sin\omega t \mathrm{d}\omega t\right) \\ &= \frac{2kA}{\pi}\left(\arcsin\frac{a}{A} + \frac{a}{A}\cos a\right) \\ &= \frac{2kA}{\pi}\left[\arcsin\frac{a}{A} + \frac{a}{A}\sqrt{1 - \left(\frac{a}{A}\right)^2}\right] \end{aligned}$$

描述函数 $N(A)$

$$N(A) = \frac{B_1}{A} = \frac{2k}{\pi}\left[\arcsin\frac{a}{A} + \frac{a}{A}\sqrt{1 - \left(\frac{a}{A}\right)^2}\right] \quad A \geqslant a$$

负倒描述函数为

$$\frac{-1}{N(A)} = \frac{-\pi}{2k\left[\arcsin\dfrac{a}{A} + \dfrac{a}{A}\sqrt{1 - \left(\dfrac{a}{A}\right)^2}\right]}$$

其他典型非线性描述函数的计算方法类似。表 7-1 列出了一些典型非线性元件的描述函数及负倒描述函数特性曲线。

表 7-1 典型非线性特性和描述函数

序号	类型	非线性特性	描述函数 $N(X)$	负倒描述函数曲线
1	理想继电特性		$\dfrac{4M}{\pi X}$	

（续）

序号	类型	非线性特性	描述函数 $N(X)$	负倒描述函数曲线
2	带死区的继电特性		$\dfrac{4M}{\pi X}\sqrt{1-\left(\dfrac{h}{X}\right)^2}\quad X\geq h$	
3	带滞环的继电特性		$\dfrac{4M}{\pi X}\sqrt{1-\left(\dfrac{h}{X}\right)^2}-\mathrm{j}\dfrac{4Mh}{\pi X^2}\quad X\geq h$	
4	带死区和滞环的继电特性		$\dfrac{2M}{\pi X}\left[\sqrt{1-\left(\dfrac{mh}{X}\right)^2}+\sqrt{1-\left(\dfrac{h}{X}\right)^2}\right]-$ $\mathrm{j}\dfrac{2Mh}{\pi X^2}(m-1)\quad X\geq h$	
5	饱和特性、幅值限制		$\dfrac{2k}{\pi}\left[\arcsin\dfrac{a}{X}+\dfrac{a}{X}\sqrt{1-\left(\dfrac{a}{X}\right)^2}\right]\quad X\geq a$	
6	死区特性		$\dfrac{2k}{\pi}\left[\dfrac{\pi}{2}-\arcsin\dfrac{\Delta}{X}-\dfrac{\Delta}{X}\sqrt{1-\left(\dfrac{\Delta}{X}\right)^2}\right]X\geq\Delta$	
7	间隙特性		$\dfrac{k}{\pi}\left[\begin{array}{l}\dfrac{\pi}{2}+\arcsin\left(1-\dfrac{2b}{X}\right)\\+2\left(1-\dfrac{2b}{X}\right)\sqrt{\dfrac{b}{X}\left(1-\dfrac{2b}{X}\right)}\end{array}\right]+\mathrm{j}\dfrac{4kb}{\pi X}\left(1-\dfrac{2b}{X}\right)$ $X\geq b$	
8	带死区的饱和特性		$\dfrac{2k}{\pi}\left[\begin{array}{l}\arcsin\dfrac{a}{X}-\arcsin\dfrac{\Delta}{X}+\\ \dfrac{a}{X}\sqrt{1-\left(\dfrac{a}{X}\right)^2}-\dfrac{\Delta}{X}\sqrt{1-\left(\dfrac{\Delta}{X}\right)^2}\quad X\geq a\end{array}\right]$	

注意：实际应用中，常用描述函数的负倒特性 " $-1/N(A)$ "。

第四节　描述函数分析非线性系统

用描述函数分析非线性系统，是基于如图 7-6 所示的**典型非线性系统**结构。而且，图中的非线性元件能用描述函数表示，线性部件也应具有良好的低通滤波特性。

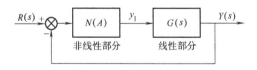

图 7-6　典型非线性系统结构图

一、系统性能分析

对非线性系统的性能而言，关心的不是系统时域的暂态解，而是系统的**稳定性**以及系统是否会产生稳定的**自激振荡**。

1. 稳定性分析

非线性元件用描述函数表示，实际上是通过谐波线性化方法，将非线性特性近似表示为线性特性，于是可以借助于线性系统频率法中的奈氏判据，对非线性系统的稳定性进行分析。

由图7-6得，系统的闭环传递函数为

$$\Phi(s) = \frac{Y(s)}{R(s)} = \frac{N(A)G(s)}{1 + N(A)G(s)}$$

闭环频率特性

$$\Phi(j\omega) = \frac{Y(j\omega)}{R(j\omega)} = \frac{N(A)G(j\omega)}{1 + N(A)G(j\omega)} \tag{7-8}$$

特征方程

$$1 + N(A)G(j\omega) = 0 \tag{7-9}$$

式(7-9)又可写为

$$G(j\omega) = -\frac{1}{N(A)} \tag{7-10}$$

式中，$-\dfrac{1}{N(A)}$为非线性特性的**负倒描述函数**。

式(7-10)中，若$N(A) = 1$，表示系统中不含有非线性部件，完全是一个线性系统。这时，式(7-10)变为$G(j\omega) = -1$，正是判别线性系统稳定性的奈氏判据表达式（第五章）。即对于线性系统，负实轴上的点$(-1, j0)$，是判断系统稳定性的参考点。若系统的开环幅相频率特性曲线包围点$(-1, j0)$，**则闭环系统不稳定**；若系统的开环幅相频率特性曲线不包围点$(-1, j0)$则**闭环系统稳定**；若系统的开环幅相频率特性曲线穿过点$(-1, j0)$，则闭环系统处于**临界稳定**。

对于非线性系统，$N(A) \neq 1$，但可以借助线性系统的奈氏判据判断其稳定性，只不过判别系统稳定性的不是负实轴上的一个参考点$(-1, j0)$，而是一条参考曲线$-1/N(A)$。由此，可以利用$-1/N(A)$特性曲线与$G(j\omega)$特性曲线的相对位置来判别系统的稳定性。稳定性的判据总结如下：

1）当线性部分的幅相频率特性曲线$G(j\omega)$不包围特性曲线$-1/N(A)$时，系统是稳定的，如图7-7a所示；

2）当线性部分的幅相频率特性曲线$G(j\omega)$包围特性曲线$-1/N(A)$时，系统是不稳定的，如图7-7b所示；

3）当线性部分的幅相频率特性曲线$G(j\omega)$与特性曲线$-1/N(A)$相交时，系统可能产生自激振荡。

例7-3 饱和非线性系统如图7-8所示。

其中，饱和非线性元件参数$a = 1$，$b = 2$。线性传递函数为

$$G(s) = \frac{K}{s(0.1s+1)(0.2s+1)}$$

分析线性环节的放大系数K对系统稳定性的影响。

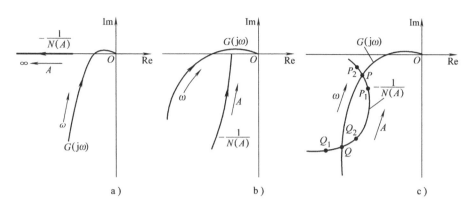

图 7-7 非线性系统稳定性判别

a）稳定 b）不稳定 c）可能产生自激振荡

解 （1）求饱和非线性的负倒描述函数

$$\frac{-1}{N(A)} = \frac{-\pi}{2k\left[\arcsin\dfrac{a}{A} + \dfrac{a}{A}\sqrt{1-\left(\dfrac{a}{A}\right)^2}\right]} = \frac{-\pi}{4\left[\arcsin\dfrac{a}{A} + \dfrac{a}{A}\sqrt{1-\left(\dfrac{a}{A}\right)^2}\right]}$$

当 $A = a$ 时，$-1/N(A) = -1/2$；当 $A \to \infty$ 时，$-1/N(A) \to -\infty$。因此，负倒描述函数曲线的起点在负实轴的 $(-0.5, \text{j}0)$ 点，终止于负无穷。

（2）求线性环节的频率特性 $G(\text{j}\omega)$

$$G(\text{j}\omega) = \frac{K}{\text{j}\omega(0.1\text{j}\omega+1)(0.2\text{j}\omega+1)} = \frac{K[-0.3\omega - \text{j}(1-0.02\omega^2)]}{\omega(1+0.01\omega^2)(1+0.04\omega^2)}$$

实部
$$Re\,G(\text{j}\omega) = \frac{-0.3\omega K}{\omega(1+0.01\omega^2)(1+0.04\omega^2)}$$

虚部
$$Im\,G(\text{j}\omega) = \frac{-K(1-0.02\omega^2)}{\omega(1+0.01\omega^2)(1+0.04\omega^2)}$$

图 7-9 所示为饱和负倒特性与线性特性（与 K 有关）的极坐标示意图。

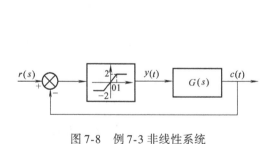

图 7-8 例 7-3 非线性系统

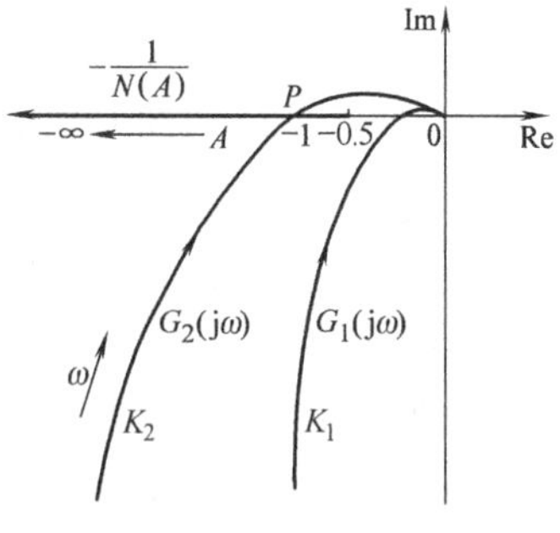

图 7-9 饱和负倒特性与线性特性

要使系统临界稳定，线性部分的频率特性曲线应与负倒描述函数的起点 $(-0.5, \text{j}0)$ 相交。于是，令线性特性虚部为零，即

$$\text{Im } G(j\omega) = \frac{-K(1-0.02\omega^2)}{\omega(1+0.01\omega^2)(1+0.04\omega^2)} = 0$$

求得线性频率特性与负实轴的交点频率值为

$$\omega = \sqrt{50}\,s^{-1}$$

代入线性频率特性的实部，得到与实轴交点的值

$$\text{Re } G(j\omega) = \frac{-0.3K}{4.5}$$

令与实轴交点的值

$$\frac{-0.3K}{4.5} = -0.5$$

于是有 $K = 7.5$

所以，依稳定性判据，当 $K = 7.5$ 时，系统临界稳定；当 $K < 7.5$ 时，系统稳定；当 $K > 7.5$ 时，系统不稳定（产生自激振荡）。

2. 自激振荡分析

自激振荡是指系统无输入信号作用时，系统内部有一个周期变化的交流信号在流通。自激振荡可以是稳定的，也可以是不稳定的。实际上，稳定的自激振荡并非是正弦的，但往往用一固定频率和振幅的正弦信号来近似，而不稳定的自激振荡，实际上是不会存在的。

（1）产生自激振荡的条件 产生自激振荡的条件是，线性部分的幅相频率特性曲线 $G(j\omega)$ 与负倒描述函数 $-1/N(A)$ 特性曲线会有相交点，如图 7-7c 所示。

（2）判定稳定自激振荡的方法 可用抗干扰的方法，确定是稳定的自激振荡，还是不稳定的自激振荡(实际中不会存在)。下面通过图 7-7c 解释说明。

分析 P 点的自激振荡稳定性：

若由于某种干扰的作用使负倒描述函数的振幅 A 变大，即工作点 P 将沿 $-1/N(A)$ 曲线移到 P_2 点。由于 P_2 点不被 $G(j\omega)$ 曲线包围，系统是稳定的，故振幅会被衰减，工作点 P_2 会自动返回到 P 点；相反，若由于某种干扰的作用使负倒描述函数的振幅 A 变小，即工作点 P 将沿 $-1/N(A)$ 曲线前移到 P_1 点。由于 P_1 点被 $G(j\omega)$ 曲线包围，系统是不稳定的，故振幅 A 会增大，工作点 P_1 又会退回到 P 点。可见，P 点是稳定的工作点，会产生稳定的自激振荡。

同样的方法分析 Q 点。可知，Q 点是不稳定的工作点，不会产生稳定的自激振荡。

由上面的分析，可得出如下两点结论。

结论 1 在 $G(j\omega)$ 曲线和 $-1/N(A)$ 曲线的交点处，若 $-1/N(A)$ 曲线沿着振幅 A 增加的方向由不稳定区域进入稳定区域，则该交点对应的是稳定的自激振荡点；反之，若 $-1/N(A)$ 曲线沿着振幅 A 增加的方向由稳定区域进入不稳定区域，则该交点对应的是不稳定的自激振荡点，不会产生自激振荡。

结论 2 当 $G(j\omega)$ 曲线和 $-1/N(A)$ 曲线有多个交点时，必须逐个分析每个交点的工作情况后才能确定系统是否能产生稳定的自激振荡。

（3）自激振荡的计算 自激振荡被视为一个正弦信号，因此涉及其频率和振幅计算的方法有两种。

方法一：**查图法**。图 7-7c 中交点处 $G(j\omega)$ 曲线的频率值，为其振荡的频率值；交点处 $-1/N(A)$ 曲线的 A 值，为其振荡的幅值。本方法要求绘制的图形较准确。

方法二：**解析法**。求解特征方程，解下面两个等式

$$\angle G(j\omega)N(A) = -\pi \quad, |G(j\omega)N(A)| = 1 \tag{7-11}$$

得到振荡的频率 ω 和振荡的幅值 A，代入正弦表达式得

$$x(t) = A\sin\omega t$$

二、非典型结构的典型化处理

上面提及，描述函数分析非线性系统是基于典型非线性系统结构（见图7-6）的。当要分析的系统不是典型结构时，必须把非典型结构化为典型结构，一般的处理方法如下。

首先，视非线性环节为线性环节，并按线性系统框图变换法则化简系统。

其次，求出系统的特征方程，得到 $1 + N(A)G(j\omega) = 0$ 的表达式。

最后，由 $1 + N(A)G(j\omega) = 0$，写出等效的线性部分的传递函数。

例7-4 已知非线性系统如图7-10所示，化为图7-6所示的典型结构。

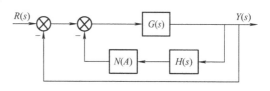

图7-10 例7-4非线性系统结构图

解 系统的开环传递函数为

$$G_k(s) = \frac{G(s)}{1 + N(A)G(s)H(s)}$$

特征方程式

$$1 + G_k(s) = 1 + \frac{G(s)}{1 + N(A)G(s)H(s)} = 0$$

$$1 + N(A)G(s)H(s) + G(s) = 0$$

$$N(A)G(s)H(s) = -[G(s) + 1]$$

两边除以 $[G(s) + 1]$

$$N(A)\frac{G(s)H(s)}{G(s) + 1} = -1$$

于是等效的线性系统为

$$G^*(s) = \frac{G(s)H(s)}{G(s) + 1}$$

例7-5 已知继电器非线性系统如图7-11所示，试求

（1）系统发生自振时，参数 k_1、k_2、T_1、T_2、B 之间应满足的条件。

（2）自振频率及其振幅。

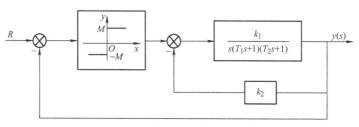

图7-11 继电器非线性系统

解 （1）继电特性的描述函数及负倒描述函数为

$$N(A) = \frac{4M}{\pi A}, \quad -\frac{1}{N(A)} = -\frac{\pi A}{4M}$$

当 $A = 0$ 时，$-1/N(A) = 0$，为坐标的原点；当 $A = \infty$ 时，$-1/N(A)$ 为负无穷。可知，负倒

描述函数是整条负实轴。

（2）线性部分的幅相频率特性曲线

系统线性部分传递函数为

$$G(s) = \frac{k_1}{s(T_1 s + 1)(T_2 s + 1) + k_1 k_2}$$

频率特性为

$$G(j\omega) = \frac{k_1}{k_1 k_2 - (T_1 + T_2)\omega^2 + j(1 - T_1 T_2 \omega^2)\omega}$$

线性部分是三阶，频率特性与负实轴必有交点。幅相频率特性曲线与负倒描述函数曲线（负实轴）如图7-12所示。由判据可知，两曲线的交点是稳定的自振点。

令幅相频率特性虚部为零，即

$$(1 - T_1 T_2 \omega^2)\omega = 0$$

由此得到自振的频率为

$$\omega = \frac{1}{\sqrt{T_1 T_2}}$$

幅相频率特性实部为

$$|G(j\omega)| = \frac{k_1}{k_1 k_2 - \dfrac{T_1 + T_2}{T_1 T_2}}$$

令幅相频率特性实部值与该点负倒描述函数值相等，即

$$\frac{k_1}{k_1 k_2 - \dfrac{T_1 + T_2}{T_1 T_2}} = -\frac{\pi A}{4M}$$

因此，使系统产生稳定自振的条件及自振的振幅为

$$k_1 k_2 < \frac{T_1 + T_2}{T_1 T_2}, \quad A = \frac{4M k_1}{\pi\left(\dfrac{T_1 + T_2}{T_1 T_2} - k_1 k_2\right)}$$

例7-6　死区继电器非线性系统如图7-13所示。

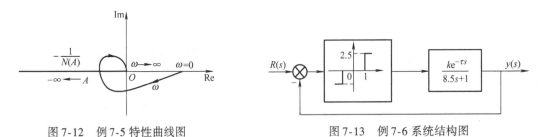

图7-12　例7-5特性曲线图　　　　图7-13　例7-6系统结构图

（1）分析线性部分特性参数（k、τ）对系统稳定性的影响。

（2）当系统产生自激振荡时确定线性部分特性参数值。

（3）要求系统输出振幅为3，角频率为4的稳定自振信号，问线性部分特性参数值应取多少。

解　（1）死区继电描述函数及负倒描述函数为

$$N(A) = \frac{4M}{\pi A}\sqrt{1 - \left(\frac{a}{A}\right)^2} \quad a = 1, M = 2.5; A \geqslant a$$

$$-\frac{1}{N(A)} = -\frac{\pi A}{4M\sqrt{1 - \left(\frac{a}{A}\right)^2}}$$

当 $A = a$，$-1/N(A) = -\infty$；$A = \infty$，$-1/N(A) = -\infty$，故 $-1/N(A)$ 必存在极值，令

$$\frac{\mathrm{d}}{\mathrm{d}A}\left(-\frac{1}{N(A)}\right) = 0$$

得极值

$$A = \sqrt{2}, \quad -\frac{1}{N(A)} = -\frac{\pi a}{2M} = -\frac{\pi}{5}$$

负倒描述函数曲线如图 7-14 所示。

（2）线性部分的频率特性

线性部分传递函数为

$$G(s) = \frac{k\mathrm{e}^{-\tau s}}{8.5s + 1}$$

线性部分的频率特性为

$$G(\mathrm{j}\omega) = \frac{k\mathrm{e}^{-\tau\mathrm{j}\omega}}{8.5\mathrm{j}\omega + 1} = \frac{k}{\sqrt{(8.5\omega)^2 + 1}}\mathrm{e}^{-\mathrm{j}(\arctan 8.5\omega + \tau\omega)}$$

由上式可见，随着 k 增大，幅值 $|G(\mathrm{j}\omega)|$ 增大，τ 增大，相角 $\angle G(\mathrm{j}\omega)$ 增大。

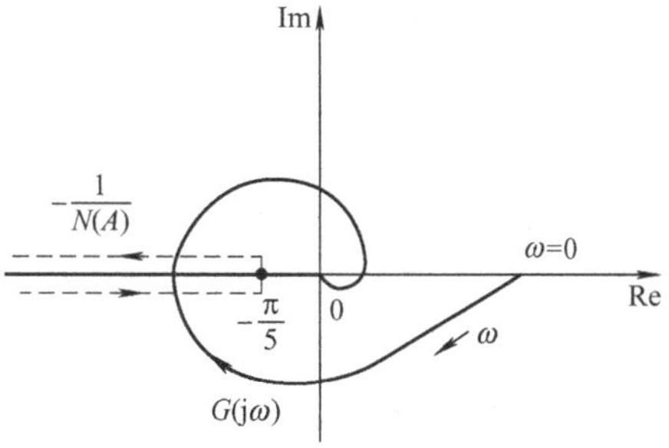

图 7-14　例 7-6 特性曲线图

系统的特性曲线图，如图 7-14 所示。由图可见：

当 $G(\mathrm{j}\omega)$ 曲线与负实轴的交点位于 $\left[-\dfrac{\pi}{5}, 0\right)$ 之间时，系统稳定。

当 $G(\mathrm{j}\omega)$ 曲线与负实轴的交点位于 $\left[-\dfrac{\pi}{5}, -\infty\right)$ 之间时，则有两个交点分别对应稳定的自激振荡和不稳定的自激振荡。

当 $G(\mathrm{j}\omega)$ 曲线通过 $-1/N(A)$ 的转折点 $\left(-\dfrac{\pi}{5}\right)$ 时，系统处于临界稳定状态，且满足以下方程

$$G(\mathrm{j}\omega) = \frac{k}{\sqrt{(8.5\omega)^2 + 1}} = \frac{\pi}{5}$$

$$-\arctan 8.5\omega - \tau\omega = -\pi$$

要使系统输出产生振幅为 3、角频率为 4 的等幅振荡信号，则有

$$-\arctan 8.5 \times 4 - 4\tau = -\pi$$

于是有 $\tau = 0.4$。

由

$$\frac{k}{\sqrt{(8.5 \times 4)^2 + 1}} = \frac{1}{N(3)}$$

得出 $k = 34$。

第五节　改善非线性系统性能的方法

某些特殊情况下，在控制系统中人为地引入特定的非线性元件能使系统性能改善。但是大多数情况下，非线性因素的存在，会给系统带来不利的影响，如系统稳态误差增加、响应过程变慢、产生自激振荡等。怎样消除非线性因素的不利影响，是非线性系统研究中的一个具有实际意义的课题。与线性系统不同，改善非线性系统的性能没有一般方法，应具体问题具体分析。下面所介绍的几种方法可作为解决实际问题的参考。

一、改变线性部分的参数或对线性部分进行校正

改变线性部分的参数或对线性部分进行校正是一种比较简便的方法，前几章研究线性系统时已经做了介绍。这种方法概括起来有如下一些措施：

1. 降低线性部分的放大系数 K

例7-3中对具有饱和非线性特性的非线性系统进行了分析，求得稳定边界为 $K = 7.5$（K 为线性部分的放大系数），即

1）当 $K < 7.5$ 时，系统线性部分 $G(j\omega)$ 曲线与非线性部分 $-1/N(A)$ 曲线互不相交，系统稳定。

2）当 $K = 7.5$ 时，系统的 $G(j\omega)$ 曲线与 $-1/N(A)$ 曲线端点相接，系统处于临界状态。

3）当 $K > 7.5$ 时，系统的 $G(j\omega)$ 曲线与 $-1/N(A)$ 曲线相交，系统产生自激振荡。

由此可见，降低线性部分的放大系数可以改善非线性系统的性能，使系统由不稳定变为稳定。

2. 在线性部分中加串联校正装置

具有理想继电特性的非线性系统如图7-15所示。

系统线性部分的频率特性为

$$G_1(j\omega) = \frac{K}{j\omega(1+j\omega)^2} = \frac{-2K\omega - jK(1-\omega^2)}{\omega\left[(1-\omega^2)^2 + 4\omega^2\right]}$$

令

$$\text{Im}\, G(j\omega) = 0$$

求得

$$\omega = 1$$

代入

$$\text{Re}\, G_1(j\omega)\,\big|_{\omega=1} = \frac{-2K\omega}{\omega\left[(1-\omega^2)^2 + 4\omega^2\right]}\,\bigg|_{\omega=1} = -\frac{K}{2}$$

由这个结果可知，当 $\omega = 1$ 时，$G_1(j\omega)$ 曲线穿过 $(-K/2, 0)$ 点（见图7-15c）。

根据表7-1可知，继电特性的负倒描述函数为

$$\frac{-1}{N(A)} = -\frac{\pi A}{4b}$$

其中，$b = 1$。当 $A = 0$ 时，$-1/N(A) = 0$；当 $A \to \infty$ 时，$-1/N(A) \to -\infty$。所以 $-1/N(A)$ 曲线与整个负实轴重合（见图7-15c）。只要 $K \neq 0$，$G_1(j\omega)$ 曲线与 $-1/N(A)$ 曲线必然会相交于 P 点（$P = -K/2$），系统产生自激振荡。

在原系统中串入微分校正装置 $G_c(s) = 1 + \tau s$，如图7-15b所示。校正后系统线性部分的传递函数为

$$G_2(s) = \frac{1}{s}\frac{K}{(1+s)^2}(1+\tau s)$$

若 $\tau = 1$，则校正后系统线性部分的频率特性为

$$G_2(j\omega) = \frac{K}{j\omega(1+j\omega)}$$

$G_2(j\omega)$ 曲线如图 7-15c 所示。由图可见，当 ω 由 $0\to\infty$ 时，$G_2(j\omega)$ 与 $-1/N(A)$ 曲线不相交，系统不产生自激振荡。

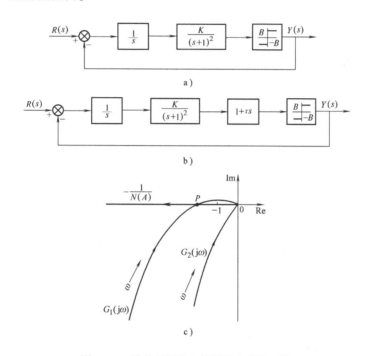

图 7-15　具有理想继电特性的非线性系统

a）原非线性系统　b）加入微分校正后的非线性系统　c）校正前后的 $G(j\omega)$ 与 $-1/N(A)$ 曲线

上述结果表明，在非线性系统中加入串联校正装置，可以使一个自激振荡系统的自激振荡消失。

3. 在系统中加入局部反馈校正

具有死区特性的非线性系统如图 7-16 所示。

1）系统没有加入局部反馈时，线性部分的传递函数为

$$G_1(s) = \frac{1}{s}\frac{K}{Ts+1}\frac{1}{s} = \frac{K}{s^2(Ts+1)}$$

系统的频率特性为

$$G_1(j\omega) = \frac{K}{(j\omega)^2(1+j\omega T)} = \frac{-K+jK\omega T}{\omega^2(1+T^2\omega^2)}$$

$G_1(j\omega)$ 曲线如图 7-16c 所示。

非线性部分为死区特性，其参数为 $k=1$，$a=1$。

根据表 7-1 可知，饱和非线性特性的负倒描述函数为

$$\frac{-1}{N(A)} = \frac{-1}{k - \frac{2k}{\pi}\left[\arcsin\frac{a}{A} + \frac{a}{A}\sqrt{1 - \left(\frac{a}{A}\right)^2}\right]} = \frac{-1}{1 - \frac{2}{\pi}\left[\arcsin\frac{1}{A} + \frac{1}{A}\sqrt{1 - \left(\frac{1}{A}\right)^2}\right]}$$

当 $A = a$ 时，$-1/N(A) \to -\infty$；当 $A \to \infty$ 时，$-1/N(A) = -1$。所以 $-1/N(A)$ 曲线是一条负实轴上包含 $(-\infty, -1)$ 的线段（见图 7-16c）。由图 7-16c 可知，$G_1(j\omega)$ 曲线包围了整条 $-1/N(A)$ 曲线，所以系统不稳定。

2）线性部分加入局部反馈，如图 7-16b 所示，局部反馈装置的传递函数为

$$\Phi_1(s) = \frac{K}{s(Ts+1) + K} = \frac{K}{Ts^2 + s + K}$$

校正后系统线性部分的传递函数为

$$G_2(s) = \Phi_1(s)\frac{1}{s} = \frac{K}{s(Ts^2 + s + K)}$$

频率特性为

$$G_2(\omega) = \frac{K}{j\omega[(K - T\omega^2) + j\omega]} = \frac{-K\omega - jK(K - T\omega^2)}{\omega[(K - T\omega^2)^2 + \omega^2]}$$

令

$$\mathrm{Im}G_2(j\omega) = 0$$

求得

$$\omega = \sqrt{\frac{K}{T}}$$

代入

$$\mathrm{Re}\ G_2(j\omega)\Big|_{\omega = \sqrt{\frac{K}{T}}} = \frac{-K\omega}{\omega[(K - T\omega^2)^2 + \omega^2]}\Big|_{\omega = \sqrt{\frac{K}{T}}} = -T$$

由这个结果可知，当 $\omega = \sqrt{K/T}$，$G_2(j\omega)$ 曲线穿过 $(-T, 0)$ 点。

若选择 $-T > -1$、$K > 0$，即 $T < 1$、$K > 0$，可得 $G_2(j\omega)$ 曲线，如图 7-16c 所示。由图可看出，$G_2(j\omega)$ 曲线与 $-1/N(A)$ 曲线不相交。同时，$G_2(j\omega)$ 曲线不包围 $-1/N(A)$ 曲线。所以，系统稳定且不产生自激振荡。

二、改变非线性特性

改善非线性系统的性能，可以在线性部分采取措施来实现，如同上面介绍的一些方法，也可以在非线性部分采取措施来实现。以下介绍几种可以实施的方法。

1. 改变非线性部分参数

在上节的例 7-3 中，饱和非线性的负倒数特性当 $A = a$ 时为

$$\frac{-1}{N(A)} = \frac{-\pi}{2k\left[\arcsin\frac{a}{A} + \frac{a}{A}\sqrt{1 - \left(\frac{a}{A}\right)^2}\right]} = \frac{-\pi}{2k\frac{\pi}{2}} = -\frac{1}{k} = -\frac{a}{b}$$

当 A 由 $-\infty \to a$ 时，$-1/N(A)$ 曲线为负实轴上的 $(-\infty, -a/b)$ 区段。改变非线性部分的参数 a 或 b，即可改变 $-1/N(A)$ 曲线的右端点。

在例 7-3 中，若线性部分参数 $K = 15$ 保持不变，则 $G(j\omega)$ 曲线仍与负实轴相交于 b_2 点。改变非线性部分的参数 a 或 b，使 $-1/N(A)$ 曲线的右端点往左边移动，当右端点移至 $|-a/b| > |b_2|$ 时，$G(j\omega)$ 曲线与 $-1/N(A)$ 曲线不相交，$G(j\omega)$ 曲线也不包围 $-1/N(A)$ 曲线，即原来自激振荡的系统变为稳定。

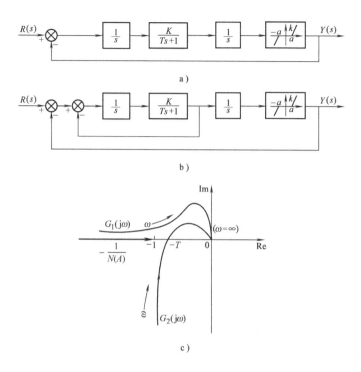

图 7-16 具有死区特性的非线性系统

a）原非线性系统 b）加入局部反馈校正后的非线性系统

c）校正前后的 $G(j\omega)$ 与 $-1/N(A)$ 曲线

2. 并联非线性元件校正

图 7-17 中 $N_1(A)$ 为饱和非线性环节

$$N_1(A) = \frac{2K}{\pi}\left[\arcsin\left(\frac{a}{A}\right) + \frac{a}{A}\sqrt{1 - \left(\frac{a}{A}\right)^2}\right]$$

为了消除 $N_1(A)$ 的非线性，在 $N_1(A)$ 的两端并联另一个非线性环节 $N_2(A)$，$N_2(A)$ 是死区非线性特性，即

$$N_2(A) = \frac{2K}{\pi}\left[\frac{\pi}{2} - \arcsin\left(\frac{a}{A}\right) - \frac{a}{A}\sqrt{1 - \left(\frac{a}{A}\right)^2}\right]$$

选择 $N_1(A)$ 的饱和宽度等于 $N_2(A)$ 的死区宽度，并且使两者的斜率相等。

并联后的等效环节特性为 $N(A) = N_1(A) + N_2(A) = K$

从以上分析可知，将一个非线性环节与另一个非线性环节相并联，可以使原来的两个非线性环节变成线性比例环节。

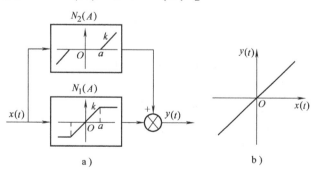

图 7-17 并联非线性校正

a）并联校正结构图 b）校正后的特性

* 第六节 相平面分析法

当非线性系统不能满足描述函数条件，或者需要考虑不同初始条件下非线性系统的运动状态时，可考虑用相平面分析法。它是一种图解方法，因此只适用于一、二阶非线性系统，但对认识高阶非线性系统的运动特性会有帮助。

一、相平面基本概念

设二阶系统微分方程为

$$\ddot{x} + f(x, \dot{x}) = 0 \tag{7-12}$$

式中，$f(x, \dot{x})$ 是 x、$\dot{x}$ 的非线性或线性函数，初始条件不全为零。

（1）相平面 式(7-12)系统的暂态解，可以在 x 与 t 的直角坐标平面图中表示。但也可以令 t 为参变量，在 x 为横坐标、$\dot{x}$ 为纵坐标的直角平面的图中表示，当时间 t 变化时，在该坐标平面上便描绘出一条相应的轨迹线。该轨迹线表示系统状态 $(x, \dot{x})$ 随时间 t 的变化过程。

以 x 为横坐标、$\dot{x}$ 为纵坐标的直角平面称为相平面。

（2）相轨迹 由某一初始条件出发，在相平面上绘出的一条曲线称为相轨迹。它表征系统状态的变化过程。

（3）相轨迹族 不同初始条件下绘出的多条相轨迹。

（4）相平面图 由相平面和相轨迹族构成的图。

（5）相平面分析 在相平面图上，采用图解方法分析非线性系统的暂态特性。

二、相轨迹的主要性质

（1）对称性 相轨迹曲线可能会对称于 x 轴、$\dot{x}$ 轴或原点。

1）对称于 x 轴：若相平面上两个点 $(x, \dot{x})$ 和 $(x, -\dot{x})$，满足 $f(x, \dot{x}) = f(x, -\dot{x})$，则相轨迹对称于 x 轴。

若相轨迹对称于 x 轴，则上半平面的轨迹线，仅在运动方向上与下半平面的轨迹线不同。

2）对称于 $\dot{x}$ 轴：若相平面上两个点 $(x, \dot{x})$ 和 $(-x, \dot{x})$，满足 $f(x, \dot{x}) = -f(-x, \dot{x})$，则相轨迹对称于 $\dot{x}$ 轴。

3）对称于原点：若相平面上两个点 $(x, \dot{x})$ 和 $(-x, -\dot{x})$，满足 $f(x, \dot{x}) = -f(-x, -\dot{x})$，则相轨迹对称于原点。

（2）正交性 一般情况下，相轨迹与 x 轴在交点处往往垂直相交。

（3）不相交 坐标原点外的相轨迹不会相交。解释如下：

系统微分方程式(7-12)改写成

$$\frac{\mathrm{d}\dot{x}}{\mathrm{d}t} = -f(x, \dot{x})$$

两边除以 $\mathrm{d}x/\mathrm{d}t$ 后得

$$\frac{\mathrm{d}\dot{x}}{\mathrm{d}x} = \frac{-f(x,\dot{x})}{\dot{x}} \tag{7-13}$$

称式(7-13)为相轨迹的斜率方程。

坐标原点外的相点意味着 x 和 $\dot{x}$ 不可能同为零，因此具有确定的斜率值，这样，通过该相点的相轨迹只能有一条，不会有其他相轨迹在该点相交。

（4）平衡点（奇点）　在相平面上同时满足 $x=0$、$\dot{x}=0$ 的点。这时，系统速度、加速度均为零，表明系统到达了平衡状态。线性系统其坐标原点即为平衡点。

由于满足 $x=0$、$\dot{x}=0$，由式(7-13)可知，**相轨迹的斜率**($\mathrm{d}\dot{x}/\mathrm{d}x$)值不能确定，数学上把它定义为**奇点**。所以，**奇点**和**平衡点**本质上概念相同。由于在平衡点上，相轨迹斜率不确定，意味着从不同初始条件出发的多条相轨迹，要么在平衡点处离开，要么在平衡点汇合（逼近）。因此，平衡点的性质可能是不稳定的，也可能是稳定的。

（5）相轨迹曲线走向　相平面上半部的轨迹曲线随时间 t 增加，将向右（x 轴正方向）运动，相平面下半部的轨迹曲线随时间 t 增加，将向左（x 轴负方向）运动。

三、相轨迹的绘制方法

绘制相轨迹有解析法、图解法或计算机法。

1. 解析法

只适用于较简单且容易求解的线性或非线性系统。解析法通常又有 3 种方法。

方法 1　分离变量积分法。根据给定的微分方程，求出相轨迹斜率方程，对方程积分得相轨迹方程，依相轨迹方程在相平面上描点，再用曲线连接各点。

方法 2　根据给定的微分方程，求出时域解 $x(t)$ 及其导数 $\dot{x}(t)$，然后从两式中消去 t，得到相轨迹斜率方程，对斜率方程两边积分得相轨迹方程，依相轨迹方程绘图。

方法 3　根据给定的微分方程，若求出的时域解 $x(t)$ 及其导数 $\dot{x}(t)$ 表达式复杂，消去中间变量 t 困难时，可以给定 t 的一系列值，求出相应的 $x(t)$ 和 $\dot{x}(t)$ 对应值，在相平面上描点，再用平滑线相连接。

例 7-7　已知系统的微分方程

$$\ddot{x} = -M \qquad M \text{ 为常数}$$

初始条件 $\dot{x}(0)=0$，$x(0)=x_0$，绘制系统相轨迹图。

解　（1）改写方程

$$\dot{x}\frac{\mathrm{d}\dot{x}}{\mathrm{d}x} = -M$$

（2）相轨迹斜率方程

$$\frac{\mathrm{d}\dot{x}}{\mathrm{d}x} = -\frac{M}{\dot{x}}, \quad \dot{x}\mathrm{d}\dot{x} = -M\mathrm{d}x$$

（3）两边积分，则相轨迹方程为

$$\dot{x}^2 = 2M(x_0 - x)$$

积分常数由初始条件确定。

（4）绘制相平面图，依相轨迹方程在相平面上描点、绘图，如图 7-18 所示。

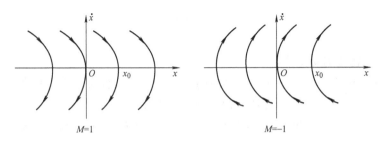

图 7-18 例 7-7 系统相平面图

2. 图解法

当用解析法求解微分方程困难时，采用图解法。图解法主要有两种，等倾线法和圆弧法。下面只介绍等倾线法，它适用于非线性特性能用数学表达式表示的系统，圆弧法可参阅相关参考书。

设二阶系统微分方程为

$$\ddot{x} + f(x, \dot{x}) = 0$$

上式可写成

$$\dot{x}\frac{\mathrm{d}\dot{x}}{\mathrm{d}x} = -f(x, \dot{x})$$

斜率方程为

$$\frac{\mathrm{d}\dot{x}}{\mathrm{d}x} = \frac{-f(x, \dot{x})}{\dot{x}} \tag{7-14}$$

若取斜率为常数 α，即

$$\alpha = \frac{-f(x, \dot{x})}{\dot{x}} \tag{7-15}$$

称式(7-15)为**等倾线方程**，即相平面上满足该式的点，经过它们的相轨迹的斜率均相同，为 α。对于给定某一斜率 α，求解等倾线方程，在相平面上就得到一条等倾线。给定不同的斜率，可在相平面上绘制出不同的等倾线，由初始值出发，连接各条等倾线，便绘制出了相轨迹图。下面以例说明。

例 7-8 二阶系统运动方程为

$$\ddot{x} + \dot{x} + x = 0$$

用等倾线图解法绘制系统相轨迹图。

解 系统运动方程可写为

$$\dot{x}\frac{\mathrm{d}\dot{x}}{\mathrm{d}x} + \dot{x} + x = 0$$

$$\frac{\mathrm{d}\dot{x}}{\mathrm{d}x} = \frac{-\dot{x} - x}{\dot{x}}$$

令斜率为常数，即 $\mathrm{d}\dot{x}/\mathrm{d}x = \alpha$，则可得等倾线斜率方程为

$$\alpha = \frac{-\dot{x} - x}{\dot{x}}$$

由上式可得等倾线方程(x 与 $\dot{x}$ 关系式)

$$\dot{x} = \frac{-1}{\alpha + 1}x$$

可见，该方程是一线性方程。绘制相轨迹方法如下：

1）作直角坐标平面$(x, \dot{x})$，等分刻度。

2）取不同的α值，依等倾线方程，在相平面上做出一族等斜线。

3）由某一初始值确定A点。

4）从A点出发，作一条以两相邻斜率之和的一半即$(\alpha_1 + \alpha_2)/2$为新斜率的直线。例如，若两相邻斜率为-1和-1.2，则新斜率的直线斜率为$(-1 -1.2)/2 = -1.1$，与x轴正方向的夹角

$$\beta = \arctan(-1.1) = -47.7°$$

该直线交$\alpha = -1.2$的等倾线于B点。于是绘制出了这两条等倾线之间的相轨迹。

5）过B点又作一条斜率为$(-1.2 -1.4)/2 = -1.3$的直线，与x轴正方向的夹角为

$$\beta = \arctan(-1.3) = -55.2°$$

与$\alpha = -1.4$的等倾线相交于C点。

6）重复上述作图过程，依次做出各段相轨迹，于是线段AB、BC、…构成系统在某一初始条件值时的相轨迹，如图7-19a所示。

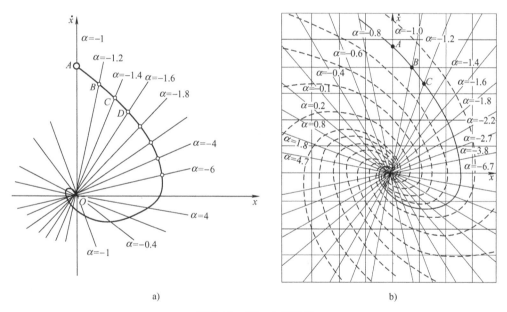

图7-19　例7-8 相轨迹

取不同初值，按上面方法和步骤，得到不同初值时相轨迹图，如图7-19b所示。

等倾线法的精度取决于等倾线的条数，条数越多，精度越高，但绘图工作量大。为了保证作图的精度，一般建议等倾线间的间隔为$5° \sim 10°$。

* 第七节　线性系统的相平面分析

实际上，线性系统的暂态特性及性能已有完整成熟的分析方法，并没有必要再采用相平面的方法去研究。但由于大多数常见的非线性系统，都认为是由分段的几个线性子系统组成，因此，通常都把一个非线性系统当作若干个线性子系统去分析研究；另外，通过对线性

系统相平面分析所得到的某些现象或结果，也有助于对非线性系统暂态特性的认识和理解。因此，先介绍线性系统相平面分析是很有必要的。

一、线性系统的相平面

典型二阶线性系统如图 7-20 所示，设输入为阶跃函数。

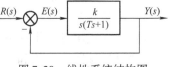

图 7-20　线性系统结构图

系统闭环传递函数为

$$\Phi(s) = \frac{Y(s)}{R(s)} = \frac{k}{Ts^2 + s + k}$$

系统微分方程为

$$T\ddot{y} + \dot{y} + ky = kr \tag{7-16}$$

为了讨论方便，只研究系统零输入时的暂态解，即只考虑系统的齐次方程，于是有

$$\ddot{y} + \frac{1}{T}\dot{y} + \frac{k}{T}y = 0 \tag{7-17}$$

令

$$\omega_n = \sqrt{\frac{k}{T}}, \quad \zeta = \frac{1}{2}\sqrt{\frac{T}{k}}$$

将式(7-17)改写为

$$\ddot{y} + 2\zeta\omega_n\dot{y} + \omega_n^2 y = 0 \tag{7-18}$$

系统特征方程

$$\lambda^2 + 2\zeta\omega_n\lambda + \omega_n^2 = 0$$

特征根

$$\lambda_{1,2} = -\zeta\omega_n \pm \omega_n\sqrt{\zeta^2 - 1}$$

由第三章时域分析可知，不同的阻尼系数有不同的特征根，会有不同的系统暂态解 y 和响应曲线，呈现的系统性能也不同。而暂态解 y 及其导数 $\dot{y}$ 将决定关于系统暂态解的相平面图。

1. $\zeta = 0$(无阻尼)

系统齐次微分方程为

$$\ddot{y} + \omega_n^2 y = 0 \tag{7-19}$$

两个特征根

$$\lambda_{1,2} = \pm j\omega_n$$

（1）时域响应　系统零输入时的解为

$$y = A\cos(\omega_n t + \theta) \tag{7-20}$$

式中，A 为由初始条件值决定的常数。

输出为等幅振荡，**系统不稳定**，见表 7-2。

（2）相平面图　式(7-19)改写为

$$\dot{y}\frac{d\dot{y}}{dy} + \omega_n^2 y = 0$$

或

$$\dot{y}d\dot{y} = -\omega_n^2 y dy$$

对上式两边积分，得

$$y^2 + \left(\frac{\dot{y}}{\omega_n}\right)^2 = A^2 \tag{7-21}$$

式(7-21)是一个椭圆方程。可见，无阻尼时不同初始条件出发的相轨迹是以坐标原点为中心的一族同心椭圆，见表 7-2。

2. $0 < \zeta < 1$（欠阻尼）

系统微分方程为

$$\ddot{y} + 2\zeta\omega_n\dot{y} + \omega_n^2 y = 0 \tag{7-22}$$

特征根为

$$\lambda_{1,2} = -\zeta\omega_n \pm j\omega_n\sqrt{1-\zeta^2} \tag{7-23}$$

（1）时域响应　系统零输入时暂态解为

$$y = Ae^{-\zeta\omega_n t}\sin(\omega_d t + \theta)，\omega_d = \sqrt{1-\zeta^2}\omega_n \tag{7-24}$$

响应曲线是一衰减振荡，收敛于零，**系统稳定**。

（2）相平面图　对式(7-24)求导，得

$$\dot{y} = -A\zeta\omega_n e^{-\zeta\omega_n t}\sin(\omega_d t + \theta) + Ae^{-\zeta\omega_n t}\cos(\omega_d t + \theta)$$

由于 y 及其导数 $\dot{y}$ 的表达式复杂，从两式中消去变量 t 求取相轨迹斜率方程困难。所以，可以采用给定 t 的一系列值，分别求出 y 和 $\dot{y}$ 的对应值，然后在相平面上描出相点，再用平滑曲线相连。**相平面图**见表7-2。在相平面图上，相轨迹与负实轴交点坐标的绝对值等于过渡过程的超调量，相轨迹绕原点的圈数等于过渡过程的振荡次数。

3. $\zeta > 1$（过阻尼）

系统微分方程为

$$\ddot{y} + 2\zeta\omega_n\dot{y} + \omega_n^2 y = 0$$

特征根　　　　　　　$\lambda_{1,2} = -\zeta\omega_n \pm \omega_n\sqrt{\zeta^2-1}$

（1）时域响应　当过阻尼时，系统零输入时的暂态解

$$y = C_1 e^{a_1 t} + C_2 e^{a_2 t} \tag{7-25}$$

式中，　　　$a_1 = -\zeta\omega_n + \omega_n\sqrt{\zeta^2-1}，a_2 = -\zeta\omega_n - \omega_n\sqrt{\zeta^2-1}$

C 是由初始值决定的常数。**响应为单调衰减到零，系统稳定**。

（2）相平面图　对式(7-25)求导得

$$\dot{y} = a_1 C_1 e^{a_1 t} + a_2 C_2 e^{a_2 t} \tag{7-26}$$

根据式(7-25)、式(7-26)可绘出不同初始条件出发的相轨迹，均为趋向于平衡点的抛物线，**相平面图**见表7-2。

用类似方法，可求出负阻尼、正反馈时的时域解及相平面图。

4. $-1 < \zeta < 0$

负阻尼时，特征根是实部为正的共轭复根，系统响应为增幅振荡，系统**不稳定**。对应的相平面图见表7-2，可见不同初始条件出发的相轨迹于平衡点呈现向外螺旋线伸展。

5. $\zeta < -1$

系统特征根为两个正实根。系统零输入时的输出响应是非周期不稳定状态，系统**不稳定**。对应的相平面图见表7-2，可见不同初始条件出发的相轨迹为从平衡点出发的发散抛物线。

6. 系统正反馈

（1）暂态响应　系统微分方程

$$\ddot{y} + 2\zeta\omega_n\dot{y} - \omega_n^2 y = 0 \tag{7-27}$$

特征根

$$\lambda_{1,2} = -\zeta\omega_n \pm \omega_n \sqrt{\zeta^2 + 1} \tag{7-28}$$

为一正一负的两个实根。系统零输入的响应为单调发散，系统**不稳定**。

（2）相平面图

不同初始条件出发的相轨迹是一族双曲线，见表7-2。

表7-2 特征根与相平面

序 号	平衡点类型	特征根分布	相平面图	特 点
1	中心点	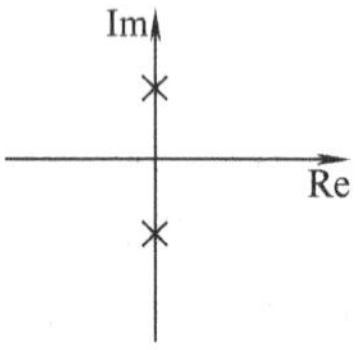	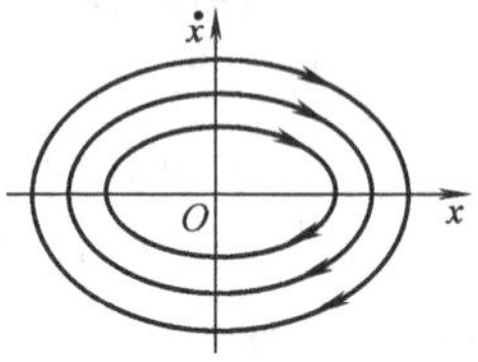	相轨迹是一族同心的椭圆曲线，系统在平衡点附近可能稳定，可能不稳定，与忽略掉的高次项有关
2	稳定焦点	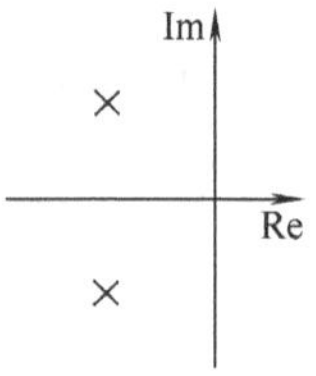	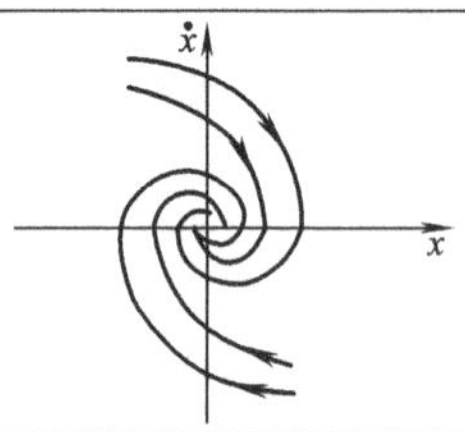	相轨迹是收敛于原点的一族螺旋线，系统在平衡点附近是稳定的
3	稳定节点	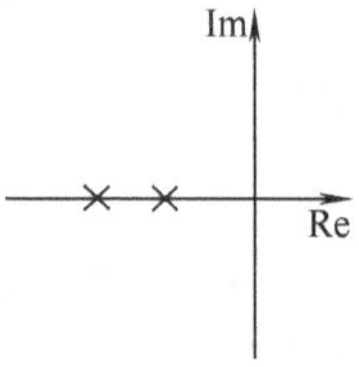	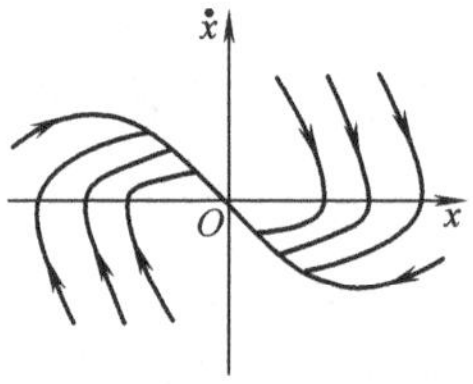	相轨迹是一族趋向原点的抛物线，系统在平衡点附近是稳定的
4	不稳定焦点	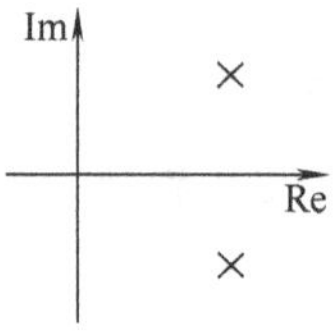	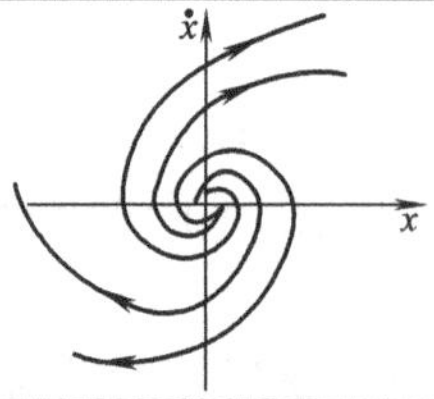	相轨迹是一族从原点发散的螺旋线，系统在平衡点附近是不稳定的
5	不稳定节点	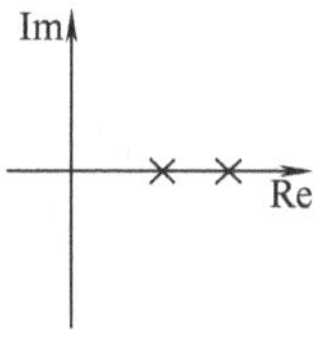	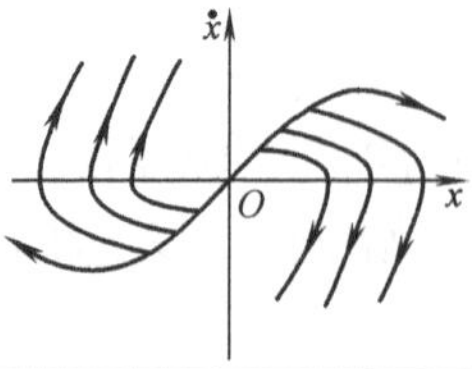	相轨迹是由原点出发的一族发散型抛物线，系统在平衡点附近是不稳定的
6	鞍点	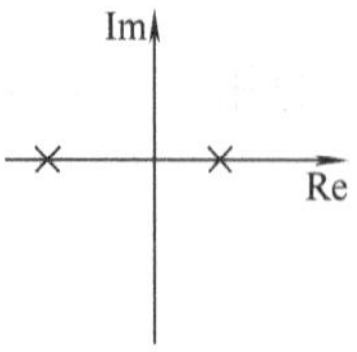	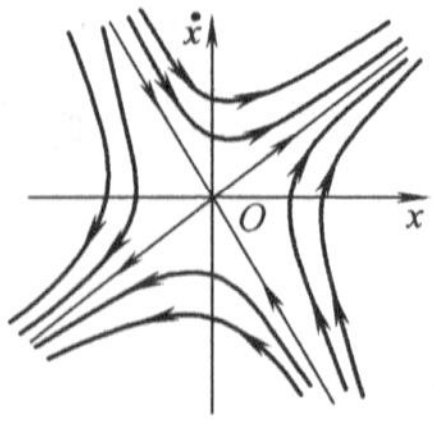	相轨迹是一族双曲线，系统在平衡点附近是不稳定的

206

二、线性系统的相平面分析

相平面分析时最关心的问题是，系统的稳定性以及系统中是否会产生自激振荡。因此，必须先通过系统平衡点（即奇点）附近的相轨迹状态，去研究平衡点的特性，进而分析系统的稳定性。正如第六节所述，相轨迹在平衡点附近的斜率是一个不定值，表示有些相轨迹是趋于平衡点（稳定），而有些相轨迹是离开平衡点的（不稳定）。

上面通过对二阶线性系统的时域分析与相平面分析的对比可以看出，系统的相轨迹形状以及系统平衡点附近状态的特性（稳定性），都与系统闭环极点的性质（位置）有关，而与初始值无关；不同初始状态的相轨迹图，平面上的几何形状是相似的，说明初始值不会改变相轨迹的性质。而平衡点附近的状态，由表7-2可归纳为如下6种情况。

1）当特征根为共轭虚根时，系统零输入响应为不衰减的正弦振荡，系统是**不稳定的**；相平面图是一族围绕原点的椭圆。用相平面分析时，这种情况下的平衡点称为**中心点**。

2）特征根为一对负实部的共轭复根，系统零输入时响应为衰减的正弦振荡，系统是**稳定**的；相平面图中相轨迹呈现螺旋线，**收敛于平衡点**。这种情况下的**平衡点称为稳定焦点**。

3）特征根为两个负实根，系统零输入时的响应周期性地趋于平衡点，系统是**稳定**的；相平面图非周期性地**趋向于平衡点**。这种情况下的**平衡点称为稳定节点**。

4）特征根为实部为正的共轭复根，系统零输入时响应为不衰减的正弦振荡，系统是**不稳定**的；相平面图中相轨迹于平衡点呈现**向外发散螺旋线**。这种情况下的**平衡点称为不稳定焦点**。

5）特征根为两个正实根，系统零输入时响应是非周期不稳定状态，系统**不稳定**。相平面图中，相轨迹都是从平衡点**向外发散**的。这种情况下的**平衡点称为不稳定节点**。

6）特征根为一正一负的两个实根，系统零输入时响应是单调发散的，系统**不稳定**；相平面图中，相轨迹是一族**双曲线**。这种情况下的平衡点称为**鞍点**。

表7-2列出了二阶线性系统的特征根、暂态特性和相平面图间的对应关系。还要注意的是，由于是线性系统，所讨论的平衡点（奇点）都在坐标原点上，但对于非线性系统而言，不一定全在原点处，但可通过坐标平移到原点，结论相同。

* 第八节　非线性系统的相平面分析

用相平面分析非线性系统，关注的问题主要是系统的稳定性以及系统是否会产生自激振荡。分析的一般步骤如下：

1）将非线性特性用分段线性特性表示，写出相应线性方程式。

2）选择相平面的坐标，常采用系统误差信号e及其导数$\dot{e}$。

3）根据系统微分方程求出平衡点、确定其类型及其在相平面上的位置。要注意的是，输入信号不同时，平衡点的位置会有不同。

4）用解析法或图解法，绘制各区域线性子系统的相轨迹图。

5）根据系统状态的连续性，将相邻区域的相轨迹连接成连续的曲线，即得到完整的非线性系统的相平面图。

根据系统的相轨迹，便可对非线性系统的运动状态及特性进行分析。

下面先介绍非线性系统相平面分析时的有关问题。

一、非线性系统平衡点计算及其特性

1. 平衡点计算

设非线性微分方程为

$$\ddot{x} + f(x, \dot{x}) = 0$$

令 $\dot{x} = 0$，$x = 0$，可求出系统的平衡点。

2. 判定平衡点特性方法

一般而言，非线性方程在平衡点附近的相轨迹与其线性化方程在平衡点附近的相轨迹，**具有同样的形状及特征。因此，**非线性系统平衡点性质的分析，是采用非线性方程线性化的方法，即非线性方程在平衡点附近用泰勒级数展开，忽略二次以上高次项，得到近似的线性方程，然后用第七节"线性方程节点判定特性方法"去判定。

若非线性方程式为

$$\ddot{x} + f(x, \dot{x}) = 0 \tag{7-29}$$

式中，$f(x, \dot{x})$ 为连续函数(可求导数)。

用泰勒级数展开

$$f(x, \dot{x}) = f(x_0, \dot{x}_0) = \left.\frac{\partial f(x, \dot{x})}{\partial x}\right|_{\substack{x=0 \\ \dot{x}=0}} x + \left.\frac{\partial f(x, \dot{x})}{\partial \dot{x}}\right|_{\substack{x=0 \\ \dot{x}=0}} \dot{x} + \Delta f(x, \dot{x}) \tag{7-30}$$

忽略 $\Delta f(x, \dot{x})$(含 x、$\dot{x}$ 二次以上的高次项)及注意到初值为零，则平衡点附近的线性化方程为

$$\ddot{x} + \left.\frac{\partial f(x, \dot{x})}{\partial x}\right|_{\substack{x=0 \\ \dot{x}=0}} x + \left.\frac{\partial f(x, \dot{x})}{\partial \dot{x}}\right|_{\substack{x=0 \\ \dot{x}=0}} \dot{x} = 0 \tag{7-31}$$

令

$$a = \left.\frac{\partial f(x, \dot{x})}{\partial \dot{x}}\right|_{\substack{x=0 \\ \dot{x}=0}}, \quad b = \left.\frac{\partial f(x, \dot{x})}{\partial x}\right|_{\substack{x=0 \\ \dot{x}=0}}$$

式(7-31)简写为

$$\ddot{x} + a\dot{x} + bx = 0 \tag{7-32}$$

特征方程为

$$\lambda^2 + a\lambda + b = 0 \tag{7-33}$$

特征根

$$\lambda_{1,2} = \frac{-a \pm \sqrt{a^2 - 4b}}{2} \tag{7-34}$$

查表7-2，特征根的性质决定了平衡点的性质。

例7-9 非线性系统方程为

$$\ddot{x} + x\dot{x} + x = 0$$

求系统的平衡点并分析其特性。

解 由原方程有

$$f(x, \dot{x}) = x\dot{x} + x$$

令 $\dot{x} = 0$，$x = 0$，平衡点为坐标原点$(0, 0)$。

非线性方程在原点做泰勒级数展开，忽略二次以上高次项，有

$$\ddot{x} + \frac{\partial f(x,\dot{x})}{\partial x}\bigg|_{\substack{x=0\\\dot{x}=0}} x + \frac{\partial f(x,\dot{x})}{\partial \dot{x}}\bigg|_{\substack{x=0\\\dot{x}=0}} \dot{x} = 0$$

$$\ddot{x} + (x+1)\bigg|_{\substack{x=0\\\dot{x}=0}} x + x\bigg|_{\substack{x=0\\\dot{x}=0}} \dot{x} = 0$$

则线性化方程为
$$\ddot{x} + x = 0$$

特征根
$$\lambda_{1,2} = \pm j$$

为共轭复数根，故平衡点$(0，0)$为**中心点**。系统响应为不衰减的正弦振荡，不稳定；相对应的相平面图，是一族围绕原点的椭圆。

若非线性方程改写为两个一阶微分方程，即令$x_1 = x$，$x_2 = \dot{x}$，式（7-29）改写成两个一阶微分方程，通常可表示为

$$\begin{cases} \dot{x}_1 = f_1(x_1, x_2) \\ \dot{x}_2 = f_2(x_1, x_2) \end{cases} \tag{7-35}$$

令上式为零，即

$$\begin{cases} \dot{x}_1 = f_1(x_{10}, x_{20}) = 0 \\ \dot{x}_2 = f_2(x_{10}, x_{20}) = 0 \end{cases}$$

可求出平衡点$(x_{10}，x_{20})$。

分析平衡点的性质、类型，将非线性函数式(7-35)$f_1(x_1，x_2)$，$f_2(x_1，x_2)$在平衡点$(x_{10}，x_{20})$附近泰勒级数展开，则

$$\dot{x}_1 = f_1(x_1, x_2) = f_1(x_{10}, x_{20}) + \frac{\partial f_1(x_1, x_2)}{\partial x_1}\bigg|_{\substack{x_{10}\\x_{20}}}(x_1 - x_{10}) + \frac{\partial f_1(x_1, x_2)}{\partial x_2}\bigg|_{\substack{x_{10}\\x_{20}}}(x_2 - x_{20}) + \cdots$$

$$\dot{x}_2 = f_2(x_1, x_2) = f_2(x_{10}, x_{20}) + \frac{\partial f_2(x_1, x_2)}{\partial x_1}\bigg|_{\substack{x_{10}\\x_{20}}}(x_1 - x_{10}) + \frac{\partial f_2(x_1, x_2)}{\partial x_2}\bigg|_{\substack{x_{10}\\x_{20}}}(x_2 - x_{20}) + \cdots$$

平衡点在坐标原点。上面两方程忽略二次以上高次项，有

$$\dot{x}_1 = f_1(x_1, x_2) = \frac{\partial f_1(x_1, x_2)}{\partial x_1}\bigg|_{\substack{x_{10}\\x_{20}}} x_1 + \frac{\partial f_1(x_1, x_2)}{\partial x_2}\bigg|_{\substack{x_{10}\\x_{20}}} x_2$$

$$\dot{x}_2 = f_2(x_1, x_2) = \frac{\partial f_2(x_1, x_2)}{\partial x_1}\bigg|_{\substack{x_{10}\\x_{20}}} x_1 + \frac{\partial f_2(x_1, x_2)}{\partial x_2}\bigg|_{\substack{x_{10}\\x_{20}}} x_2$$

令
$$a = \frac{\partial f_1(x_1, x_2)}{\partial x_1}\bigg|_{\substack{x_{10}\\x_{20}}}, \quad b = \frac{\partial f_1(x_1, x_2)}{\partial x_2}\bigg|_{\substack{x_{10}\\x_{20}}}$$

$$c = \frac{\partial f_2(x_1, x_2)}{\partial x_1}\bigg|_{\substack{x_{10}\\x_{20}}}, \quad d = \frac{\partial f_2(x_1, x_2)}{\partial x_2}\bigg|_{\substack{x_{10}\\x_{20}}}$$

则平衡点附近的线性方程组简写为

$$\begin{cases} \dot{x}_1 = ax_1 + bx_2 \\ \dot{x}_2 = cx_1 + dx_2 \end{cases} \tag{7-36}$$

线性方程组(7-36)的特征方程为

$$\lambda^2 - (a+d)\lambda + (ad - bc) = 0 \tag{7-37}$$

求解式(7-37)，依特征根判定平衡点特性。

二、极限环

若非线性系统中出现自激振荡(稳定的振荡)，在相平面图中表现为极限环，表现为3种类型，如图7-21所示。

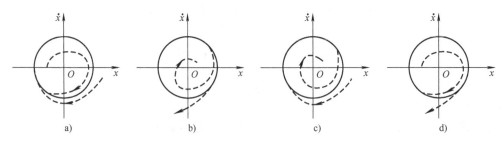

图 7-21 极限环

1）稳定极限环，如图 7-21a 所示。该环内外的相轨迹均趋于该环。环内相轨迹发散，是不稳定区；环外相轨迹收敛，是稳定区。设计时应尽可能缩小极限环，使振荡的振幅减小到允许范围内。

2）不稳定极限环，如图 7-21b 所示。极限环外为不稳定区，相轨迹均向外扩散，对应的自激振荡是不稳定的；环内是稳定区，相轨迹收敛于稳定平衡点。

3）半稳定极限环，如图 7-21c、d 所示。这种极限环都不会产生稳定的自激振荡。图 7-21c 中，环内外的区域相轨迹都是稳定的，相轨迹均趋于该环内的平衡点；图 7-21d 中，环内外的区域都是不稳定的，相轨迹均会发散至无穷远处。

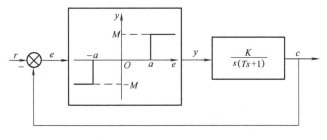

图 7-22 带有死区的继电器非线性系统

例 7-10 试用相平面法分析图 7-22 所示带有死区的继电器非线性系统。设系统在静止状态下突加阶跃信号 $r(t) = R \cdot 1(t)$。

解 由结构图得

$$e = r - c$$

故

$$\dot{e} = \dot{r} - \dot{c} = -\dot{c}$$

$$\ddot{e} = \ddot{r} - \ddot{c} = -\ddot{c}$$

由系统线性部分的结构有

$$T\ddot{c} + \dot{c} = Ky$$

将上式转换为关于 $\dot{e}$ 和 $\ddot{e}$ 的方程并考虑其非线性特性，有

$$T\ddot{e} + \dot{e} = -Ky = \begin{cases} -KM & e > a & \text{I} & (7\text{-}38\text{a}) \\ 0 & -a < e < a & \text{II} & (7\text{-}38\text{b}) \\ KM & e < -a & \text{III} & (7\text{-}38\text{c}) \end{cases}$$

这样将原非线性方程转化为三个线性微分方程，它们分别适应于相平面上的区域 I、II、III。

对相平面 $e > a$ 的区域，即 I 区，考虑到 $\ddot{e} = \dot{e}\,\mathrm{d}\dot{e}/\mathrm{d}e$，则式（7-38a）可表示为

$$T\dot{e}\frac{\mathrm{d}\dot{e}}{\mathrm{d}e} + \dot{e} = -KM$$

令 $\mathrm{d}\dot{e}/\mathrm{d}e = \alpha$，得 I 区内相轨迹的等倾线方程为

$$\dot{e} = -\frac{KM}{1 + \alpha T}$$

Ⅰ区内相轨迹的等倾线为一系列平行于 e 轴的直线,其中对应于 $\alpha = 0$ 时,有

$$\dot{e} = -KM$$

这是在Ⅰ区内相轨迹的渐近线。用等倾线法可以绘出Ⅰ区内的相轨迹族,如图 7-23 所示。

对于 $e < -a$ 的区域,即Ⅲ区,式(7-38c)可表示为

$$T\dot{e}\frac{\mathrm{d}\dot{e}}{\mathrm{d}e} + \dot{e} = KM$$

与Ⅰ区内的相轨迹作图法类似,用等倾线法可做出Ⅲ区的相轨迹族,如图 7-23 所示,其中 $\dot{e} = KM$ 是该区相轨迹的渐进线。

对于 $-a < e < a$ 的区域,即Ⅱ区,式(7-38b)可表示为

$$T\dot{e}\frac{\mathrm{d}\dot{e}}{\mathrm{d}e} + \dot{e} = 0$$

即

$$\dot{e}(T\alpha + 1) = 0$$

相轨迹是斜率 $\alpha = -1/T$ 的直线或者是 $\dot{e} = 0$ 的直线,如图 7-23 所示。

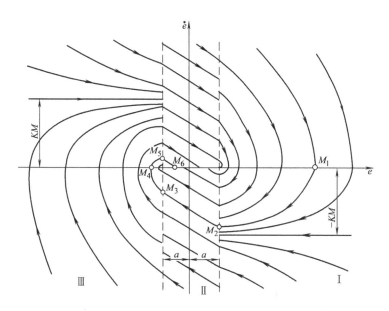

图 7-23 带有死区的继电器非线性系统的相平面图

由图 7-23 看出,在直线 $e = a$ 及 $e = -a$ 处,相轨迹发生了转折,这种直线称为开关线,它表示继电器由一种状态转换为另一种状态。令 $\ddot{e} = 0$、$\dot{e} = 0$ 代入式(7-38a)、式(7-38b)和式(7-38c),发现式(7-38a)和式(7-38c)均无解。这说明其对应的区域Ⅰ区和Ⅲ区内均无平衡点。式(7-38b)的解是 $\dot{e} = 0$,这说明Ⅱ区内 $\dot{e} = 0$ 上的所有点都是平衡点,都可以成为系统最终的平衡位置,$\dot{e} = 0$ 的这种线段称为奇线。

由系统给定的初始条件 $c(0) = 0$,$\dot{c}(0) = 0$ 可推知

$$e(0) = r(0) - c(0) = R$$
$$\dot{e}(0) = \dot{r}(0) - \dot{c}(0) = 0$$

由初始条件确定的点 $M_1(R,0)$ 出发，相轨迹经过 M_2、M_3、M_4、M_5 最后终止于 M_6 点。在 M_2、M_3 和 M_5 处，继电器的工作状态都发生了转换。M_1 处误差为正向最大值，M_4 处误差为反向最大值。在终点 M_6 处仍有残余误差，这是由于继电器特性带有死区，当误差的绝对值小于死区特征值时，非线性环节无输出，系统处于平衡状态。

习　题

7-1　试求图7-24所示非线性特性的描述函数。

7-2　非线性系统如图7-25所示。非线性部分为死区非线性特性，试用描述函数法确定线性部分分别为 $G_1(s)$、$G_2(s)$ 时，系统是否产生自激振荡。若产生自激振荡，求自激振荡的频率和振幅。

(1) $G_1(s) = \dfrac{20}{s(s+0.1)(s+3)}$；　(2) $G_2(s) = \dfrac{2}{s(s+0.1)}$

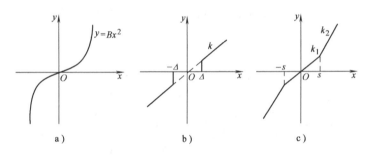

图7-24　题7-1图

7-3　用描述函数法分析图7-26所示系统的稳定性。

7-4　非线性系统如图7-27所示，试用描述函数法分析 $K=10$ 时系统的稳定性，并求 K 的临界值。

7-5　用描述函数法分析图7-28所示系统的稳定性，求自激振荡的频率和振幅。

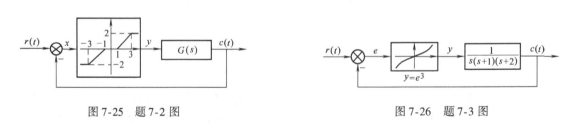

图7-25　题7-2图　　　　　　　　　　　　　　图7-26　题7-3图

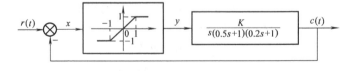

图7-27　题7-4图

7-6　非线性系统如图 7-29 所示。设 $a=1$，$b=3$，试用描述函数法分析系统的稳定性。为使系统稳定，继电器参数 a、b 应如何调整？

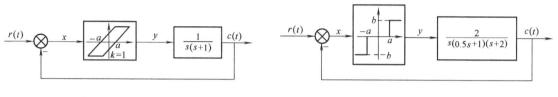

图 7-28　题 7-5 图　　　　　　　　　图 7-29　题 7-6 图

7-7　描述系统的微分方程如下，试画出相平面图。

$$\ddot{x} + \dot{x} = 4$$

7-8　求下列方程的平衡点，并确定平衡点类型。

（1）$2\ddot{x} + \dot{x}^2 + x = 0$

（2）$\ddot{x} - (1 - \dot{x}^2)\dot{x} + x = 0$

7-9　具有死区非线性特性的控制系统如图 7-30 所示，试绘制当输入信号 $r(t) = R \cdot 1(t)$ 时系统的相轨迹图。

7-10　控制系统如图 7-31 所示，试绘系统的相轨迹图。

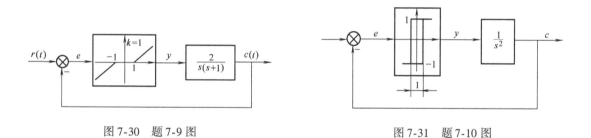

图 7-30　题 7-9 图　　　　　　　　　图 7-31　题 7-10 图

*第八章

线性离散控制系统的分析与综合

第一节 离散控制系统概述

第一～六章讨论了线性连续定常控制系统的分析与综合的问题。本章讨论线性定常离散控制系统的分析与综合的问题。

离散控制系统与连续控制系统相比较，主要的不同是：从结构上看，离散控制系统中含有一个对连续信号进行采样的元部件(常称为采样开关)；从信号传递的角度看，离散控制系统中有一处或几处的信号以脉冲或数码的形式传递。

在现代军事、工农业生产的控制系统中，离散控制系统获得了广泛的应用，例如导弹发射系统、定位系统、雷达方位跟踪系统、温度控制系统、程序控制系统、交直流电动机的速度控制系统等。从控制结构原理上看，离散控制系统包括两种类型，一是采样控制系统，二是数字(计算机)控制系统。

图 8-1 是典型的采样控制系统结构原理图。图 8-1 中，系统输入信号 $r(t)$ 与反馈信号 $b(t)$ 比较后得到误差信号 $e(t)$，经采样开关以一定的周期 T_s 重复开、闭作用后(采样)，连续信号或称模拟信号 $e(t)$ 变换为一串脉冲序列的离散信号 $e^*(t)$，"$*$" 号表示信号是离散的。脉冲控制器对信号 $e^*(t)$ 进行某种运算处理，再经保持器(通常为低通滤波器)后变换为连续的控制信号 $u(t)$ 去控制受控对象。本系统中，$r(t)$、$b(t)$、$e(t)$、$u(t)$、$y(t)$ 是连续信号，$e^*(t)$、$u^*(t)$ 是离散信号。

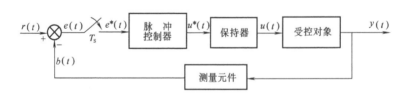

图 8-1 采样控制系统结构原理图

图 8-2 是典型的计算机控制系统原理结构图。图中，计算机起着控制器(或称校正装置)的作用。误差信号 $e(t)$ 经过 A/D 转换器进行采样、编码后转换成数字(码)信号 $\bar{e}^*(t)$，经计算机进行某种运算处理后输出数字(码)控制信号 $\bar{u}^*(t)$，再经 D/A 转换器后恢复成连

214

续控制信号 u(t) 去控制受控
对象。本系统中，r(t)、b(t)、
e(t)、u(t)、y(t) 是连续信
号；$\bar{e}^*(t)$、$\bar{u}^*(t)$ 是离散的
数码信号。

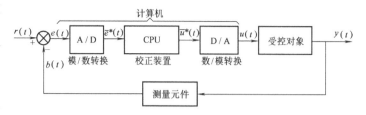

图 8-2　计算机控制系统原理结构图

在经典控制理论中，对离
散控制系统的分析、综合方法
与对连续控制系统的分析、综合方法极为相似，而且大多数方法是从连续控制系统的有关理
论引申或移植过来的。不同的是，连续控制系统的分析、综合方法是建立在拉普拉斯变换的
数学基础上的，而离散控制系统的分析、综合方法是建立在 Z 变换的数学基础上的。

第二节　连续信号的采样与复现

一、连续信号的采样及数学描述

控制系统中，把在时间上和幅值上连续变化的物理量，称为连续信号或称为模拟信号。
把一连续信号转换成一离散信号（一串脉冲序列或数码）的过程，称为采样过程，或简称为
采样。实现这一变换的部件，称为采样开关或模/数转换器。图 8-3 所示为信号采样的示
意图。

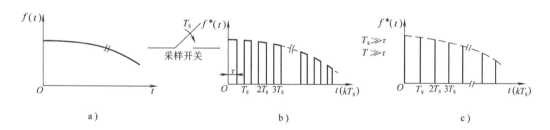

图 8-3　信号采样的示意图

a) 连续信号　b) 脉冲序列　c) 理想脉冲序列

图 8-3 中，采样开关前的输入信号 $f(t)$ 是一连续信号。设采样开关每隔时间 T_s 闭合一
次，每次闭合的时间为 τ，称 T_s 为采样周期，称 τ 为采样的持续时间。则经采样开关后的输
出信号，即称为采样信号的 $f^*(t)$ 便是一串脉冲序列的离散信号。由于在实际的工程系统
中，τ 不但远小于 T_s，而且也比系统中的其他时间常数要小得多，因此在系统分析时，往往
认为 τ 近似为零。这样，采样信号 $f^*(t)$ 便可近似认为是一串理想脉冲，而在各采样时刻点
$0T_s$、$1T_s$、$2T_s$、$3T_s$、…上 $f(t)$ 的值，即 $f(0T_s)$、$f(1T_s)$、$f(2T_s)$、$f(3T_s)$、…，被看成是
$f^*(t)$ 的各个脉冲的强度。

为了对上面的采样过程和采样信号进行数学上的处理和描述，往往把这一采样过程看成
是一个信号的幅值调制过程，如图 8-4 所示。

采样开关当作是一个幅值调制器，其周期性的开闭相当于产生出一串以 T_s 为周期的单

位理想脉冲序列$\delta_T(t)$，数学上$\delta_T(t)$表示为

$$\delta_T(t) = \sum_{k=-\infty}^{+\infty} \delta(t - kT_s) \tag{8-1}$$

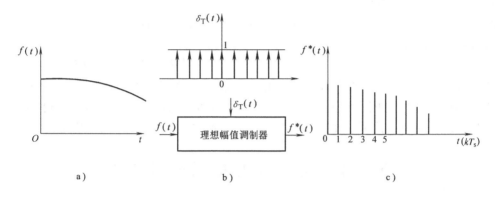

图 8-4 采样脉冲幅值调制过程

a) 连续信号 b) 理想单位脉冲序列 c) 调制后的离散信号

这样，调制过程便可视为模拟输入信号$f(t)$对单位理想脉冲序列$\delta_T(t)$的强度进行调制。数学上，这种调制过程表示为两个信号函数相乘。因此，图 8-4 的调制过程及输出的采样信号$f^*(t)$便可描述为

$$f^*(t) = f(t)\delta_T(t) = \sum_{k=-\infty}^{+\infty} f(t)\delta(t - kT_s) \tag{8-2}$$

在实际的控制工程中，$t < 0$ 时信号为零，式(8-2)变为

$$
\begin{aligned}
f^*(t) &= f(t)\delta_T(t) \\
&= \sum_{k=0}^{+\infty} f(t)\delta(t - kT_s) \\
&= f(0)\delta(t) + f(T_s)\delta(t - T_s) + f(2T_s)\delta(t - 2T_s) + \\
&\quad f(3T_s)\delta(t - 3T_s) + \cdots
\end{aligned} \tag{8-3}
$$

式(8-3)便是采样过程及采样信号的数学描述式。

式(8-3)表明，采样信号$f^*(t)$为一串脉冲序列，每个脉冲在数学上是两个函数的乘积，其中脉冲的大小由输入信号$f(t)$在各采样时刻的函数值$f(kT_s)$决定，而脉冲存在的时刻由$\delta(t - kT_s)$来表示，$k = 0, 1, 2, \cdots$。

二、信号的复现及装置

信号的复现是，使离散信号$f^*(t)$重现成采样前的连续信号$f(t)$。为了讨论复现问题，先从连续信号$f(t)$和离散信号$f^*(t)$的频谱特性看其两者之间的关系。著名学者香农(Shannon)指出，对于连续信号$f(t)$，其频谱通常是一个孤立的连续频谱(最高频率记为ω_{max})；但是，如果以均匀周期$T(T = 2\pi/\omega_s)$对该连续函数$f(t)$进行理想采样，则采样信号$f^*(t)$的频谱将与采样频率ω_s有关，而且是以采样频率ω_s为周期的无限多个频谱之和，如图 8-5 所示。

从图 8-5 可以看出，若采样频率$\omega_s < 2\omega_{max}$，$f^*(t)$的各个频谱相互重叠；若采样频率

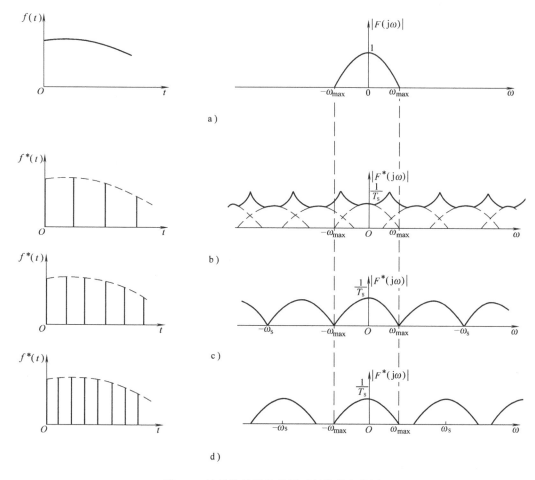

图 8-5 连续信号及其采样后频谱的变化图

a）连续信号 b）$\omega_s < 2\omega_{max}$ c）$\omega_s = 2\omega_{max}$ d）$\omega_s > 2\omega_{max}$

$\omega_s = 2\omega_{max}$，$f^*(t)$ 的各个频谱恰好相交接、并不重叠；若采样频率 $\omega_s > 2\omega_{max}$，$f^*(t)$ 的各个频谱相互分离。

所以，从频谱特性看，只要采样频率 ω_s 大于或等于连续信号 $f(t)$ 频谱中最高频率 ω_{max} 的两倍，就有可能从采样信号 $f^*(t)$ 的频谱中得到原连续信号 $f(t)$ 的频谱，即要求

$$\omega_s \geqslant 2\omega_{max} \qquad (8-4)$$

这就是著名的香农（Shannon）定理。有兴趣的读者，可参阅相关文献。

从图 8-5 中的频谱图还可看出，在满足了香农（Shannon）定理的条件下，要想不失真地复现原信号 $f(t)$，换句话说，要想从 $f^*(t)$ 的频谱中得到原信号 $f(t)$ 的频谱，还必须除掉 $f^*(t)$ 频谱中所有的高频频谱分量才行。要做到这点就意味着要在被控对象前设置一个如图 8-6 所示的具有锐截止特性的理想低通滤波器，它在采样频率一半的频率处立刻截止。其实，这种理想低通滤波器是做不出来的。通常只能采用近似理想低通性能的滤波器来代替。工程上最简单、最常用的低通滤波器就是零阶保持器。

零阶保持器 零阶保持器使采样信号 $f^*(t)$ 在每一个采样瞬时的采样值 $f(kT_s)$，$k=0$，

217

1，2，…，一直保持到下一个采样瞬时，这样，离散的信号 $f^*(t)$ 变成了一阶梯信号 $f_h(t)$，如图 8-7 所示。因为 $f_h(t)$ 在每个采样区间内的值均为常数，其导数为零，故称它为零阶保持器。在离散控制系统中，零阶保持器视为系统中的一元部件，下面讨论其数学模型。

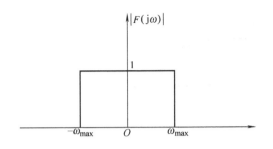

图 8-6　理想低通滤波器的频率特性

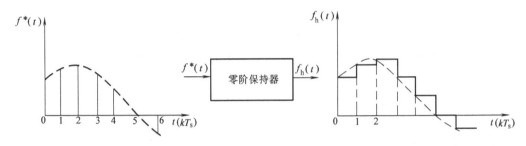

图 8-7　零阶保持器的输入/输出特性

设零阶保持器的输入端加入一个单位理想脉冲 $\delta(t)$，那么，其输出应是幅值为 1、持续时间为 T_s 的脉冲响应函数 $g(t)$，如图 8-8a 所示。为了求出零阶保持器的传递函数，可把 $g(t)$ 分解为两个单位阶跃函数之和，如图 8-8b 所示，即

$$g(t) = 1(t) - 1(t - T_s) \tag{8-5}$$

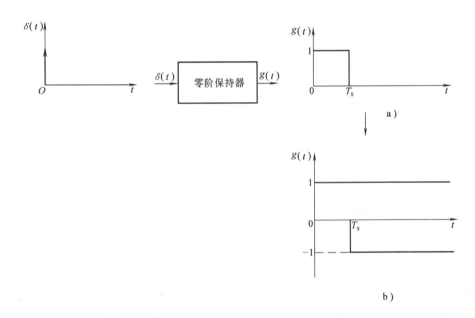

图 8-8　零阶保持器单位脉冲响应函数

a）脉冲响应　b）脉冲响应的分解

由第二章可知，单位脉冲响应函数 $g(t)$ 的拉普拉斯变换式即为该环节的传递函数。因此，对式(8-5)两边取拉普拉斯变换就可求出零阶保持器的传递函数为

$$G_\mathrm{h}(s) = \frac{1}{s} - \frac{\mathrm{e}^{-T_s s}}{s} = \frac{1 - \mathrm{e}^{-T_s s}}{s} \tag{8-6}$$

令 $s = \mathrm{j}\omega$，代入式(8-6)，得零阶保持器的频率特性为

$$G_\mathrm{h}(\mathrm{j}\omega) = \frac{1 - \mathrm{e}^{-\mathrm{j}\omega T_s}}{\mathrm{j}\omega} = T_s \frac{\sin\dfrac{\omega T_s}{2}}{\omega T_s / 2} \mathrm{e}^{-\mathrm{j}\omega T_s/2} \tag{8-7}$$

$G_\mathrm{h}(\mathrm{j}\omega)$ 的幅频特性和相频特性如图 8-9 所示。从幅频特性看，幅值随频率的增加而衰减，因此，零阶保持器是一个低通滤波器，除了允许主频谱分量通过以外，还允许通过部分的高频频谱分量。从相频特性看，零阶保持器会产生负相移，使系统的相位滞后增大，使系统的稳定性变差。

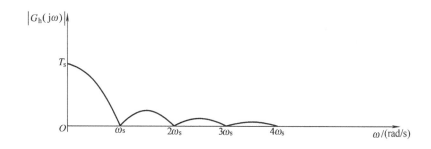

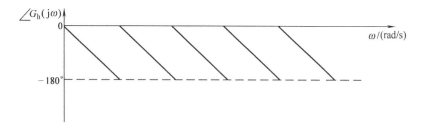

图 8-9　零阶保持器的频率特性

除了零阶保持器外，还有一阶、二阶等高阶保持器。因为它们结构较复杂，而且会产生较大的负相移，所以实际中较少使用。在计算机控制系统中，数/模转换器就是一种低通滤波器。

通过上面的分析可得出结论，要想使采样信号无失真地恢复回原来的连续信号，必须具备**两个条件**：一是采样频率 $\omega_s \geqslant 2\omega_{\max}$，$\omega_{\max}$ 为原连续信号的上限频率；二是在被控对象前必须串联一个理想的低通滤波器。零阶保持器就是一个低通滤波器。

* 第三节　Z 变换及 Z 反变换

为了对离散控制系统的暂态过程进行求解、分析，需要用到 Z 变换及 Z 反变换的数学知识。本节简要介绍 Z 变换及 Z 反变换的有关内容。

一、Z 变换

1. Z 变换定义

上一节指出，一个连续信号 $f(t)$ 经采样后，其采样信号 $f^*(t)$ 在数学上可表示为

$$f^*(t) = f(t)\delta_T(t) = \sum_{k=0}^{\infty} f(kT_s)\delta(t - kT_s) \tag{8-8}$$

对式(8-8)两边取拉普拉斯变换，得

$$F^*(s) = L\left\{\sum_{k=0}^{\infty} f(kT_s)\delta(t - kT_s)\right\} = \sum_{k=0}^{\infty} f(kT_s)e^{-kT_s s} \tag{8-9}$$

可看出，$F^*(s)$ 是以复变量 s 表示的函数。由于式(8-9)中含有指数项，运算不方便，因此引入一新的变量

$$z = e^{T_s s} \quad 或 \quad s = \frac{1}{T_s}\ln z \tag{8-10}$$

式中，z 为定义在 Z 平面上的一个复变量，称为 Z 变换算子；T_s 为采样周期；s 为拉普拉斯变换算子。

将式(8-10)代入式(8-9)中，得到以 z 为变量的函数 $F(z)$，即

$$F(z) = F^*(s)\bigg|_{s=\frac{1}{T_s}\ln z} = \sum_{k=0}^{\infty} f(kT_s)z^{-k} \tag{8-11}$$

式(8-11)收敛时，被定义为采样函数 $f^*(t)$ 的 Z 变换，用符号表示为

$$Z\{f^*(t)\} = F(z) = \sum_{k=0}^{\infty} f(kT_s)z^{-k} \tag{8-12}$$

注意：

1）式(8-9)、式(8-11)、式(8-12)均是 $f^*(t)$ 的拉普拉斯变换式，但式(8-9)是在 S 域定义的，而式(8-11)、式(8-12)是在 Z 域定义的；

2）$F(z)$ 只是采样函数 $f^*(t)$ 的 Z 变换，而不是连续函数 $f(t)$ 的 Z 变换。但习惯上又常称 $F(z)$ 为 $f(t)$ 的 Z 变换，要注意实际上指的仍是 $f^*(t)$ 的 Z 变换。

3）$F(z)$ 只表征连续时间函数 $f(t)$ 在采样时刻上的特性，而不能反映在采样时刻之间的特性。因此，相同的 $F(z)$ 只对应于相同的 $f^*(t)$，但不一定对应于相同的 $f(t)$。

2. Z 变换的方法

Z 变换有多种方法，下面介绍两种最常用的方法。

（1）级数求和法　级数求和法是在已知各采样瞬时值时直接用式(8-12)展开。

例 8-1　求单位阶跃函数 $1(t)$ 的 Z 变换。

解　由于单位阶跃函数 $1(t)$ 在各个采样瞬时的值均为 1，即

$$f(kT_s) = 1(kT_s) = 1, \quad k = 0, 1, 2, 3, \cdots$$

由式(8-12)得

$$F(z) = z\{1(t)\} = 1z^0 + 1z^{-1} + 1z^{-2} + 1z^{-3} + \cdots$$

上式是一开放式，不方便计算和应用。为了得到一闭合式，上式两边乘 z^{-1}，有

$$z^{-1}F(z) = z^{-1} + z^{-2} + z^{-3} + \cdots$$

上面两式相减，得

$$F(z) - z^{-1}F(z) = 1$$

所以有

$$F(z) = \frac{1}{1 - z^{-1}} = \frac{z}{z-1}$$

例8-2　求指数函数 $\mathrm{e}^{-at}(a>0)$ 的 Z 变换式。

解　求指数函数 e^{-at} 在各采样时刻的值，令 $t = kT_s$ 有

$$f(kT_s) = \mathrm{e}^{-akT_s}, \quad k = 0,1,2,3,\cdots$$

由式(8-12)并展开，得开放表达式为

$$F(z) = \sum_{k=0}^{\infty} \mathrm{e}^{-akT_s} z^{-k} = 1 + \mathrm{e}^{-aT_s} z^{-1} + \mathrm{e}^{-2aT_s} z^{-2} + \mathrm{e}^{-3aT_s} z^{-3} + \cdots$$

为了求闭合式，上式两边同乘 $\mathrm{e}^{-aT_s} z^{-1}$，得

$$\mathrm{e}^{-aT_s} z^{-1} F(z) = \mathrm{e}^{-aT_s} z^{-1} + \mathrm{e}^{-2aT_s} z^{-2} + \mathrm{e}^{-3aT_s} z^{-3} + \cdots$$

上面两式相减，得

$$F(z) - \mathrm{e}^{-aT_s} z^{-1} F(z) = 1$$

所以

$$F(z) = \frac{1}{1 - \mathrm{e}^{-aT_s} z^{-1}} = \frac{z}{z - \mathrm{e}^{-aT_s}}$$

（2）部分分式法　部分分式法是当已知连续函数的拉普拉斯变换 $F(s)$ 时，先对 $F(s)$ 进行部分分式展开，将其变成分式和的形式；然后查常用函数的 Z 变换表（见附录），即

$$F(s) = \frac{M(s)}{N(s)} = \sum_{i=1}^{n} \frac{A_i}{s + a_i}$$

对分式 $1/(s+a)$ 查简单函数的 Z 变换表，有

$$F(z) = \frac{M(z)}{N(z)} = \sum_{i=1}^{n} \frac{A_i z}{z - \mathrm{e}^{-a_i T_s}} = \sum_{i=1}^{n} \frac{A_i}{1 - z^{-1} \mathrm{e}^{-a_i T_s}}$$

例8-3　已知原函数 $f(t)$ 的拉普拉斯变换为

$$F(s) = \frac{1}{s(s+1)}$$

求其 Z 变换。

解　把 $F(s)$ 用部分分式展开为

$$F(s) = \frac{1}{s} - \frac{1}{s+1}$$

查 Z 变换表得

$$F(z) = \frac{z}{z-1} - \frac{z}{z - \mathrm{e}^{-T_s}} = \frac{z(1 - \mathrm{e}^{-T_s})}{(z-1)(z - \mathrm{e}^{-T_s})}$$

3. Z 变换的性质

和连续函数的拉普拉斯变换一样，Z 变换也有一些类似的性质。简述如下。

（1）线性性质　设 $f_1(t)$、$f_2(t)$ 的 Z 变换分别为 $F_1(z)$、$F_2(z)$，α 为标量，则有

$$Z\{f_1(t) + f_2(t)\} = F_1(z) + F_2(z) \tag{8-13}$$

$$Z\{\alpha f_1(t)\} = \alpha F_1(z) \tag{8-14}$$

（2）延迟定理　设 $f(t)$ 的 Z 变换为 $F(z)$，且 $t < 0$，$f(t) = 0$，则

$$Z\{f(t - kT_s)\} = z^{-k}F(z) \tag{8-15}$$

其证明，有兴趣读者，可参阅相关文献。延迟定理说明，函数 $f(t)$ 在时域中延迟 k 个采样周期，相当于函数 $F(z)$ 乘以 z^{-k}。因此，算子 z^{-k} 的意义可表示时域中的时滞环节，它把脉冲延迟了 k 个采样周期。利用 Z 变换求解差分方程时，经常利用延迟定理。

例8-4　求延迟一个采样周期 T_s 的单位阶跃函数的 Z 变换。

解　根据延迟定理公式

$$Z\{1(t - T_s)\} = z^{-1}Z\{1(t)\} = z^{-1}\frac{z}{z-1} = \frac{1}{z-1}$$

（3）超前定理　设 $f(t)$ 的 Z 变换为 $F(z)$，超前定理用公式表示为

$$Z\{f(t + kT_s)\} = z^k F(z) - z^k \sum_{m=0}^{k-1} f(mT_s)z^{-m} \tag{8-16}$$

（4）复平移定理　设 $f(t)$ 的 Z 变换为 $F(z)$，复平移定理用公式表示为

$$Z\{e^{-aT_s}f(t)\} = F(ze^{+aT_s}) \tag{8-17}$$

从式（8-17）看出，当用 ze^{+aT_s} 置换 $F(z)$ 中的 z 之后，就得到 $e^{-aT_s}f(t)$ 的 Z 变换。

例8-5　计算 $(e^{-aT_s}\sin\omega t)$ 的 Z 变换。

解　从 Z 变换表中查得 $\sin\omega t$ 的 Z 变换为

$$Z\{\sin\omega t\} = \frac{z\sin\omega T_s}{z^2 - 2z\cos\omega T_s + 1}$$

由复平移定理公式，得

$$\begin{aligned}
Z\{e^{-at}\sin\omega t\} &= \frac{ze^{aT_s}\sin\omega T_s}{z^2 e^{2aT_s} - 2ze^{aT_s}\cos\omega T_s + 1} \\
&= \frac{ze^{-aT_s}\sin\omega T_s}{z^2 - 2ze^{-aT_s}\cos\omega T_s + e^{-2aT_s}}
\end{aligned}$$

（5）初值定理　设 $f(t)$ 的 Z 变换为 $F(z)$，且 $\lim\limits_{z\to\infty} F(z)$ 存在，则有

$$f(0) = \lim_{t\to 0} f(t) = \lim_{z\to\infty} F(z) \tag{8-18}$$

（6）终值定理　设 $f(t)$ 的 Z 变换为 $F(z)$，且 $f(kT_s)$，$k = 0,1,2,3,\cdots$ 值存在，则

$$f(\infty) = \lim_{t\to\infty} f(t) = \lim_{k\to\infty} f(kT_s) = \lim_{z\to 1}\frac{z-1}{z}F(z) = \lim_{z\to 1}(z-1)F(z) \tag{8-19}$$

在研究离散控制系统的稳态误差时，要用到终值定理。

例8-6　设 $f(t)$ 的 Z 变换为

$$F(z) = \frac{0.792z^2}{(z-1)(z^2 - 0.416z + 0.208)}$$

求 $f(t)$ 的终值。

解　利用终值定理

$$\begin{aligned}
f(\infty) &= \lim_{z\to 1}(z-1)\frac{0.792z^2}{(z-1)(z^2 - 0.416z + 0.208)} \\
&= \frac{0.792}{1 - 0.416 + 0.208} = 1
\end{aligned}$$

二、Z 反变换

Z 反变换就是根据给定的 Z 变换式 $F(z)$，求出其原函数（即采样信号）$f^*(t)$。在 Z 变换内容中已强调，$f(t)$ 与 $f^*(t)$ 之间是没有一个唯一确定的关系，也就是说，Z 反变换求出的只是一确定的采样信号 $f^*(t)$，而不能提供一准确的连续信号 $f(t)$。

Z 反变换的方法也有多种，下面介绍两种常用的方法。

（1）幂级数法　幂级数法又称综合除法、长除法。这种方法就是，用 Z 变换函数 $F(z)$ 的分母去除其分子，并将商按 z^{-1} 的升幂形式表达，即

$$F(z) = \frac{M(z)}{N(z)} = c_0 + c_1 z^{-1} + c_2 z^{-2} + c_3 z^{-3} + \cdots + c_k z^{-k} + \cdots \tag{8-20}$$

由 Z 变换的定义可知，式（8-20）中 $z^{-k}(k = 0,1,2,3,\cdots)$ 前的各项系数值 c_0、c_1、c_2、c_3、$\cdots$ 就是原函数 $f(t)$ 在各采样瞬时的值 $f^*(kT_s)$，于是便可以得出时间序列 $f^*(t)$ 的表达式，即

$$f^*(t) = c_0 \delta(t) + c_1 \delta(t - T_s) + c_2 \delta(t - 2T_s) + c_3 \delta(t - 3T_s) + \cdots \tag{8-21}$$

在实际的工程系统中，常常只需要计算出几项就够了。

例 8-7　已知

$$F(z) = \frac{0.5z}{(z-1)(z-0.5)} \tag{8-22}$$

求 $F(z)$ 的反变换。

解　因为

$$
\begin{aligned}
F(z) &= \frac{0.5z}{(z-1)(z-0.5)} = \frac{0.5z}{z^2 - 1.5z + 0.5} \\
&= 0.5z^{-1} + 0.75z^{-2} + 0.875z^{-3} + 0.9375z^{-4} + \cdots
\end{aligned} \tag{8-23}
$$

由 Z 变换定义可知

$$
\begin{aligned}
f^*(kT_s) = &\, 0.5\delta(t - T_s) + 0.75\delta(t - 2T_s) + \\
&\, 0.875\delta(t - 3T_s) + 0.9375\delta(t - 4T_s) + \cdots
\end{aligned} \tag{8-24}
$$

（2）部分分式法　部分分式法就是先把 $F(z)$ 用部分分式展开，然后通过查 Z 变换表找出每个展开项对应的时间函数后相加，便得到 $f^*(kT_s)$。

值得注意的是，由于一般的 Z 变换函数 $F(z)$ 在其分子上都有因子 z，因此，为了利用 Z 变换表得出 $f^*(kT_s)$ 表达式，在进行部分分式展开时，应先把 $F(z)$ 除以 z，先对 $F(z)/z$ 展开成部分分式形式，然后将所得到结果的每一项都乘 z，便得到 $F(z)$ 的部分分式展开表达式，然后，再通过查 Z 变换表，把各部分分式的反变换相加便可得到 $f^*(kT_s)$。

例 8-8　已知 $F(z)$ 为

$$F(z) = \frac{10z}{(z-1)(z-2)}$$

试用部分分式法求 $f^*(kT_s)$。

解　首先对 $F(z)/z$ 展开成部分分式形式，有

$$F(z)/z = \frac{10}{(z-1)(z-2)} = \frac{-10}{z-1} + \frac{10}{z-2}$$

上式两边每项乘上因子 z，得

$$F(z) = \frac{-10z}{z-1} + \frac{10z}{z-2}$$

查 Z 变换表有

$$Z^{-1}\left\{\frac{z}{z-1}\right\} = 1, \quad Z^{-1}\left\{\frac{z}{z-2}\right\} = 2^k$$

于是可得

$$f^*(kT_s) = 10(-1+2^k) \quad k = 0,1,2,3,\cdots$$

第四节 线性离散系统的数学模型

脉冲传递函数是线性离散定常系统的一种重要数学模型。

一、脉冲传递函数的定义

初始条件为零时，线性离散环节或系统，其输出信号的 Z 变换 $Y(z)$ 与输入信号的 Z 变换 $R(z)$ 之比，称为该环节或系统的脉冲传递函数，用符号 $G(z)$ 表示，数学表达式为

$$G(z) = \frac{Y(z)}{R(z)}$$

要注意的是，离散系统中的物理部件其输入端因有采样开关，所以，输入信号是离散的，但输出端的信号仍是时间的连续函数，如图 8-10 的 $r^*(t)$ 和 $y(t)$。当要求取该物理部件或系统的脉冲传递函数时，应假设其输出端存在一个虚拟采样开关，而且采样频率与输入端采样开关的完全相同，如图 8-10 中虚线所示。但实际上，这个虚拟的采样开关是不存在的。

图 8-10 线性离散定常环节系统

二、线性环节串联时开环系统的脉冲传递函数

根据上面脉冲传递函数的定义，在考虑多个环节组成的开环离散系统时，要注意采样开关的位置。下面分几种情况导出各开环系统的脉冲传递函数。线性环节串联时，可以有以下两种典型情况，如图 8-11 所示。

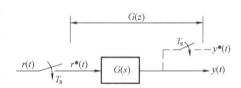

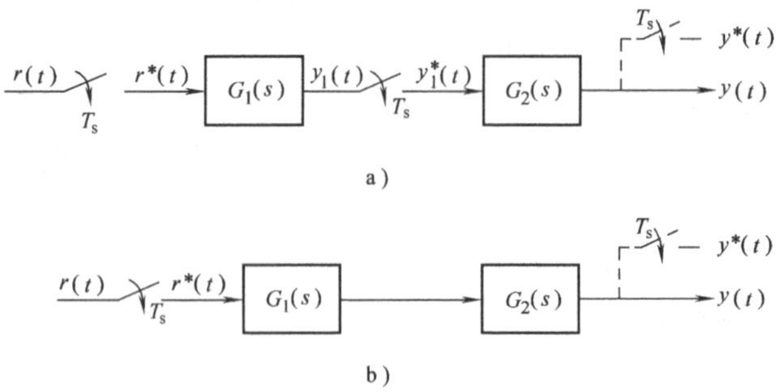

a)

b)

图 8-11 环节的串联
a）串联环节间有采样开关 b）串联环节间无采样开关

1. 串联环节间有采样开关

对于图 8-11a，各信号之间的关系有

$$Y_1(z) = G_1(z)R(z) \quad (8-25)$$

$$Y(z) = G_2(z)Y_1(z) \tag{8-26}$$

将式(8-25)代入式(8-26)，有

$$Y(z) = G_1(z)G_2(z)R(z)$$

即

$$\frac{Y(z)}{R(z)} = G_1(z)G_2(z) \qquad (8\text{-}27)$$

式(8-27)表明，带有各自采样开关的环节串联时，其总的脉冲传递函数等于每个环节脉冲传递函数的乘积。

2. 串联环节间无采样开关

对于图8-11b，由于两个线性环节 $G_1(s)$ 和 $G_2(s)$ 间没有采样开关，故应将两个传递函数相乘，设

$$G_1G_2(s) = G_1(s)G_2(s)$$

则

$$Y(z) = G_1G_2(z)R(z)$$

得

$$\frac{Y(z)}{R(z)} = G_1G_2(z) \qquad (8\text{-}28)$$

式(8-28)表明，在无采样开关隔离的线性环节串联时，其总的脉冲传递函数等于线性环节传递函数之积的 Z 变换。

例 8-9　在图 8-11 中，设 $G_1(s) = \dfrac{1}{s}$，$G_2(s) = \dfrac{5}{s+5}$，试求两种情况下的脉冲传递函数。

解　对于图 8-11a 的情况：

$$G(z) = G_1(z)G_2(z)$$

因为

$$G_1(z) = \frac{z}{z-1}, \quad G_2(z) = \frac{5z}{z-e^{-5T_s}}$$

所以

$$G(z) = \frac{z}{z-1}\frac{5z}{z-e^{-5T_s}} = \frac{5z^2}{(z-1)(z-e^{-5T_s})}$$

对于图 8-11b 的情况：

$$G_1G_2(s) = \frac{1}{s}\frac{5}{s+5} = \frac{5}{s(s+5)} = \frac{1}{s} - \frac{1}{s+5}$$

所以

$$G_1G_2(z) = Z\left[\frac{1}{s} - \frac{1}{s+5}\right] = \frac{z}{z-1} - \frac{z}{z-e^{-5T_s}} = \frac{z(1-e^{-5T_s})}{(z-1)(z-e^{-5T_s})}$$

可见，$G_1(z)G_2(z)$ 与 $G_1G_2(z)$ 并不相等。

3. 串联有零阶保持器

如图 8-12 所示，开环系统串联有一个零阶保持器，为了便于分析，将图 8-12a 改画为图 8-12b，此时

$$G(s) = (1 - e^{-T_s s})\frac{G_0(s)}{s}$$
$$= (1 - e^{-T_s s})G_2(s)$$
$$= G_2(s) - e^{-T_s s}G_2(s)$$

其 Z 变换为

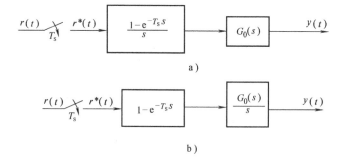

a)

b)

图 8-12　具有零阶保持器的开环系统

$$G(z) = Z\{L^{-1}[G_2(s)] - L^{-1}[e^{-T_s s}G_2(s)]\}$$

根据 Z 变换实数域的位移定理，有

$$L^{-1}[e^{-T_s s}G_2(s)] = g_2(t - T_s)$$

利用 Z 变换的延迟定理，得

$$G(z) = G_2(z) - z^{-1}G_2(z)$$
$$= \frac{z-1}{z}G_2(z) \tag{8-29}$$

式(8-29)说明，在开环系统串联有零阶保持器时，先将原开环系统环节串联一个 $1/s$ 环节，再进行 Z 变换，最后开环系统的脉冲传递函数只要将求得的串联环节的 Z 变换乘以 $(z-1)/z$ 即可。

例 8-10 求图 8-13 所示采样系统的脉冲传递函数。

解 先求串联环节的传递函数

$$G_2(s) = \frac{1}{s}\frac{1}{s(s+1)}$$
$$= \frac{1}{s^2(s+1)} = \frac{1}{s^2} - \frac{1}{s} + \frac{1}{s+1}$$

再对 $G_2(s)$ 求 Z 变换

$$G_2(z) = Z\{L^{-1}[G_2(s)]\} = \frac{T_s z}{(z-1)^2} - \frac{z}{z-1} + \frac{z}{z - e^{-T_s}}$$

应用式(8-29)，得

$$G(z) = \frac{z-1}{z}G_2(z) = \frac{z-1}{z}\left[\frac{T_s z}{(z-1)^2} - \frac{z}{z-1} + \frac{z}{z - e^{-T_s}}\right]$$

三、闭环系统的脉冲传递函数

在离散控制系统中，由于采样开关所在的位置有多种可能性，所以离散控制系统的结构也有多种可能性，某些结构形式的系统可以写出其闭环脉冲传递函数的表达式，但有些结构形式的系统不能写出其闭环脉冲传递函数的表达式，而只能写出其输出信号的 Z 变换表达式。根据前面脉冲传递函数的定义，讨论以下几种离散控制系统的脉冲传递函数。

1. 采样开关位于误差通道

根据图 8-14 的结构可得

$$e(t) = r(t) - b(t)$$

$e(t)$ 经采样开关后得到 $e^*(t)$，所以

$$E(z) = R(z) - B(z)$$
$$Y(z) = E(z)G(z)$$
$$B(z) = E(z)GH(z)$$

由以上各式可以得到该系统的闭环脉冲传递函数为

$$\Phi(z) = \frac{Y(z)}{R(z)} = \frac{G(z)}{1 + GH(z)}$$

同时还可以写出误差传递函数为

$$\Phi_e(z) = \frac{E(z)}{R(z)} = \frac{1}{1 + GH(z)}$$

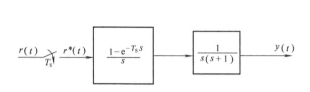

图 8-13　系统结构图

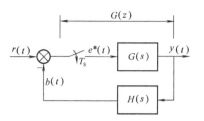

图 8-14　误差采样系统

2. 采样开关不位于误差通道

根据图 8-15 的采样系统结构，可写出下列关系式：

$$Y(z) = G_2(z)E'(z)$$

$$E'(z) = RG_1(z) - G_1G_2H(z)E'(z)$$

$$E'(z) = \frac{RG_1(z)}{1 + G_1G_2H(z)}$$

最后得

$$Y(z) = \frac{G_2(z)RG_1(z)}{1 + G_1G_2H(z)}$$

可见，在这种结构中，只能写出输出信号的 Z 变换表达式。

3. 扰动输入时的脉冲传递函数

对于图 8-16 所示的系统，若令 $r(t) = 0$，只考虑由扰动输入 $n(t)$ 引起的输出时，可写出下列关系式：

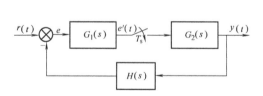

图 8-15　采样系统结构

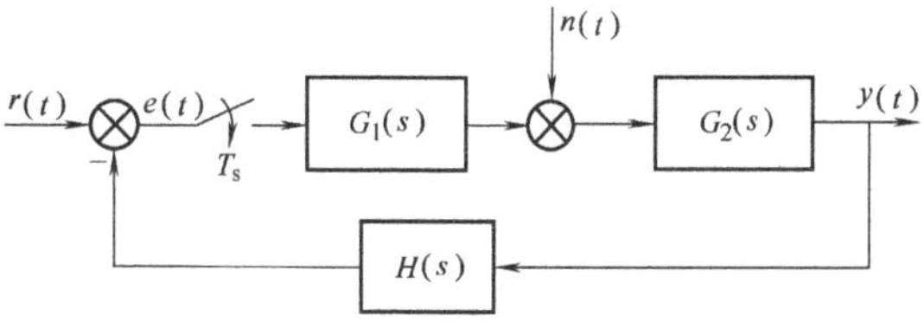

图 8-16　扰动输入时的采样系统

$$Y_n(s) = G_2(s)n(s) + G_1(s)G_2(s)e^*(s)$$

其中
$$e^*(s) = -H(s)Y_n(s)$$

所以
$$Y_n(s) = G_2(s)n(s) - G_1(s)G_2(s)H(s)Y_n(s)$$

对上式取 z 变换

$$(1 + G_1G_2H(z))Y_n(z) = G_2N(z)$$

最后得

$$Y_n(z) = \frac{G_2N(z)}{1 + G_1G_2H(z)}$$

几种不同结构的典型离散控制系统的结构图及对应的输出信号见表 8-1。

表 8-1　几种不同结构的典型离散控制系统的结构图及对应的输出信号 $Y(z)$

序　号	结　构　图	$Y(z)$
1		$\dfrac{G(z)R(z)}{1+GH(z)}$
2		$\dfrac{G_1(z)G_2(z)R(z)}{1+G_1(z)G_2H(z)}$
3		$\dfrac{G_2(z)RG_1(z)}{1+G_1G_2H(z)}$
4		$\dfrac{G(z)R(z)}{1+G(z)H(z)}$
5		$\dfrac{RG(z)}{1+GH(z)}$
6		$\dfrac{G_1(z)G_2(z)R(z)}{1+G_1(z)G_2(z)H(z)}$

第五节　离散控制系统的稳定性分析

稳定性对于离散控制系统来说也是一个非常重要的性能指标。在分析离散控制系统的稳定性时，可以利用 Z 平面与 S 平面之间的关系，找出线性离散控制系统闭环特征根在 Z 平面的位置与系统稳定性的关系，从而得到线性离散控制系统稳定性的判别方法。

一、S 平面与 Z 平面的关系及线性离散系统稳定的充要条件

考虑图 8-17 所示的典型离散控制系统，系统的输出为

$$Y(z) = \frac{G(z)}{1+GH(z)}R(z)$$

设 $r(t) = \delta(t)$，则 $R(z) = 1$

$$Y(z) = \frac{G(z)}{1 + GH(z)}$$

根据 Z 变换的定义，有

$$Y^*(s) = Y(z)\Big|_{z = e^{T_s s}}$$

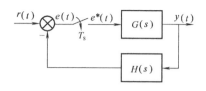

图 8-17　典型离散控制系统

如果系统是稳定的，则 $y^*(s)$ 的所有极点都应位于 S 平面的左半边。

此时

$$\lim_{t \to \infty} y(t) = \lim_{k \to \infty} y(kT_s) = 0$$

因为 $z = e^{T_s s}$，令 $s = \sigma + j\omega$

则

$$z = e^{(\sigma + j\omega)T_s} = e^{\sigma T_s} e^{j\omega T_s} = |z| e^{j\theta}$$

式中的 $|z| = e^{T_s \sigma}$，$\theta = \omega T_s$。

由上式可看出，若 s 位于 S 平面的左半边，$\sigma < 0$，则 $|z| < 1$；若 s 位于虚轴上，$\sigma = 0$，则 $|z| = 1$；若 s 位于 S 平面的右半边，$\sigma > 0$，则 $|z| > 1$。图 8-18 所示为 S 平面与 Z 平面的映射关系。

S 平面	Z 平面	系统表现
左半平面	单位圆内	稳定
虚轴	单位圆上	临界稳定
右半平面	单位圆外	不稳定

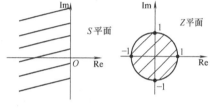

图 8-18　S 平面与 Z 平面的映射关系

从上面的关系式可知，如果 $Y^*(s)$ 的极点全部位于 S 平面的左半边，则 $Y(z)$ 的全部极点位于 Z 平面上以原点为圆心的单位圆内。从而得到离散控制系统稳定的**充分必要条件**是，系统的特征方程的根全部位于 Z 平面上以原点为圆心的单位圆内。

例 8-11　离散控制系统如图 8-19 所示，采样周期 $T_s = 1\text{s}$，判别系统是否稳定。

解　系统开环脉冲传递函数为

$$G(z) = Z\left[\frac{10}{s(s+1)}\right] = \frac{10z(1 - e^{-1})}{(z-1)(z - e^{-1})}$$

系统闭环脉冲传递函数为

$$\varPhi(z) = \frac{G(z)}{1 + G(z)} = \frac{6.32z}{z^2 + 4.952z + 0.368}$$

特征方程　　　　　　　　　　　$1 + G(z) = 0$

即　　　　　　　　　　　$z^2 + 4.952z + 0.368 = 0$

得　　　　　　　　　$z_1 = -0.076,\ z_2 = -4.876$

因为　　　　　　　　　　　$|z_2| > 1$

所以系统不稳定。

二、稳定判据

从第三章可知，对于线性连续系统，利用劳斯代数稳定判据，可以在避免解高阶特征方程的情况下，判断闭环系统位于 S 平面右半边的根的个数。在分析高阶离散系统的稳定性时，只要经过一种新的坐标变换，将 Z 平面的单位圆变成 W 平面的左半边，就可使用劳斯判据，判断离散系统特征方程中位于 Z 平面上以原点为圆心的单位圆外的根的个数了。这种变换也称为 W 变换，具体做法是，令

$$z = \frac{w+1}{w-1} \tag{8-30}$$

或

$$w = \frac{z+1}{z-1} \tag{8-31}$$

将式(8-30)代入离散系统特征方程中，得到的以 W 为变量的多项式方程 $P(w) = 0$，如果 $P(w) = 0$ 的根都位于 W 平面的左半边，则离散系统特征方程的根全部位于 Z 平面上以原点为圆心的单位圆内。

证明

设

$$z = x + \mathrm{j}y, \quad w = u + \mathrm{j}v$$

将以上关系代入式(8-31)

$$w = u + \mathrm{j}v = \frac{x + \mathrm{j}y + 1}{x + \mathrm{j}y - 1} = \frac{(x^2 + y^2) - 1}{(x-1)^2 + y^2} - \mathrm{j}\frac{2y}{(x-1)^2 + y^2} \tag{8-32}$$

令式(8-32)的实部为零，得

$$x^2 + y^2 - 1 = 0 \tag{8-33}$$

式(8-33)表示 Z 平面上的单位圆对应的就是 W 平面的虚轴。当 $x^2 + y^2 < 1$ 时，对应的是 W 平面的左半边，而当 $x^2 + y^2 > 1$ 时，对应的是 W 平面的右半边。这种映射关系如图8-20所示。

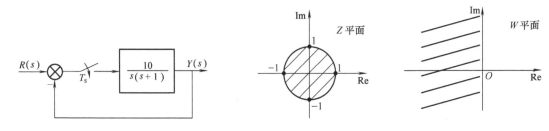

图8-19 离散控制系统　　　　　　图8-20 Z 平面到 W 平面的映射关系

例8-12 设某离散控制闭环特征方程为

$$45z^3 - 117z^2 + 119z - 39 = 0$$

试分析该系统的稳定性，并指出分布在单位圆外闭环极点的个数。

解 作 W 变换，令

$$z = \frac{w+1}{w-1}$$

代入特征方程，得

$$45\left(\frac{w+1}{w-1}\right)^3 - 117\left(\frac{w+1}{w-1}\right)^2 + 119\left(\frac{w+1}{w-1}\right) - 39 = 0$$

整理得

$$w^3 + 2w^2 + 2w + 40 = 0$$

列出劳斯表

w^3	1	2	0
w^2	2	40	0
w^1	-18	0	
w_0	40		

因为劳斯表中第一列的符号改变了两次，故有两个根在 W 平面的右半边，也就是有两个闭环极点位于 Z 平面上以原点为圆心的单位圆之外，系统不稳定。

第六节　离散控制系统的稳态误差分析

设具有单位反馈的离散控制系统如图 8-21 所示。

系统的误差脉冲传递函数为

$$\Phi_e(z) = \frac{E(z)}{R(z)} = \frac{1}{1 + G(z)}$$

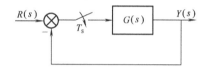

系统误差为

$$E(z) = \Phi_e(z) R(z) = \frac{1}{1 + G(z)} R(z)$$

图 8-21　具有单位反馈的离散控制系统

假设系统是稳定的，根据 Z 变换的终值定理，系统的稳态误差为

$$e(\infty) = \lim_{z \to 1}(z - 1) E(z) = \lim_{z \to 1}(z - 1) \frac{1}{1 + G(z)} R(z)$$

上式说明，离散控制系统的稳态误差与其开环脉冲传递函数 $G(z)$ 及输入信号的形式有关。下面先了解开环脉冲传递函数的形式，然后讨论在不同输入信号作用下系统的稳态误差。

设离散控制系统的开环脉冲传递函数的一般形式为

$$G(z) = \frac{K_g \prod\limits_{i=1}^{m}(z + z_i)}{(z - 1)^N \prod\limits_{j=1}^{n-N}(z + p_j)}$$

其中，$(z - 1)^N$ 表示 $G(z)$ 在 $z = 1$ 处的重极点。与连续系统类似，将 N 称为离散控制系统的无差度。

当 $N = 0$ 时，为 **0** 型系统。

当 $N = 1$ 时，为 **I** 型系统。

当 $N = 2$ 时，为 **II** 型系统。

一、单位阶跃输入时的稳态误差

$$R(z) = \frac{z}{z - 1}$$

$$e(\infty) = \lim_{z \to 1}(z-1)\frac{1}{1+G(z)}\frac{z}{z-1} = \lim_{z \to 1}\frac{1}{1+G(z)}$$

令

$$k_p = \lim_{z \to 1}[G(z)+1]$$

k_p 定义为位置误差系数，则稳态误差为

$$e(\infty) = \frac{1}{k_p}$$

可见，当 $N=0$ 时，k_p 为有限值，$e(\infty)$ 为一有限值。

当 $N=1$ 时，k_p 为无穷大，$e(\infty)$ 为零。

当 $N=2$ 时，k_p 为无穷大，$e(\infty)$ 为零。

二、单位斜坡输入时的稳态误差

$$R(z) = \frac{T_s z}{(z-1)^2}$$

$$e(\infty) = \lim_{z \to 1}(z-1)\frac{1}{1+G(z)}\frac{T_s z}{(z-1)^2} = \lim_{z \to 1}\frac{T_s}{(z-1)G(z)}$$

令

$$k_v = \frac{1}{T_s}\lim_{z \to 1}[(z-1)G(z)]$$

k_v 定义为速度误差系数，则稳态误差为

$$e(\infty) = \frac{1}{k_v}$$

可见，当 $N=0$ 时，k_v 为零，$e(\infty)$ 为无穷大。

当 $N=1$ 时，k_v 为一有限值，$e(\infty)$ 为一有限值。

当 $N=2$ 时，k_v 为无穷大，$e(\infty)$ 为零。

三、单位抛物线输入时的稳态误差

$$R(z) = \frac{T_s^2 z(z+1)}{2(z-1)^3}$$

$$e(\infty) = \lim_{z \to 1}(z-1)\frac{1}{1+G(z)}\frac{T_s^2 z(z+1)}{2(z-1)^3} = \lim_{z \to 1}\frac{T_s^2}{(z-1)^2 G(z)}$$

令

$$k_a = \frac{1}{T_s^2}\lim_{z \to 1}[(z-1)^2 G(z)]$$

k_a 定义为加速度误差系数，则稳态误差为

$$e(\infty) = \frac{1}{k_a}$$

可见，当 $N=0$ 时，k_a 为零，$e(\infty)$ 为无穷大。

当 $N=1$ 时，k_a 为零，$e(\infty)$ 为无穷大。

当 $N=2$ 时，k_a 为一有限值，$e(\infty)$ 为一有限值。

根据上面的分析，将结果列于表8-2中。

表 8-2 稳态误差

系统类型	输入信号		
	单位阶跃	单位斜坡	单位加速度
0 型系统	$\dfrac{1}{k_{\mathrm{p}}}$	∞	∞
I 型系统	0	$\dfrac{1}{k_{\mathrm{v}}}$	∞
II 型系统	0	0	$\dfrac{1}{k_{\mathrm{a}}}$

稳态误差反映了系统跟踪输入信号的能力，从以上结果可以看出，由于稳态误差与系统的结构和输入信号有关，所以改善系统性能的方法可以是提高系统的类型，即增加系统的无差度，但这样对系统的稳定性有影响。另一种方法是缩短采样周期，但采样周期不能无限制减小，它也会受到其他条件的限制，故设计系统时要综合考虑各方面的性能指标。

例 8-13 离散控制系统的结构如图8-22 所示。采样周期 $T_{\mathrm{s}} = 0.2\mathrm{s}$，输入信号 $r(t) = 1 + t + \dfrac{1}{2}t^2$，求系统的稳态误差。

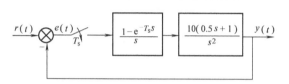

图 8-22 离散控制系统的结构

解 根据系统结构，有

$$G(s) = (1 - \mathrm{e}^{-T_{\mathrm{s}}s})\frac{10(0.5s+1)}{s^3} = (1 - \mathrm{e}^{-T_{\mathrm{s}}s})\left[\frac{10}{s^3} + \frac{5}{s^2}\right]$$

系统的开环脉冲传递函数为

$$G(z) = \frac{z-1}{z}\left[\frac{5T_{\mathrm{s}}^2 z(z+1)}{(z-1)^3} + \frac{5T_{\mathrm{s}}z}{(z-1)^2}\right] = \frac{1.2z - 0.8}{(z-1)^2}$$

特征方程为

即

$$1 + G(z) = 0$$

$$z^2 - 0.8z + 0.2 = 0$$

W 变换得

$$w^2 + 4w + 5 = 0$$

故系统稳定。

系统稳态误差系数为

$$k_{\mathrm{p}} = \lim_{z \to 1}[1 + G(z)] = \infty$$

$$k_{\mathrm{v}} = \frac{1}{T_{\mathrm{s}}}\lim_{z \to 1}[(z-1)G(z)] = \infty$$

$$k_{\mathrm{a}} = \frac{1}{T_{\mathrm{s}}^2}\lim_{z \to 1}[(z-1)^2 G(z)] = 10$$

所以，系统的稳态误差为

$$e(\infty) = \frac{1}{k_{\mathrm{p}}} + \frac{1}{k_{\mathrm{v}}} + \frac{1}{k_{\mathrm{a}}} = \frac{1}{10} = 0.1$$

第七节　离散控制系统的动态性能分析

由前面对线性离散控制系统稳定性的分析可知，如果系统的闭环特征根都在单位圆内，则系统是稳定的。与线性连续系统类似，离散系统闭环特征根在单位圆内的位置，也决定着系统的暂态过程。

一、闭环特征根与暂态响应之间的关系

设闭环脉冲传递函数的形式为

$$\Phi(z) = \frac{M(z)}{D(z)} = \frac{b_0 z^m + b_1 z^{m-1} + \cdots + b_m}{a_0 z^n + a_1 z^{n-1} + \cdots + a_n} = \frac{b_0}{a_0} \frac{\displaystyle\sum_{i=1}^{m}(z - z_i)}{\displaystyle\sum_{j=1}^{n}(z - p_j)}$$

式中 $m \leqslant n$，且假设 $\Phi(z)$ 无重极点，在单位阶跃输入信号作用下，系统输出信号的 Z 变换为

$$Y(z) = \Phi(z) R(z) = \frac{M(z)}{D(z)} \frac{z}{z-1} = C_0 \frac{z}{z-1} + \sum_{j=1}^{n} C_j \frac{z}{(z - p_j)} \tag{8-34}$$

式中

$$C_0 = \frac{M(z)}{D(z)} \bigg|_{z=1}, \quad C_j = \frac{M(z)(z - p_j)}{D(z)(z - 1)} \bigg|_{z = p_j}$$

对式(8-34)进行 Z 反变换，则输出的脉冲序列为

$$y(kT_s) = C_0 + \sum_{j=1}^{n} C_j p_j^k$$

可见输出信号由两部分组成：第一项为稳态项，对应输出的稳态分量；第二项为暂态项，对应输出的暂态分量(它是各闭环极点对应的暂态分量的线性叠加)。下面分析闭环特征根在单位圆内不同位置时系统的暂态过程。

1. p_j 为正实数

p_j 对应的暂态分量为

$$y_j(k) = C_j p_j^k$$

由于 $0 < p_j < 1$，故 $y_j(k)$ 的暂态过程为单调衰减，并且 p_j 越小(即越靠近原点)暂态分量衰减得越快。

2. p_j 为负实数

p_j 对应的暂态分量为

$$y_j(k) = C_j p_j^k$$

由于 $|p_j| < 1$，暂态过程是正、负交替的衰减振荡过程，同样，极点越靠近原点，其暂态分量衰减得越快。

3. 极点为一对共轭复数

设共轭复数对的两个极点为

$$p_j = |p_j| e^{j\theta_j}, \quad \bar{p}_j = |p_j| e^{-j\theta_j}$$

对应的暂态分量为

$$y_j(k) = 2 |C_j| |p_j|^k \cos(k\theta_j + \phi_j) \tag{8-35}$$

由于 $p_j < 1$，暂态过程是呈周期性衰减的振荡过程。同样，离原点较近的共轭复数极点对应的暂态分量衰减较快。而暂态过程振荡的程度可由式(8-35)来分析。

由式(8-35)知，一个振荡周期包含的采样周期的个数为

$$k = \frac{2\pi}{\theta_j}$$

可见，共轭复数的辐角决定了相应暂态分量振荡的激烈程度。θ_j 越大，k 越小，即在一个振荡周期中包含的采样周期数越少，振荡越激烈。例如当 $\theta_j = \pi/4$ 时，$k = 8$，即相应的暂态过程经 8 个采样周期完成一个衰减振荡周期。而当 $\theta_j = \pi$ 时，$k = 2$，即相应的暂态过程只经两个采样周期就完成一个衰减振荡周期，使系统具有强烈的衰减振荡暂态过程。

根据上面的分析，为了使离散控制系统具有较好的暂态特性。其闭环极点应尽量避免分布在 Z 平面单位圆内的左半部，并且不要靠近负实轴。**闭环极点最好是分布在单位圆内右半部正实轴上并靠近原点的地方。**

系统暂态响应与闭环极点位置的关系如图 8-23 所示。

二、离散控制系统动态性能估算

既然闭环极点越靠近原点，暂态分量衰减越快，那么靠近单位圆周的闭环极点引起的暂态分量则衰减缓慢，对系统的暂态响应起着决定性的作用。为简单起见，现考虑有一对闭环极点最靠近单位圆周，而其他闭环极点均在原点附近，则称这对极点为主导极点对，系统的暂态响应主要由这对极点决定。系统的超调量 $\sigma_p(\%)$ 和峰值时间 t_p 可以通过主导极点对来估算。

假设系统的一对主导极点为

$$p_{1,2} = \alpha_1 \pm j\beta_1 = |p_1| e^{\pm j\theta_1}$$

若只考虑这一对主导极点，如图 8-24 所示，而忽略靠原点附近的其他极点引起的暂态分量时，系统的输出可近似表示为

$$y(kT_s) = \frac{M(1)}{D(1)} + 2 |c_1| |p_1|^k \cos(k\theta_1 + \phi_1)$$

式中

$$|c_1| = \left| \left[\frac{M(z)(z-p_1)}{D(z)(z-1)} \bigg|_{z=p_1} \right] \right| = \frac{b_0}{a_0} \frac{1}{|p_1 - 1|} \frac{\prod_{i=1}^{m} |p_1 - z_i|}{\prod_{j=2}^{n} |p_1 - p_j|}$$

$$\phi_1 = \arctan \left[\frac{M(z)(z-p_j)}{D(z)(z-1)} \bigg|_{z=p_1} \right]$$

$$= \sum_{i=1}^{m} \angle (p_1 - z_i) - \angle (p_1 - 1) - \sum_{j=2}^{n} \angle (p_1 - p_j)$$

$$= \sum_{i=1}^{m} \theta_{z_i} - \varphi - \sum_{j=2}^{n} \theta_{p_j}$$

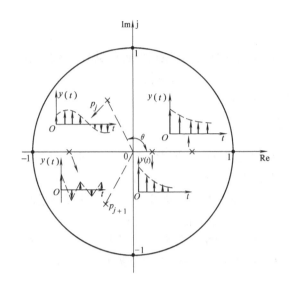

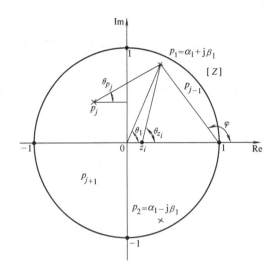

图 8-23　系统暂态响应与闭环极点位置的关系　　　　图 8-24　单位圆内的零、极点

下面的一组公式用来估算系统阶跃响应的两个性能指标：超调量 $\sigma_p(\%)$ 和峰值时间 t_p。

$$t_p = K_p T_s$$

$$K_p = \frac{1}{\theta_1}\left[\frac{\pi}{2} - \sum_{i=1}^{m}\theta_{z_i} + \sum_{j=2}^{n}\theta_{p_j}\right] \tag{8-36}$$

$$\sigma_p(\%) = \frac{\left(\prod_{i=1}^{m}|p_1 - z_i|\right)\left(\prod_{j=3}^{n}|1 - p_j|\right)}{\left(\prod_{i=1}^{m}|1 - z_i|\right)\prod_{j=3}^{n}|p_1 - p_j|}|p_1|^{K_p} \times 100\% \tag{8-37}$$

式(8-37)中，p_j 为除主导极点之外的其他闭环极点，z_i 为闭环零点。

由式(8-36)可以看出，闭环零点的存在使系统输出采样信号的峰值时间 t_p 减小；非主导极点的存在使峰值时间 t_p 增大。故此，为了减小峰值时间，可使附加零点右移，以增大相角 θ_{z_i}；使附加极点左移，以减小相角 θ_{p_j}。

而式(8-37)中，$\sigma_p(\%)$ 的值与比值 $|p_1 - z_i|/|1 - z_i|$ 及 $|1 - p_j|/|p_1 - p_j|$ 有关。对于实数零、极点(或靠近实轴的复数零、极点)，在单位圆的右半平面内，一般 $|p_1 - z_i|/|1 - z_i|$ 的值较大，$|1 - p_j|/|p_1 - p_j|$ 的值较小。故此，为了减小超调量，可以使附加零点左移，附加极点右移。

从以上分析可见，附加零、极点对 $\sigma_p(\%)$ 和 t_p 的影响相反。所以，设计系统时应根据对性能指标的要求折中考虑零、极点的配置。

当由式(8-36)计算出的 K_p 不是整数时，为此令

$$K'_p = K_p + q \quad q < 1$$

使 K_p 为一整数。此时式(8-36)和式(8-37)变为

$$t_p = K'_p T_s$$

$$K'_p = \frac{1}{\theta_1}\left[\frac{\pi}{2} - \sum_{i=1}^{m}\theta_{z_i} + \sum_{j=2}^{n}\theta_{p_j}\right] + q \tag{8-38}$$

$$\sigma_{\mathrm{p}}(\%) = k_{\mathrm{c}} \frac{\left(\prod\limits_{i=1}^{m}|p_1-z_i|\right)\left(\prod\limits_{j=3}^{n}|1-p_j|\right)}{\left(\prod\limits_{i=1}^{m}|1-z_i|\right)\prod\limits_{j=3}^{n}|p_1-p_j|}|p_1|^{K'_{\mathrm{p}}} \times 100\% \tag{8-39}$$

$$k_{\mathrm{c}} = \cos q\theta_1 + \frac{1-\alpha_1}{\beta_1}\sin q\theta_1$$

式中，α_1 和 β_1 分别为主导极点 p_1 的实部和虚部。

当系统只有一对共轭极点而没有其他极点时，由于

$$\sum\theta_{z_i} = 0, \quad \sum\theta_{p_j} = \frac{\pi}{2}$$

故对应的超调量 $\sigma_{\mathrm{p}}(\%)$ 和峰值时间 t_{p} 的计算公式变成

$$t_{\mathrm{p}} = \frac{\pi}{\theta_1}T_{\mathrm{s}}$$

或

$$t_{\mathrm{p}} = \left(\frac{\pi}{\theta_1}T_{\mathrm{s}} + q\right)$$

$$\sigma_{\mathrm{p}}(\%) = |p_1|^{t_{\mathrm{p}}/T_{\mathrm{s}}} \times 100\%$$

或

$$\sigma_{\mathrm{p}}(\%) = k_{\mathrm{c}}|p_1|^{t_{\mathrm{p}}/T_{\mathrm{s}}} \times 100\%$$

例 8-14　求如图 8-25 所示系统的单位阶跃响应的峰值时间和超调量。

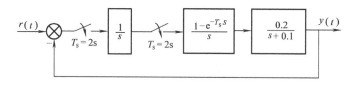

解　系统的开环脉冲传递函数为

$$G(z) = \frac{z}{z-1}\frac{0.36}{z-0.82}$$

图 8-25　系统结构图

系统的闭环脉冲传递函数为

$$\Phi(z) = \frac{G(z)}{1+G(z)} = \frac{0.36z}{z^2-1.46z+0.82}$$

$$= \frac{0.36z}{(z-0.73+0.54\mathrm{j})(z-0.73-0.54\mathrm{j})}$$

系统有一对共轭复数极点和一个零点。系统的闭环零、极点的分布如图 8-26 所示。根据闭环零、极点可求得

$$p_{1,2} = 0.73 \pm 0.54\mathrm{j} = 0.91\mathrm{e}^{\pm\mathrm{j}36.5°}$$

$$z_1 = 0$$

$$K_{\mathrm{p}} = \frac{1}{\theta_1}\Big[\frac{\pi}{2} - \sum_{i=1}^{m}\theta_{z_i} + \sum_{j=2}^{n}\theta_{p_j}\Big]$$

$$= \frac{1}{36.5°} \times (90° - 36.5° + 90°)$$

$$= 3.93$$

求得的 K_{p} 不是整数，现取

$$K'_{\mathrm{p}} = K_{\mathrm{p}} + q = 3.93 + 0.07 = 4$$

峰值时间为

$$t_p = K'_p T_s = 4 \times 2\text{s} = 8\text{s}$$

而

$$k_c = \text{con} q\theta_1 + \frac{1-\alpha_1}{\beta_1}\sin q\theta_1$$

$$= \cos(0.07 \times 36.5°) + \frac{1-0.73}{0.54}\sin(0.07 \times 36.5°) = 1.02$$

所以超调量 $\sigma_p(\%)$ 为

$$\sigma_p(\%) = 1.02\left(\frac{\prod\limits_{i=1}^{1}|p_1 - z_i|}{\prod\limits_{i=1}^{1}|1 - z_i|}\right) \times \left(\frac{\prod\limits_{j=3}^{2}|1 - p_j|}{\prod\limits_{j=3}^{2}|p_1 - p_j|}\right) \times |p_1|^{K'_p} \times 100\%$$

$$= 1.02 \times \frac{0.91}{1} \times (0.91)^4 \times 100\% = 64\%$$

系统输出的 Z 变换为

$$C(z) = \Phi(z)\frac{z}{z-1} = \frac{0.36z}{z^2 - 1.46z + 0.82} \times \frac{z}{z-1}$$

$$= \frac{0.36z^2}{z^3 - 2.46z^2 + 2.28z - 0.82}$$

用"长除法"得

$$C(z) = 0.36z^{-1} + 0.89z^{-2} + 1.37z^{-3} + 1.64z^{-4} + 1.64z^{-5} + 1.45z^{-6} + 1.17z^{-7}$$

$$+ 0.92z^{-8} + \cdots$$

求得系统阶跃响应的脉冲序列为

$$c^*(t) = 0.36\delta(t-T) + 0.89\delta(t-2T) + 1.37\delta(t-3T) + 1.64\delta(t-4T) + 1.64\delta$$

$$(t-5T) + 1.45\delta(t-6T) + 1.17\delta(t-7T) + 0.92\delta(t-8T) + \cdots$$

系统阶跃响应曲线如图 8-27 所示。

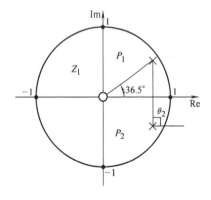

图 8-26　系统的闭环零、极点的分布

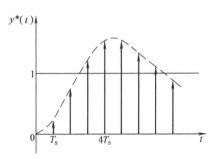

图 8-27　系统阶跃响应曲线

第八节 数字控制器的模拟化设计

离散控制系统的典型结构如图 8-28a 所示。目前在工厂企业中广泛应用的计算机控制系统，就是典型的一类离散系统。离散控制系统的综合(校正)问题与连续控制系统相似，就是根据已知的被控对象传递函数 $G(s)$ 和要求的系统性能指标，设计出数字调节器的脉冲传递函数 $G_c(z)$。

设计数字调节器 $G_c(z)$ 的方法有几种，从经典控制的设计思路看可分为两类，一类为模拟化设计法，

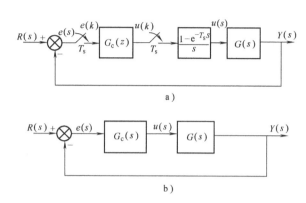

图 8-28 离散控制系统的典型结构

a) 典型结构图   b) 相似连续系统结构图

另一类为离散化设计法。本节讨论模拟化设计法，离散化设计法将在下一节讨论。

模拟化设计法又称为间接设计法、连续系统设计法。该方法是把数字调节器的脉冲传递函数 $G_c(z)$ 先看成是模拟调节器的传递函数 $G_c(s)$，这样就把一个离散控制系统视为一个连续控制系统，如图 8-28b 所示。然后就按连续系统的校正与综合方法(例如第六章的频率法校正)，求出满足性能指标要求的模拟调节器 $G_c(s)$，最后再将模拟调节器 $G_c(s)$ 经过某种离散化方法，变为数字调节器 $G_c(z)$。

下面先介绍模拟调节器离散化变成数字调节器的两种常用方法。

一、模拟调节器 $G_c(s)$ 的数字化方法

1. 直接差分法

直接差分法是一种简单、直观的离散化方法。直接差分法有两种：一种是前向差分法，另一种是后向差分法。前向差分法只有数学上的意义，在实际的计算机控制系统中可能无法实现或得出的是一个不稳定的系统，所以在工程实际中不用。

后向差分法将一模拟传递函数 $G_c(s)$ 数字化，求其相应的脉冲传递函数 $G_c(z)$ 时，数学上可证明，只要将 $G_c(s)$ 中的因子 s 直接用 $(1-z^{-1})/T_s$ 代替，T_s 为采样周期，即

$$G_c(z) = G_c(s) \Big|_{s = \frac{1-z^{-1}}{T_s}} \tag{8-40}$$

例 8-15 用后向差分法对比例积分(PI)调节器

$$G_c(s) = k + \frac{1}{s}$$

进行数字化。

解 令比例积分调节器传递函数中 $s = \dfrac{1-z^{-1}}{T_s}$，有

$$G_c(z) = k + 1 \Big/ \frac{1-z^{-1}}{T_s} = k + \frac{T_s}{1-z^{-1}} = k + \frac{zT_s}{z-1}$$

2. 双线性变换法

双线性变换法也称突斯汀(Tustin)法。采用双线性变换法将一模拟传递函数 $G_c(s)$ 数字化，求其相应的脉冲传递函数 $G_c(z)$，数学上可证明，只要将 $G_c(s)$ 中的因子 s 直接用 $s = \frac{2}{T_s} \frac{1-z^{-1}}{1+z^{-1}}$ 代替，即

$$G_c(z) = G_c(s) \Big|_{s = \frac{2}{T_s} \frac{1-z^{-1}}{1+z^{-1}}} \tag{8-41}$$

例 8-16　用双线性变换法对比例积分(PI)调节器

$$G_c(s) = k + \frac{1}{s}$$

进行数字化。

解　令 PI 调节器传递函数中的 $s = \frac{2}{T_s} \frac{1-z^{-1}}{1+z^{-1}}$，得

$$G_c(z) = k + \frac{T_s}{2} \frac{1+z^{-1}}{1-z^{-1}}$$

由上面的例题可看出，同一个传递函数采用不同的离散化方法时所得到的数字表达式(脉冲传递函数)是不同的，双线性变换法比后向差分法要复杂一些。有文献表明，双线性变换法具有较高的变换精度，因而常被采用。

二、离散系统模拟化设计的方法与步骤

对于图 8-28a 所示的典型离散控制系统，为了采用模拟化的设计方法，应先把该离散控制系统视为一个连续控制系统(见图 8-28b)，然后按下面步骤进行。

(1) 设计模拟调节器　根据被控对象的传递函数和系统性能指标要求值，用连续系统的校正、综合方法求出模拟校正装置 $G_c(s)$。

(2) 选择采样频率　模拟化设计法适合于系统的采样周期相对于系统时间常数较小的情况，否则，实际系统的特性与设计的相比将明显变差。因此，离散系统采用模拟化设计法时，选择采样频率的数值相当重要。根据经验，采样频率的数值初步可按

$$\omega_s = \frac{2\pi}{T_s} \geqslant (10 \sim 15)\omega_c \tag{8-42}$$

选择。式中的 ω_s 是采样角频率，ω_c 是校正后要求的系统开环截止频率。

采样频率往往要经过不止一次的选择才能最后确定，同时还要考虑到在一个采样周期内应能完成数据采集、控制算法和控制量的输出。

(3) 离散化处理　用上面介绍的离散化方法，由 $G_c(s)$ 求出 $G_c(z)$。

(4) 性能检验　用求出的 $G_c(z)$，检验离散系统的性能，例如可通过计算机仿真实验去检验系统的性能是否满足要求。若系统性能未能满足设计要求，则返回第 1 步重新设计 $G_c(s)$，直至满足性能要求为止。

(5) 求差分方程　将数字调节器的脉冲传递函数 $G_c(z)$ 化成差分方程形式。

（6）编程　依差分方程编制控制算法的计算机程序。

例 8-17　某计算机控制系统如图 8-29 所示。设计数字控制器，使系统的开环截止频率 $\omega_c \geqslant 15\mathrm{rad/s}$，相位裕度 $\gamma(\omega_c) \geqslant 45°$，开环增益（控制精度）$k \geqslant 30$。

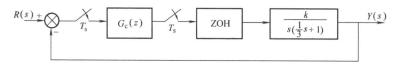

图 8-29　某计算机控制系统

解　（1）设计模拟校正装置 $G_c(s)$。

根据对系统的静态性能要求，取 $k = 30$；零阶保持器 ZOH 的影响可以忽略，但较准确的情况下，常把它视为一个惯性环节：$1\big/\left(1 + \dfrac{T_s}{2}s\right)$，$T_s$ 为采样周期。于是，未校正前系统的开环传递函数为

$$G_0(s) = \frac{30}{s\left(1 + \dfrac{T_s}{2}s\right)\left(1 + \dfrac{1}{3}s\right)}$$

根据经验，完成一阶数字校正装置的程序运算时间需用 $1\mathrm{ms}$（CPU 时钟为 $4\mathrm{MHz}$）。预选采样周期 $T_s = 0.01\mathrm{s}$，于是

$$G_0(s) = \frac{30}{s(1 + 0.005s)\left(1 + \dfrac{1}{3}s\right)}$$

校正前系统的开环对数幅频特性如图 8-30 中的实线所示。

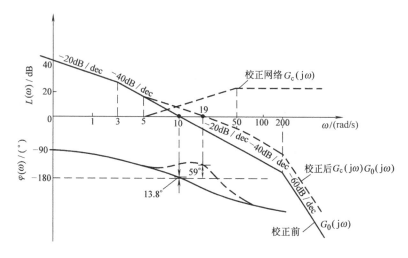

图 8-30　例 8-17 系统的开环对数幅频特性

由图 8-30 可量出未校正前系统的开环截止频率约为 $10\mathrm{rad/s}$，相位裕度约为 $14°$。相位裕度也可以通过计算得到

$$\gamma(\omega_c) = 180° - 90° - \arctan\frac{10}{3} - \arctan(0.005 \times 10) = 13.8°$$

显然，系统未能满足动态性能指标的要求。

为了使系统能满足动态性能指标要求，用第六章频率法校正的方法，采用串联超前校正装置，选取

$$G_c(s) = \frac{T_2 s + 1}{T_1 s + 1}$$

其中，$T_1 = 0.02\mathrm{s}^{-1}$；$T_2 = 0.2\mathrm{s}^{-1}$。采用串联超前校正以后，由图8-30可看出，开环截止频率约为19rad/s，相位裕度约为60°，满足设计要求。

（2）选取采样频率。已预选 $T_s = 0.01\mathrm{s}$，相应的采样频率为

$$\omega_s = \frac{2\pi}{T_s} = \frac{2 \times 3.14}{0.01}\mathrm{rad/s} = 628\mathrm{rad/s} > 15 \times 19\mathrm{rad/s} = 285\mathrm{rad/s}$$

满足式(8-42)的模拟化设计时选择采样频率的条件。

（3）$G_c(s)$ 离散化，求出 $G_c(z)$。

采用双线性变换法，令 $G_c(s)$ 中的 $s = \frac{2}{T_s}\frac{1 - z^{-1}}{1 + z^{-1}}$，有

$$G_c(z) = \frac{u(z)}{e(z)} = \frac{(2T_2 + T_s) - (2T_2 - T_s)z^{-1}}{(2T_1 + T_s) - (2T_1 - T_s)z^{-1}}$$

式中，$u(z)$ 为数字控制器的输出；$e(z)$ 为数字控制器的输入。

（4）化 $G_c(z)$ 为差分方程。

$$u(k) = \frac{2T_2 + T_s}{2T_1 + T_s}e(k) - \frac{2T_2 - T_s}{2T_1 + T_s}e(k-1) + \frac{2T_1 - T_s}{2T_1 + T_s}u(k-1)$$

记

$$u(k) = k_1 e(k) - k_2 e(k-1) + k_3 u(k-1)$$

式中，$k_1 = \dfrac{2T_2 + T_s}{2T_1 + T_s}$；$k_2 = \dfrac{2T_2 - T_s}{2T_1 + T_s}$；$k_3 = \dfrac{2T_1 - T_s}{2T_1 + T_s}$。

代入 T_1、T_2 和 T_s 数值，$k_1 = 8.2$，$k_2 = 7.8$，$k_3 = 0.6$。

为了避免在运算过程中出现溢出，同时也由于在程序编制时采用了定点运算，因此将 $u(k)$ 的传递系数均除以20，损失的增益将由功率放大器来补偿。于是相应系数变为 $k_1 = 0.41$，$k_2 = 0.39$，$k_3 = 0.6$（此值是不变的）。数字调节器的输入输出表达式变为

$$u^*(k) = 0.41e(k) - 0.39e(k-1) + 0.6u^*(k-1)$$

根据上式编制控制算法程序，并对系统进行调试实验，最终确定调节器的有关参数。

第九节　数字控制器的离散化设计

离散化设计法又称直接设计法。这种方法是把系统中的连续部分，即被控对象的模型（往往包括零阶保持器）离散化后，在整个系统(调节器、被控对象)都具有离散模型的形式下进行系统的校正、综合。离散化设计法有 Z 平面上的根轨迹法、W 平面上的伯德图法、解析法(最少拍)等。这里只介绍 W 平面上的伯德图设计法。

国外有文献报道，在实际的工程系统中常常采用 W 平面上的伯德图设计，用这种方法

已经成功地设计了很多的数字控制系统。其优点是，能够采用工程界人们普遍熟悉的频率响应法直接设计离散系统。这种方法的基本思路是，将未校正前的系统开环脉冲传递函数进行 W 变换，并令 $W = \mathrm{j}\omega_p$，ω_p 为虚拟频率，然后在虚拟频率域内用伯德图进行校正、综合求出校正装置，再对该校正装置进行 W 的反变换，便得到校正装置的脉冲传递函数 $G_c(z)$。具体的方法和步骤如下：

1）求出被控对象（带零阶保持器）的 Z 变换 $G_0(z)$ 为
$$G_0(z) = Z[H_0(s)G(s)] = Z[G_0(s)]$$
式中，$H_0(s)$ 为零阶保持器的传递函数；$G(s)$ 为被控对象的传递函数。

$G_0(z)$ 也常称为未校正系统的开环脉冲传递函数。

2）进行 W 域变换（Z 域到 W 域），将 $G_0(z)$ 变换为 $G_0(w)$，即

$$G_0(w) = G_0(z) \bigg|_{z = \frac{1+w}{1-w}} \tag{8-43}$$

3）令 $w = \mathrm{j}\omega_p$（ω_p 为虚拟频率），画出 $G_0(\mathrm{j}\omega_p)$ 的伯德图。

对数幅频特性为
$$L_0(\omega_p) = 20\lg|G_0(\mathrm{j}\omega_p)|$$
相频特性为
$$\varphi_0(\omega_p) = \angle G_0(\mathrm{j}\omega_p)$$

4）从 $G_0(\mathrm{j}\omega_p)$ 的伯德图上确定校正前系统的性能是否满足要求。若不满足性能要求，系统须进行校正，转第 5 步。

5）根据提出的性能指标，确定出 W 域的校正装置（调节器）的传递函数 $G_c(w)$，并画出校正后系统开环传递函数 $G(\mathrm{j}w)$ 的伯德图。

6）对 $G_c(w)$ 进行 W 域的反变换，得到调节器的脉冲传递函数 $G_c(z)$，即

$$G_c(z) = G_c(w) \bigg|_{w = \frac{z-1}{z+1}} \tag{8-44}$$

7）$G_c(z)$ 的计算机程序实现。

为了说明上述校正步骤的具体应用，举例如下。

例 8-18　系统的结构图如图 8-31 所示，采样周期 $T_s = 0.1\mathrm{s}$。要求系统具有性能：

幅值裕度 $\geq 16\mathrm{dB}$，相位裕度 $\geq 40°$，静态速度误差系数 $K_v \geq 3$，开环截止频率 $\omega_c \geq 3\mathrm{rad/s}$。设计一数字调节器。

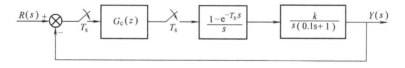

图 8-31　例 8-18 系统的结构图

解　（1）求未校正系统的开环脉冲传递函数 $G_0(z)$。

$$G_0(s) = H_0(s)G(s) = \frac{K(1 - \mathrm{e}^{-T_s S})}{s^2(1 + 0.1s)}$$

求 Z 变换，得

$$G_0(z) = Z[G_0(s)]$$

$$= \frac{K\left[(0.1e^{-10T_s}+T_s-0.1)z-(0.1+T_s)e^{-10T_s}+0.1\right]}{(z-1)(z-e^{-10T_s})}$$

$$= \frac{0.1K(0.368z+0.264)}{(z-1)(z-0.368)} \qquad (T_s=0.1s)$$

考虑到稳态指标要求：

$$K_v = \lim_{z\to1}(z-1)\frac{0.1K(0.368z+0.264)}{(z-1)(z-0.368)} = 0.1K \geqslant 3$$

得 $K \geqslant 30$，故选取 $K=30$。

（2）对 $G_0(z)$ 进行 W 域变换。

令　$z = \dfrac{1+w}{1-w}$，代入 $G_0(z)$，则

$$G_0(w) = 1.5 \frac{(1-w)\left(1+\dfrac{w}{6.07}\right)}{w\left(1+\dfrac{w}{0.462}\right)}$$

（3）令 $w=j\omega_p$，求出未校正系统的开环虚拟频率特性 $G_0(j\omega_p)$，画出伯德图，如图 8-32 所示。

由图 8-32 可看出，系统是不稳定的。

（4）采用串联滞后校正。当采用 W 域的校正传递函数

$$G_c(w) = \frac{1+\dfrac{w}{0.08}}{1+\dfrac{w}{0.01}}$$

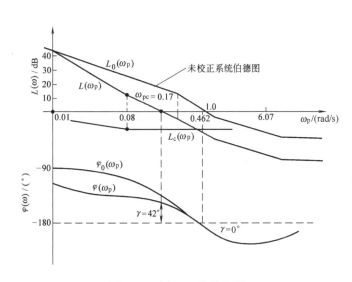

图 8-32　例 8-18 的伯德图

时，则校正后的 W 域的系统开环传递函数为

$$G(w) = G_c(w)G_0(w)$$

$$= \frac{1.5(1-w)\left(1+\dfrac{w}{6.07}\right)\left(1+\dfrac{w}{0.08}\right)}{w\left(1+\dfrac{w}{0.462}\right)\left(1+\dfrac{w}{0.01}\right)}$$

做出 $G(w)$ 的伯德图，如图 8-32 中的 $L(\omega_p)$、$\varphi(\omega_p)$ 所示。从图中可以看出，校正后的虚拟截止频率 $\omega_{pc} \approx 0.17\text{rad/s}$；相位裕度 $\approx 42°$；幅值裕度 $\approx 18\text{dB}$。由于虚拟频率 ω_p 与实际频率 ω 之间关系为 $\omega_p = \tan\dfrac{\omega T_s}{2}$，$T_s$ 为采样周期，因此实际系统的开环截止频率 ω_c 约等于 3.36rad/s。采用上述串联滞后校正装置后，可以满足各项性能要求。

（5）进行 $G_c(w)$ 的 W 域的反变换，求出脉冲传递函数 $G_c(z)$。

将 $w = \dfrac{z-1}{z+1}$ 代入 $G_c(w)$，得到调节器的脉冲传递函数 $G_c(z)$ 为

$$G_c(z) = \frac{0.134(z-0.852)}{(z-0.98)}$$

有了调节器的脉冲传递函数，容易得出对应的差分方程，然后通过计算机程序实现其控制算法。

第十节　数字 PID 调节器及其参数选择

近十几年来随着微计算机的发展及应用，由软件实现的数字 PID 调节器正逐渐取代模拟 PID 调节器，而且与模拟 PID 调节器相比，数字 PID 调节器具有更好的调节性能。

一、数字 PID 算法

数字 PID 算法，是对模拟 PID 算法

$$u(t) = k_p\left\{e(t) + \frac{1}{T_i}\int_0^t e(t)\,\mathrm{d}t + \tau_d\frac{\mathrm{d}e(t)}{\mathrm{d}t}\right\} \tag{8-45}$$

进行离散化处理后得到的。通常，数字 PID 算法主要有以下 3 种。

1. 位置式数字 PID 算法

式(8-45) 中，令 $t = kT$，k 为采样时间(0、1、2、$\cdots$)，T 为采样周期(常省略)；在 T 足够小时，以求和取代积分项、以差分取代微分项，于是离散化的 PID 算法为

$$u(k) = k_p\left\{e(k) + \frac{T}{T_i}\sum_{j}^{k} e(j) + \frac{\tau_d}{T}[e(k) - e(k-1)]\right\} \tag{8-46}$$

式(8-46)给出了调节量的全输出值，因经数/模(D/A) 转换后的模拟值与阀门的位置相对应，所以称它为位置式数字 PID 算法。

由于本算法要求对 $e(k)$ 求累加，增大了计算机的存储量和运算工作量等一些缺点，实际中少用。

2. 增量式 PID 算法

由式(8-46)写出第 $k-1$ 个采样时刻的输出值为

$$u(k-1) = k_p\left\{e(k-1) + \frac{T}{T_i}\sum_{j}^{k-1} e(j) + \frac{\tau_d}{T}[e(k-1) - e(k-2)]\right\} \tag{8-47}$$

式(8-46) 减去式(8-47)，即得增量式 PID 算法

$$\Delta u(k) = u(k) - u(k-1)$$

$$= k_p[e(k) - e(k-1)] + \frac{k_p T}{T_i}e(k) + \frac{k_p\tau_d}{T}[e(k) - 2e(k-1) + e(k-2)]$$

$$= k_p\left[1 + \frac{T}{T_i} + \frac{\tau_d}{T}\right]e(k) - k_p\left[1 + \frac{2\tau_d}{T}\right]e(k-1) + \frac{k_p\tau_d}{T}e(k-2) \tag{8-48}$$

为编程方便，令

$$K_1 = k_p\left(1 + \frac{T}{T_i} + \frac{\tau_d}{T}\right), \quad K_2 = -k_p\left(1 + \frac{2\tau_d}{T}\right), \quad K_3 = k_p\frac{\tau_d}{T}$$

于是，式(8-48)简写为

$$\Delta u(k) = K_1 e(k) + K_2 e(k-1) + K_3 e(k-2) \tag{8-49}$$

由式(8-49)看出,由于输出的增量值只涉及当前及前两次的各次偏差值,存储量和运算工作量少等优点,因此实际中应用广泛,特别是当执行机构需要增量式的控制量时(例如,步进电动机驱动),尤其适合。

3. 递推算法

$$u(k) = \Delta u(k) + u(k - 1) \tag{8-50}$$

由式(8-50)可见,当前的控制量,是增量值与前一次的控制量的和,数据可递推使用,存储量和运算的工作量也小,编程容易,因此,在计算机控制中应用最为广泛。

由于采用了计算机软件,编程方便、具有灵活性,目前出现了一些改进的 PID 算法,例如,积分分离、微分先行、智能 PID 等,可进一步提高 PID 的控制性能。

二、PID 的参数整定

计算机控制系统中,由于采样周期的选取都远小于系统中的时间常数值,因此,可按第六章介绍的模拟 PID 参数整定方法确定参数,再经运行调试后确定;另外,目前在大多数数字控制系统中,都提供有 PID 算法的软件包,为参数的调整和系统的调试带来极大的方便。

三、采样周期 T 的选择

计算机控制系统中,采样周期 T 的选择也非常重要。若采样周期值选得过大,系统中的信息特征丢失过多,难以获得好的控制性能;若采样周期值选得过小,增加存储和计算量。虽然香农定理提供了选择采样周期的范围值,但由于被采样信号的最高频率值难以准确获得,所以该定理只有理论上的指导意义而使实用性下降。

要选取合适的采样周期 T 并不是一件容易的事,一般认为要考虑如下几个主要因素:

(1) 被控对象特性 若被控对象不含有纯滞后特性时,可选采样频率 $\omega_s \geq 10\omega_c$,ω_c 为系统的开环截止频率。若被控对象含有较大纯滞后特性时,采样周期可选 $T_s \approx \tau$,τ 为滞后时间常数;若被控对象含有较小的纯滞后特性时,采样周期可选 $T_s \approx \tau/10$。

若是慢速的热工或化工对象,采样周期可取大些;若被控对象是较快的系统,例如机电系统,采样周期应取较小值。表8-3 列出了过程控制系统中几种常见受控物理量选择采样周期的经验数值。

表8-3 几种常见受控物理量选择采样周期的经验数值

受控物理量	采样周期/s	备 注
流量	1~5	优先选取 1~2s
压力	3~10	优先选取 1~2s
液位	6~8	优先选取 1~2s
温度	15~20	取纯滞后时间常数
成分	15~20	优先选取 1~2s

(2) 给定信号的变化频率 给定信号的变化频率越高,采样频率也越高。

(3) 执行机构的类型 若执行机构惯性较大,采样周期也应取较大值;执行机构惯性较小,采样周期也应取小,如电动机等。

246

（4）控制的回路数　回路数较多，相应采样周期值取大些。

（5）进行 $G_c(w)$ 的 W 域的反变换，求出脉冲传递函数 $G_c(z)$。

习　题

8-1　求下列函数的 Z 变换。

（1）$X(s) = \dfrac{K}{s(s+a)}$

（2）$X(s) = \dfrac{1}{(s+a)^2}$

（3）$X(s) = \dfrac{s+1}{s^2}$

（4）$X(s) = \dfrac{1-\mathrm{e}^{-T_s s}}{s} \dfrac{K}{s(s+a)}$

8-2　求下列函数的 Z 反变换。

（1）$X(z) = \dfrac{z}{(z-\mathrm{e}^{-T_s})(z-\mathrm{e}^{-2T_s})}$

（2）$X(z) = \dfrac{z}{(z-1)^2(z-2)}$

8-3　已知 Z 变换函数为

$$X(z) = \frac{0.792z^2}{(z-1)(z^2-0.416z+0.208)}$$

试利用终值定理确定 $x(kT_s)$ 的终值，并用长除法求 $x(kT_s)$。

8-4　求下面差分方程的解：

$$x(k+2) + 2x(k+1) + x(k) = u(k)$$
$$u(k) = k \quad (k=0,\ 1,\ 2,\ \cdots)$$
$$x(0) = 0 \quad x(1) = 0$$

8-5　求图 8-33 所示系统的输出表达式 $Y(z)$。

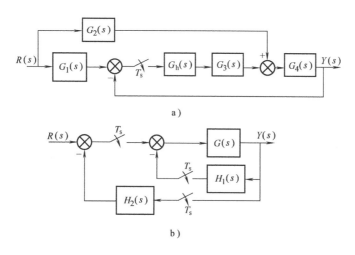

a)

b)

图 8-33　题 8-5 图

8-6　离散控制系统如图 8-34 所示，采样周期 $T_s = 1\mathrm{s}$，试分析系统的稳定性。

8-7　离散系统如图 8-35 所示，采样周期 $T_s = 1\mathrm{s}$。求：

（1）当 $K=8$ 时，分析系统的稳定性。

（2）系统临界稳定时 K 的取值。

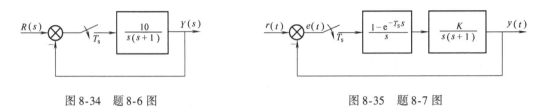

图 8-34 题 8-6 图 　　　　　　　　　 图 8-35 题 8-7 图

8-8 离散系统如图 8-36 所示，其中 $K=10$，$T_s=0.2\mathrm{s}$，输入函数 $r(t)=1(t)+t+(1/2)t^2$，求系统的稳态误差。

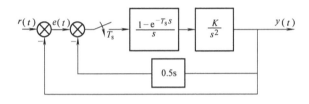

图 8-36 题 8-8 图

8-9 已知数字控制系统如图 8-37 所示。

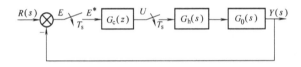

图 8-37 题 8-9 图

其中

$$G_h(s)=\frac{1-\mathrm{e}^{-T_s S}}{s}$$

$$G_0(s)=\frac{K}{s(0.25s+1)}$$

（1）试用模拟化设计法确定数字控制器 $G_c(z)$，使系统的增益转折频率 $\omega_c \leqslant 15\mathrm{rad/s}$，相位裕度 $\gamma \geqslant 45°$，开环增益 $\geqslant 30\mathrm{s}^{-1}$。

（2）试用离散化设计法确定数字控制器 $G_c(z)$，性能指标与上面相同。

*第九章

控制原理计算机辅助分析及仿真实验

第一节　MATLAB 启动与操作

当今国际上，对控制系统进行分析、研究时最常用的计算机软件是 MATLAB。

MATLAB 是矩阵实验室（Matrix Laboratory）的简称，由美国 MathWorks 公司出品，是面向科学分析与工程计算的一种应用非常广泛的软件。

用 MATLAB 对控制系统进行分析及仿真实验，可通过其规定的"函数命令"来实现，也可以通过其内含的 Simulink 软件包去完成。

一、MATLAB 启动及操作界面

MATLAB 的启动方法有多种，最常用的启动方法有两种。

方法一：在桌面，一般会安装有 MATLAB 快捷方式图标。双击该图标，就可以打开 MATLAB 的操作界面。

方法二：MATLAB 的安装文件夹下也有 MATLAB 快捷方式图标，双击该图标，也可以打开 MATLAB 的操作界面。操作界面如图 9-1 所示。

二、主要界面窗口介绍

1. 命令窗口（Command Window）

MATLAB 软件操作最主要的窗口，用于输入命令和数据、运行 MATLAB 函数和程序并显示结果。命令窗口的提示符为"≫"。

2. 工作空间窗口（Workspace）

显示当前工作空间中的变量，可以显示每个变量的名称（Name）、值（Value）、数组大小（Size）、字节大小（Bytes）和类型（Class）。

3. 历史命令窗口（Command History）

显示记录 MATLAB 软件启动时间和启动后命令窗口（Command Window）输入的所有 MATLAB 命令/函数。

4. 当前目录浏览器窗口（Current Directory）

浏览 MATLAB 软件当前工作目录的文件。

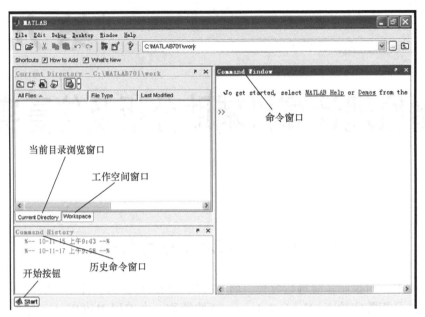

图 9-1 操作界面

第二节 MATLAB 中数学模型的输入

对系统进行仿真实验前，必须在 MATLAB 命令窗口建立仿真数学模型。在输入数学模型时，MATLAB 中的变量或常量是用矩阵表示的，标量也视为 1×1 的矩阵(向量)，所以，MATLAB 是以矩阵作为最基本的运算单元。

一、MATLAB 的基本语句结构

MATLAB 中最基本的语句是赋值语句，其格式一般为

$$变量 = 表达式(或数)$$

例如：A = [1 3, 7 4, 9 3];　　　　　% 表示矩阵

B = [2　(4 + 5)/2　3]　　　　% 表示常数, 表达式

要**注意**的是，矩阵中的元素必须放在方括号"[ ]"中，矩阵中的同行元素之间可用逗号"，"或空格分隔；矩阵的行与行之间用分号"；"或回车符分隔。其中，分号"；"的作用是，命令窗口不会显示出计算结果。多条命令也可以放在同一行，但中间要用逗号"，"或分号"；"隔开。"%"为注释符，% 后面的内容不会执行。

二、传递函数

线性定常系统的数学模型在自动控制原理中有多种表示形式，但在 MATLAB 中主要使用的是传递函数。

1. 多项式模型：模型函数 tf( )

命令格式：sys = tf(num, den)

其中，**num** 与 **den** 分别为传递函数分子、分母多项式的系数向量。

例9-1　系统闭环传递函数为

$$\Phi(s) = \frac{s^2 + 3s + 1}{s^4 + 2s^3 + 7s + 6}$$

用 tf( ) 函数建模。

解　在命令窗口的提示符后输入

$$>> num = [1\ 3\ 1]; \quad den = [1\ 2\ 0\ 7\ 6]; sys = tf(num, den)$$

系统运行后出现

Transfer　function

$$(s\char`^2 + 3s + 1)/(s\char`^4 + 2s\char`^3 + 7s + 6)$$

说明：1）多项式有缺项，应补上 "0" 元素。

2）直接输入 sys = tf([1 3 1], [1 2 0 7 6])，也可得到同样结果。

2. 零极点模型：模型函数 zpk( )

命令格式：sys = zpk（z, p, k）

其中，z 为零点组成的向量，p 为极点组成的向量，k 为增益。

例9-2　系统传递函数为

$$\Phi(s) = \frac{5(s + 1)}{s(s + 2)(s + 6)}$$

用 zpk( ) 函数建模。

解　在命令窗口的提示符后输入

$$>> z = [-1]; \quad p = [0\ -2\ -6]; \quad k = 5; \quad sys = zpk(z, p, k)$$

系统运行后

Transfer　function

$$5(s + 1)/s(s + 2)(s + 6)$$

说明：直接输入 sys = zpk([-1], [0 -2 -6], 5)，也可得到同样结果。

三、结构图化简函数命令

1. series( )：传递函数串联

命令格式：G(s) = series(num1, den1, num2, den2)

其中，num1 与 den1 分别为 G1(s)传递函数分子、分母多项式的系数向量；num2 与 den2 是 G2(s)传递函数分子、分母多项式的系数向量。

2. parrale( )：传递函数并联

命令格式：G(s) = parrale(num1, den1, num2, den2)

其中，num1 与 den1 分别为 G1(s)传递函数分子、分母多项式的系数向量；num2 与 den2 是 G2(s)传递函数分子、分母多项式的系数向量。

3. feedback( )：反馈

命令格式：G (s) = feedback (numg, deng, numh, denh, sign)

其中，numg、deng 为前向通道系统模型；numh、denh 为反馈通道系统模型。sign 表示反馈极性，若 sign = 1，表示正反馈；若 sign = – 1，表示负反馈。一般情况下，负反馈可省略变量。

单位反馈的命令格式：G(s) = cloop(numg，deng，sign)

例9-3 已知系统的结构图如图9-2所示，求系统的闭环传递函数。

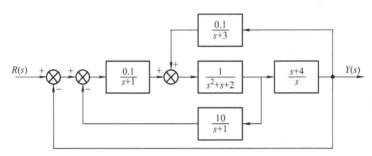

图9-2 例9-3 系统的结构图

解 在命令窗口输入

```
>> G1 = tf([0.1],[1 1]); G2 = tf([1],[1 1 2]);G3 = tf([1 4],[1]);   %前向通道传递函数
   H1 = tf([0.1],[1 3]) * ( –1);                                    %把正反馈转换为负反馈
   H2 = tf([10],[1 1]) * inv(G3);                                   %把分支点往后移动
   GG1 = feedback(G2 * G3,H1)                                       %化简内部环路
   HH1 = H2 + 1;                                                    %合并反馈通道传递函数
   G = feedback(G1 * GG1,HH1)                                       %求总的闭环传递函数
```

运行后

Transfer function

$$(0.1s^4 + 1.2s^3 + 5.1s^2 + 8.8s + 4.8)/$$

$$(s^6 + 10s^5 + 38s^4 + 76.2s^3 + 99.8s^2 + 85.8s + 39.2)$$

第三节　线性系统仿真与性能分析

一、系统的阶跃响应及性能分析

命令格式：step(num，den)

其中，num 和 den 是系统闭环传递函数的分子多项式和分母多项式的系数。

$$\Phi(s) = \frac{num(s)}{den(s)}$$

例9-4 求例9-3系统的单位阶跃响应，并分析其性能。

解 由例9-3求出的系统闭环传递函数为

$$\Phi(s) = \frac{0.1s^4 + 1.2s^3 + 5.1s^2 + 8.8s + 4.8}{s^6 + 10s^5 + 38s^4 + 76.2s^3 + 99.8s^2 + 85.8s + 39.2}$$

说明：也可以通过手工"框图变换"或"梅逊公式"求出上式。

在命令窗口输入 MATLAB 命令

>> num = [0.1, 1.2, 5.1, 8.8, 4.8];

>> den = [1, 10, 38, 76.2, 99.8, 85.8, 39.2];

>> step(num, den)

回车后，出现系统的阶跃响应曲线，如图 9-3a 所示。

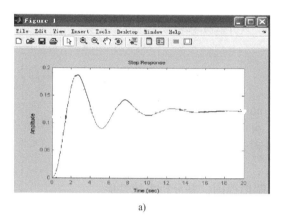 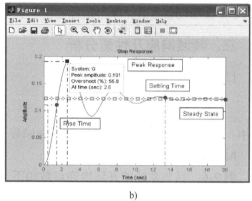

a)   b)

图 9-3　例 9-4 系统阶跃响应曲线

a) 阶跃响应曲线 1　b) 阶跃响应曲线 2

说明：1) 把鼠标指针移动到响应曲线上，单击鼠标左键，将显示该点的幅值和时间。

2) 在图中，单击鼠标右键，将弹出一个菜单，在菜单中，选择 Characteristic 会显示特征点，如峰值、时间、稳态值等，如图 9-3b 所示。

3) 在命令行中，键入 Grid，即 >> Grid 按回车键，可以为曲线添加栅格线，如图 9-3b 曲线 2 所示。

从图 9-3 的系统阶跃响应曲线，可查出系统相关的性能指标。

二、根轨迹绘制与性能分析

已知系统的开环传递函数为

$$G_k(s) = k \frac{\text{num}}{\text{den}}$$

其中，num 和 den 分别是系统开环传递函数分子和分母的多项式。

MATLAB 命令有两种：rlocus(num, den)、sys = zpk(z, p, k)。

例 9-5　已知系统的**开环传递函数如下**，绘制根轨迹图并分析系统性能。

$$G_k(s) = \frac{k}{s(3s+1)(2s+1)}$$

解　化为多项式形式

$$G_k(s) = \frac{k}{s(3s+1)(2s+1)} = \frac{k}{6s^3 + 5s^2 + s}$$

输入 MATLAB 命令

>> num = [1];

```
>> den = [6,5,1,0];
>> rlocus(num,den)
```

按回车键，便绘制出根轨迹图，如图9-4所示。

说明：1）在图9-4上单击根轨迹点，将弹出该点的增益值、闭环极点、阻尼系数、超调量等信息。

2）按住鼠标左键可拖动根轨迹的观察点。

3）选择观察点后，单击鼠标右键，选 Delete 项可去除观察点。

三、频域响应及性能分析

已知系统的**开环传递函数**为

$$G_k(s) = \frac{\text{num}}{\text{den}}$$

其中，num 和 den 分别是系统开环传递函数分子和分母的多项式。

MATLAB 命令：bode(num, den)

例9-6 已知系统的**开环传递函数如下**，绘制伯德图，并分析系统性能。

$$G_k(s) = \frac{1}{s(3s+1)(2s+1)}$$

解 化为多项式形式

$$G_k(s) = \frac{k}{s(3s+1)(2s+1)} = \frac{k}{6s^3 + 5s^2 + s}$$

输入 MATLAB 命令：

```
>> num = [1];
>> den = [6,5,1,0];
>> bode(num,den)
```

按回车键，便绘制出系统伯德图，如图9-5所示。

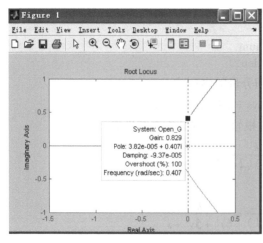

图9-4 例9-5系统根轨迹图

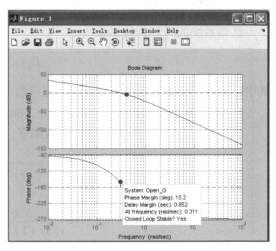

图9-5 例9-6系统伯德图

说明：1）在伯德图上，把鼠标指针移动到曲线上，单击鼠标左键，将显示该点的幅值、相角和频率。

2）在伯德图中，单击鼠标右键，将弹出一个菜单，在菜单中，选择 Characteristic 会显示特征点，如幅值、相角和频率等。

3）在菜单中，选择 Grid 可以为曲线添加栅格。

* 第四节　非线性控制系统仿真

一、描述函数分析方法

利用 MATLAB 在同一个坐标下绘制 $-1/N(A)$ 曲线和幅相频率特性曲线，观察它们之间的相对位置，判断非线性系统的稳定性。

例 9-7　饱和非线性系统如图 9-6，其参数 $a=1$，$b=2$。设 $k=6$，利用 MATLAB 分析系统稳定性。

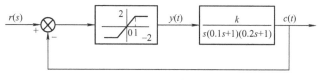

解　因为饱和非线性的负倒描述函数为

图 9-6　饱和非线性系统

$$\frac{-1}{N(A)} = \frac{-\pi}{4\left[\arcsin\dfrac{1}{A} + \dfrac{1}{A}\sqrt{1-\left(\dfrac{1}{A}\right)^2}\right]}$$

输入命令：

```
>> A = 1:0.1:10;              % A 的范围为 a～∞，这里选 1～10
MN = - pi./(4.*(asin(1./A) + (1./A).* sqrt(1 - (1./A).^2)));
                             % 由于 A 为向量，乘除用点运算
plot(real(MN),imag(MN));     % 绘制 -1/N(A) 曲线
hold;                        % 在图形界面中保持 -1/N(A) 曲线
L_G = tf([6],[0.02 0.3 1 0]); % 线性部分传递函数 w = 0: 0.1: 100
                             % 频率范围为 0～100,只画靠近负实轴的部分
[re,im,w] = nyquist(L_G,w);  % 利用 nyquist() 函数计算幅相频率特性曲线,并把曲
                             % 线中每点的实部和虚部放至 re 和 im,re 和 im 为矩阵
plot(re(:,:),im(:,:));       % 绘制幅相频率特性曲线
axis([-1 0 -1 1]);           % 把曲线坐标范围设为 x[-1 0],y[-1 1]
```

仿真图如图 9-7 所示。

由图 9-7 可见，幅相频率特性曲线没有包围 $-1/N(A)$ 曲线，因此系统稳定。

二、相平面分析法

利用 MATLAB 可以绘制非线性系统的相平面曲线图。

例 9-8　已知二阶非线性系统运动方程为

$$\ddot{x} + \dot{x} + x = 0$$

利用 MATLAB 绘制相平面图。

解 将系统的运动方程转换为微分方程组，令 $x = x_1$，$\dot{x} = x_2$，微分方程组为

$$\begin{cases} \dot{x}_1 = x_2 \\ \dot{x}_2 = -x_1 - x_2 \end{cases}$$

编制上述微分方程组的 M 函数文件 motion. m：

```
function xdot = motion(t,x)
xdot(1) = x(2);
xdot(2) = -x(1) - x(2);
xdot = xdot';
```

x_1、x_2 的初始值设定为 0.2、0。

```
>>t0 = 0;tf = 10;x0 = [0.2;0];[t,x] = ode45('motion',[t0,tf],x0);
[t,x];plot(x(:,1),x(:,2));
```

仿真图如图 9-8 所示。

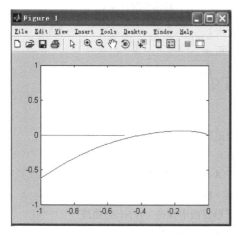

图 9-7 例 9-7 饱和非线性系统仿真图

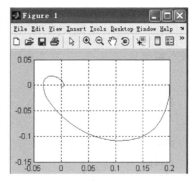

图 9-8 例 9-8 系统仿真图

第五节 离散控制系统仿真

在 MATLAB 软件中，求离散控制系统响应可运用

$$\text{dstep}(\ )$$

函数实现。dstep( )可求离散控制系统阶跃响应。

命令格式为

$$\text{dstep}(\text{num,den,n})$$

其中，num 为脉冲传递函数的分子多项式系数，den 为脉冲传递函数的分母多项式系数，n 为采样点数。

第六节　Simulink 绘图仿真

MATLAB 内含有一个用来对系统进行建模、仿真和性能分析的 Simulink 软件包。它采用类似于构建系统框图的图形界面进行系统分析、设计及仿真实验，并可从"示波器模块"中直接观看到系统的响应曲线。Simulink 软件包特别适用于非线性系统建模及仿真。

一、Simulink 的启动

点击 MATLAB 工具栏上的 Simulink 启动图标，或者在命令窗口提示符"≫"后输入命令"Simulink"，就进入 Simulink 窗口，如图 9-9 所示，同时也显示出其模块库浏览器，如图 9-10 所示。

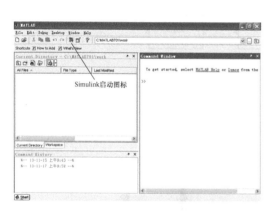

图 9-9　Simulink 的启动界面　　　　　图 9-10　Simulink 模块库浏览器

二、模块库的组成

Simulink 的模块库中含有多类模块子库，常用的有如下几类。

（1）信号源模块（Sources）

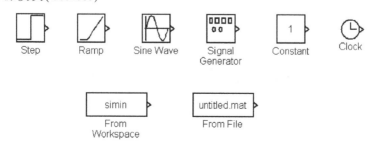

257

（2）连续模块（Continuous）

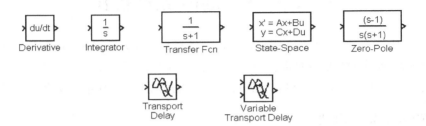

（3）非线性模块（Discontinuous）

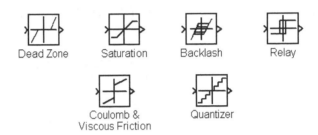

（4）离散模块（Discrete）

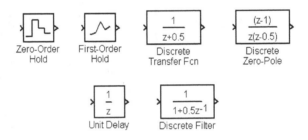

（5）数学运算模块（Math Operations）和信号连接模块（Signal Routing）

（6）输出模块（Sinks）

三、框图模型的绘制

用 Simulink 仿真前，必须先在其窗口绘制出系统组成的仿真框图，然后再进行相关操作。

下面通过线性系统仿真实例，说明具体过程及方法。

1. 线性系统

例 9-9　用 Simulink 对图 9-11 控制系统进行仿真。

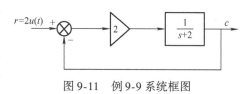

图 9-11　例 9-9 系统框图

（1）建立新的空白框图　点击模块库浏览器工具栏菜单 File→NewModel，或工具栏的第一个空白文档图标 Create a new model，将弹出一个文件名为 Unitle 的窗口。为了方便下次调用该模型文件，可以选择菜单 File 下的 Save 或 Save as 命令给文件取名（例如，first_order_system）并保存扩展名为".mdl"的文件，如图 9-12 所示。

（2）放置仿真模块　根据图 9-11 系统框图，打开模块子库，将鼠标移到要复制的模块上，然后按下鼠标左键并拖动鼠标到新建的**空白模型窗口合适位置后**，松开按键，如图 9-13 所示。

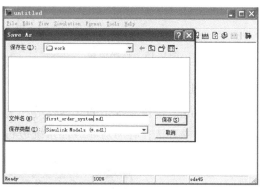

图 9-12　新建空白模型窗口

（3）修改模块参数　放置的仿真模块所含参数均为默认值，往往与要求的不同，需要修改得到实际参数值。

双击任何一个模块都可以修改其参数，双击后则会出现一个相应的对话框，根据需要修改模块参数值，如图 9-14 所示。

（4）连接模块　将鼠标移到一个模块的输入（出）端，拖动鼠标到另一模块的输出（入）端，松开按键，即连接完毕。若要从已存在的连线上引出支线，可以直接用鼠标右键连线或在用鼠标画线的同时按下 <Ctrl> 键，如图 9-15 所示。

（5）系统的仿真　启动仿真有两种方法：

方法 1：单击模型窗口菜单 Simulation 启动按钮，如图 9-16 所示。

方法 2：单击工具栏的仿真启动按钮（Start）图标。

（6）查看响应曲线　仿真完毕后，双击 Scope 模块打开示波器，出现输出随时间变化的曲线，如图 9-17 所示。

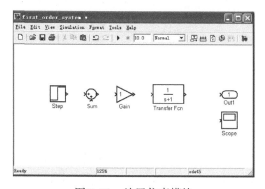

图 9-13　放置仿真模块

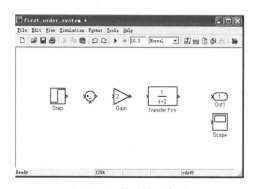

图 9-14　修改模块参数

259

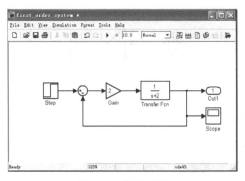

图9-15 连接模块

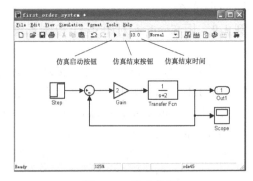

图9-16 启动仿真

2. 非线性系统仿真

利用 Simulink 模块库提供的非线性等相关子模块，仿照线性系统搭建系统仿真框图、修改参数、连线等方法，容易对非线性系统进行仿真。

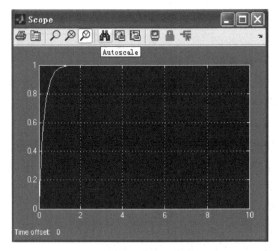

图9-17 随时间变化的曲线

例9-10 已知饱和非线性系统如图9-18所示，饱和非线性环节线性部分斜率为1，饱和限值为0.2，线性环节传递函数为$30/[s(s+1)]$。应用 Simulink 仿真系统的单位阶跃响应曲线。

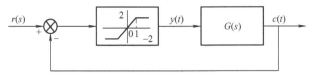

图9-18 饱和非线性系统

解 搭建仿真框图，修改模块的特性(方法与线性系统相同)，如图9-19a所示。阶跃模块的阶跃时间设为0，饱和非线性环节的上下限制分别设为0.2和-0.2；仿真时间为0~10s。单位阶跃响应曲线如图9-19b所示。

260

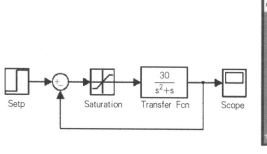
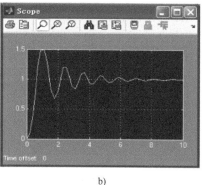

a)

b)

图 9-19　例 9-10 非线性系统仿真

a）仿真框图　b）响应曲线

3. 离散控制系统仿真

例 9-11　离散控制系统如图 9-20 所示，应用 Simulink 仿真系统的单位阶跃响应曲线。

解　搭建仿真框图，修改模块的特性，仿真框图如图 9-21 所示。阶跃模块的阶跃时间设为 0，采样开关为零阶保持器模块，采样时间 $T_s = 1\mathrm{s}$，仿真时间为 $0 \sim 10\mathrm{s}$。响应曲线如图 9-21b 所示，可见系统不稳定。

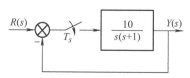

图 9-20　例 9-11 离散控制系统

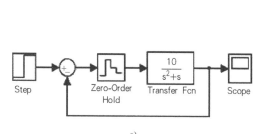
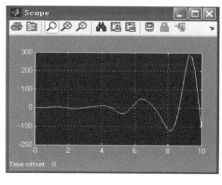

a)

b)

图 9-21　例 9-11 离散控制系统仿真

a）仿真框图　b）响应曲线

习　　题

9-1　把下列系统传递函数输入 MATLAB 中。

（1）$\dfrac{s^3 + 5s^2 + 4s + 1}{s^5 + 2s^4 + 6s^3 + 11s^2 + 8s + 4}$

(2) $\dfrac{10(s+5)(s^2+3s+4)}{s(s^2+s+2)(s+3)(s+1)}$

(3) $\dfrac{z^3+3z^2+2z+1}{z^4+3.5z^3+6z^2+2z+3}$，$T_s=0.1\mathrm{s}$

(4) $\dfrac{5(z-\mathrm{e}^{-1})(z-3)}{(z-\mathrm{e}^{-1})(z-1)(z-2.5)}$，$T_s=0.5\mathrm{s}$

9-2 单位反馈系统的开环传递函数为 $\dfrac{K(0.5s+1)}{s(s+1)(s^2+s+1)}$，利用 MATLAB 求使系统稳定的 K 值范围。

9-3 利用 MATLAB 绘制下列传递函数的伯德图，求相位裕度和增益裕度，并判断闭环系统的稳定性。

(1) $\dfrac{8(s+0.1)}{s(s^2+s+1)(s^2+4s+25)}$

(2) $\dfrac{75(0.2s+1)}{s^2(0.025s+1)(0.006s+1)}$

9-4 如图 9-22 中的系统，$G(s)=\dfrac{8}{360s+1}\mathrm{e}^{-150s}$，利用 MATLAB 设计一个 PID 调节器，采用 Ziegler-Nichols 第一方法进行参数整定，并观察阶跃响应。

（提示：纯滞后环节 e^{-150s} 的输入：$\mathrm{L}=150$；$[\mathrm{np},\mathrm{dp}]=\mathrm{pade}(\mathrm{L},2)$：$\mathrm{Gp}=\mathrm{tf}(\mathrm{np},\mathrm{dp})$；）

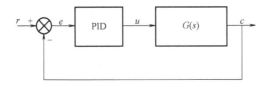

图 9-22 题 9-4 图

9-5 在 MATLAB 中，采用描述函数法，重做习题 7-4，并用 Simulink 仿真其阶跃响应曲线。

9-6 利用 MATLAB，绘制习题 7-7 对应的相平面图。

9-7 重做习题 8-7，并用 Simulink 仿真其阶跃响应曲线。

附录 A　常用函数拉普拉斯变换表

序　号	原函数 $f(t)$　　$t \geqslant 0$	象函数 $F(s)$
1	单位脉冲函数 $\sigma(t)$ [①]	1
2	单位阶跃函数 $1(t)$ [②]	$\dfrac{1}{s}$
3	$t^n (n = 1, 2, 3, \cdots)$	$\dfrac{n!}{s^{n+1}}$
4	e^{-at}	$\dfrac{1}{s+a}$
5	$t^n e^{-at} (n = 1, 2, 3, \cdots)$	$\dfrac{n!}{(s+a)^{n+1}}$
6	$\dfrac{1}{a}(1 - e^{-at})$	$\dfrac{1}{s(s+a)}$
7	$\dfrac{1}{b-a}(e^{-at} - e^{-bt})$	$\dfrac{1}{(s+a)(s+b)}$
8	$\sin\omega_n t$	$\dfrac{\omega_n}{s^2 + \omega_n^2}$
9	$\cos\omega_n t$	$\dfrac{s}{s^2 + \omega_n^2}$
10	$e^{-at}\sin\omega_n t$	$\dfrac{\omega_n}{(s+a)^2 + \omega_n^2}$
11	$e^{-at}\cos\omega_n t$	$\dfrac{s+a}{(s+a)^2 + \omega_n^2}$
12	$\dfrac{\omega_n}{\sqrt{1-\zeta^2}} e^{-\zeta\omega_n t}\sin\omega_n\sqrt{1-\zeta^2}\,t$	$\dfrac{\omega_n^2}{s^2 + 2\zeta\omega_n s + \omega_n^2}(0 < \zeta < 1)$
13	$\dfrac{-1}{\sqrt{1-\zeta^2}} e^{-\zeta\omega_n t}\sin(\omega_n\sqrt{1-\zeta^2}\,t - \beta)$　　$\beta = \arctan\left(\dfrac{\sqrt{1-\zeta^2}}{\zeta}\right)$	$\dfrac{s}{s^2 + \zeta\omega_n s + \omega_n^2}(0 < \zeta < 1)$

（续）

序 号	原函数 $f(t)$ $t \geq 0$	象函数 $F(s)$
14	$1 - \dfrac{1}{\sqrt{1-\zeta^2}} e^{-\zeta \omega_n t} \sin(\omega_n \sqrt{1-\zeta^2}\, t + \beta)$ $\quad \beta = \arctan\left(\dfrac{\sqrt{1-\zeta^2}}{\zeta}\right)$	$\dfrac{\omega_n^2}{s(s^2 + 2\zeta\omega_n s + \omega_n^2)}(0 < \zeta < 1)$
15	$e^{-\zeta\omega_n t}\left(\dfrac{B - \zeta A \omega_n}{\sqrt{1-\zeta^2}\,\omega_n}\sin\sqrt{1-\zeta^2}\,\omega_n t + A\cos\sqrt{1-\zeta^2}\,\omega_n t\right)$	$\dfrac{As + B}{s^2 + 2\zeta\omega_n s + \omega_n^2}(0 < \zeta < 1)$

① 指函数及其各阶导数的初值为零。

② 指函数及其各阶积分的初值为零。

附录 B 拉普拉斯变换的主要定理

1	线性定理	比 例 性	$L[af(t)] = aF(s)$
		叠加性	$L[f_1(t) \pm f_2(t)] = F_1(s)sF_2(s)$
2	微分定理	一般形式	$L\left[\dfrac{\mathrm{d}f(t)}{\mathrm{d}t}\right] = sF(s) - f(0)$
			$L\left[\dfrac{\mathrm{d}^2 f(t)}{\mathrm{d}t^2}\right] = s^2 F(s) - sf(0) - f'(0)$
			$L\left[\dfrac{\mathrm{d}^n f(t)}{\mathrm{d}t^n}\right] = s^n F(s) - \sum_{k-1}^{n} s^{n-k} f^{(k-1)}(0)$
			$f^{(k-1)}(t) = \dfrac{\mathrm{d}^{k-1} f(t)}{\mathrm{d}t^{k-1}}$
		初始条件为零时①	$L\left[\dfrac{\mathrm{d}^n f(t)}{\mathrm{d}t^n}\right] = s^n F(s)$
3	积分定理	一般形式	$L\left[\displaystyle\int f(t)\,\mathrm{d}t\right] = \dfrac{F(s)}{s} + \dfrac{\left[\int f(t)\,\mathrm{d}t\right]_{t=0}}{s}$
			$L\left[\displaystyle\int f(t)(\mathrm{d}t)^2\right] = \dfrac{F(s)}{s^2} + \dfrac{\left[\int f(t)\,\mathrm{d}t\right]_{t=0}}{s} + \dfrac{\left[\int f(t)(\mathrm{d}t)^2\right]_{t=0}}{s}$
			$L\left[\displaystyle\int^{(n)} \cdots \int f(t)(\mathrm{d}t)^n\right] = \dfrac{F(s)}{s^n} + \sum_{k=1}^{n} \dfrac{1}{s^{n-k+1}}\left[\int^{(k)} \cdots \int f(t)(\mathrm{d}t)^k\right]_{t=0}$
		初始条件为零时②	$L\left[\displaystyle\int^{(n)} \cdots \int f(t)(\mathrm{d}t)^n\right] = \dfrac{F(s)}{s^n}$
4	延迟定理(或称 t 域平移定理)		$L[f(t-T)1(t-T)] = e^{-Ts} F(s)$
5	衰减定理(或称 s 域平移定理)		$L[f(t)e^{-at}] = F(s+a)$
6	终值定理		$\lim\limits_{t \to \infty} f(t) = \lim\limits_{s \to 0} sF(s)$
7	初值定理		$\lim\limits_{t \to 0} f(t) = \lim\limits_{s \to \infty} sF(s)$
8	卷积定理		$L\left[\displaystyle\int_0^t f_1(t-\tau)f_2(\tau)\,\mathrm{d}\tau\right] = L\left[\displaystyle\int_0^t f_1(\tau)f_2(t-\tau)\,\mathrm{d}\tau\right] = F_1(s)F_2(s)$

① 指函数及其各阶导数的初值全为零。

② 指函数及其各阶积分的初值全为零。

附录 C　常用 Z 变换表

序号	$F(s)$	$f(t)$	$F(z)$
1	1	$\delta(t)$	1
2	$\mathrm{e}^{-kT_s s}$	$\delta(t-kT_s)$	z^{-k}
3	$\dfrac{1}{s}$	$1(t)$	$\dfrac{z}{z-1}$
4	$\dfrac{1}{s^2}$	t	$\dfrac{T_s z}{(z-1)^2}$
5	$\dfrac{2}{s^3}$	t^2	$\dfrac{T_s^{\,2} z(z+1)}{(z-1)^3}$
6	$\dfrac{1}{s+a}$	e^{-at}	$\dfrac{z}{z-\mathrm{e}^{-aT_s}}$
7	$\dfrac{1}{(s+a)^2}$	$t\mathrm{e}^{-at}$	$\dfrac{T_s z\mathrm{e}^{-aT_s}}{(z-\mathrm{e}^{-aT_s})^2}$
8	$\dfrac{a}{s(s+a)}$	$1-\mathrm{e}^{-at}$	$\dfrac{(1-\mathrm{e}^{-aT_s})z}{(z-1)(z-\mathrm{e}^{-aT_s})}$
9	$\dfrac{\omega}{s^2+\omega^2}$	$\sin\omega t$	$\dfrac{z\sin\omega T_s}{z^2-2z\cos\omega T_s+1}$
10	$\dfrac{s}{s^2+\omega^2}$	$\cos\omega t$	$\dfrac{(z-\cos\omega T_s)}{z^2-2z\cos\omega T_s+1}$
11	$\dfrac{\omega}{(s+a)^2+\omega^2}$	$\mathrm{e}^{-at}\sin\omega t$	$\dfrac{z\mathrm{e}^{-aT_s}\sin\omega T_s}{z^2-2z\mathrm{e}^{-aT_s}\cos\omega T_s+\mathrm{e}^{-2aT_s}}$
12	$\dfrac{s+a}{(s+a)^2+\omega^2}$	$\mathrm{e}^{-at}\cos\omega t$	$\dfrac{z^2-z\mathrm{e}^{-aT_s}\cos\omega T_s}{z^2-2z\mathrm{e}^{-aT_s}\cos\omega T_s+\mathrm{e}^{-2aT_s}}$
13	$\dfrac{a}{s^2-a^2}$	$\mathrm{sh}at$	$\dfrac{z\mathrm{sh}aT_s}{z^2-2z\mathrm{ch}aT_s+1}$
14	$\dfrac{s}{s^2-a^2}$	$\mathrm{ch}at$	$\dfrac{z(z-\mathrm{ch}aT_s)}{z^2-2z\mathrm{ch}aT_s+1}$

参 考 文 献

[1] 胡寿松. 自动控制原理 [M]. 7 版. 北京：科学出版社，2019.

[2] 李友善. 自动控制原理 [M]. 3 版. 北京：国防工业出版社，2005.

[3] 文锋，陈青. 自动控制理论 [M]. 3 版. 北京：中国电力出版社，2002.

[4] 孙美凤，王玲花. 自动控制原理 [M]. 北京：中国水利水电出版社，2007.

[5] 绪方胜彦. 离散时间控制系统 [M]. 刘君华，等译. 西安：西安交通大学出版社，1990.

[6] 刘慧英. 自动控制原理导教·导学·导考 [M]. 4 版. 西安：西北工业大学出版社，2003.

[7] 薛定宇，陈阳泉. 基于 MATLAB/Simulink 的系统仿真技术与应用 [M]. 2 版. 北京：清华大学出版社，2011.

[8] 刘坤，等. MATLAB 自动控制原理习题精解 [M]. 北京：国防工业出版社，2004.